遥感大数据地学理解与计算（上）

遥感图谱认知

骆剑承　吴田军　李均力　郜丽静　等　著

U0210008

科学出版社

北京

内 容 简 介

本书在充分认识遥感认知特殊性的基础上，发展和完善了遥感图谱认知理论和计算方法体系，发挥人脑认知和机器认知的各自优势，将人脑认知所得的先验知识有针对性地逐步融入机器认知过程中，一定程度上提高了遥感影像机器认知算法的智能化水平，为遥感影像的智能认知探索可行之路。

全书共为 8 个章节。第 1 章绪论，简要介绍本书研究的背景和意义，以及高分相关研究的现状与趋势。第 2 章总领性地介绍遥感图谱认知理论和方法体系，重点介绍遥感图谱认知三段论及其流程。第 3~8 章则分别围绕遥感图谱认知三段论开展具体方法介绍和研究细述，其中，第 3~5 章属于图谱认知第一段的"由谱聚图"框架，分别介绍影像多尺度分割算法、自适应迭代的专题信息提取，以及地块级土地利用图斑的形态提取和属性分类方法；第 6 章属于图谱认知第二段的"图谱协同"框架，分析如何协同中、高分遥感影像数据开展农作物种植分布的土地覆盖类型识别；第 7、8 章属于图谱认知第三段的"认图知谱"框架，分别介绍历史知识迁移的遥感影像智能分类与信息更新技术，以及基于空间格局知识开展复杂专题信息提取的方法。

本书是对作者过往研究的总结和梳理，同时也希望以此对遥感认知领域未来的研究有所启发。本书可为遥感、GIS、计算机、数学等领域的研究生和科研工作者提供参考。

图书在版编目（CIP）数据

遥感图谱认知/骆剑承等著. —北京：科学出版社，2017.11

（遥感大数据地学理解与计算；上）

ISBN 978-7-03-054321-9

Ⅰ．①遥… Ⅱ．①骆… Ⅲ．①遥感图象–图象处理–方法

Ⅳ．①TP751

中国版本图书馆 CIP 数据核字（2017）第 217001 号

责任编辑：苗李莉 李 静/责任校对：韩 杨
责任印制：徐晓晨/封面设计：图阅社

科学出版社 出版
北京东黄城根北街 16 号
邮政编码：100717
http://www.sciencep.com

北京中石油彩色印刷有限责任公司 印刷
科学出版社发行 各地新华书店经销

*

2017 年 11 月第 一 版 开本：787×1092 1/16
2019 年 2 月第二次印刷 印张：17 1/4
字数：410 000

定价：129.00 元

（如有印装质量问题，我社负责调换）

本书作者名单

骆剑承　　吴田军　　李均力　　夏列钢　　黄启厅　　杨海平

朱长明　　吴　炜　　郜丽静　　沈占锋　　汪　闽　　胡晓东

姚方方　　杨颖频　　明冬萍　　乔　程　　董　文　　程　熙

序

　　1957年10月4日，苏联成功地将第一颗人造卫星送上了900km的地球轨道，开启了人类的空间时代。六十年来，卫星技术取得了长足的发展，对地观测卫星、导航定位卫星和通信卫星联合构成了地球观测的一张"智能天网"，遥感应用进入了以高空间、高光谱、高时相为特征的遥感大数据时代。然而，从"供给侧"大规模数据资源获取到"需求侧"社会化地理信息服务之间尚存在巨大的鸿沟，如何有效利用遥感大数据实现精准应用与快速服务成为遥感应用的难点，海量遥感数据的处理和深度分析成为研究的前沿，大数据、云计算、人工智能等新兴科学与技术方法的融合应用成为热点，遥感地学理解与分析计算的巨大突破指日可待！

　　早在30多年前，陈述彭先生就撰写了《遥感地学分析》专著，并在科学出版社和中华文化大学出版社出版，指引了一代遥感应用的发展。今天，面对智能改变世界的新时代，遥感人该如何突破遥感大数据处理与分析计算的基础理论与关键技术？第一，要在构建统一的时空定位与图谱参考基准基础上，充分发挥每个像元的作用，通过对遥感平台获取的原材料数据进行"几何—辐射—有效"综合的自动化处理，将不同来源、多种分辨率、异构类型的对地观测获取数据紧密连接起来，实现对地球表面每一时空位置信息的精准记录，并通过大数据管理把全球信息整合在同一基准平台上，通过高性能计算与云平台服务，为用户信息的按需定制提供精准而快速的数据资源。第二，还需大力发展新一代的遥感影像地学理解理论，将数据驱动的人工智能（AI）技术与模型驱动的地学机理方法耦合起来，通过对地表结构的精细提取及演化机制的定量反演，以认清每寸国土的功能，为构建高度智能的信息产品生产系统与网络提供支撑。第三，在基于对地观测大数据进行地表场景精准提取与结构表达基础上，还需要融入聚合自然环境观测及社会经济运营产生的各类多源多模态数据，通过时空一体化集成与管理、静-动耦合、自然-社会协同作用的时空分布模式发现、过程图谱制作与大数据实时计算服务等技术的突破，为资源空间优化配置、生态环境系统模拟与社会运营智慧决策等行为提供全方位分析、评价、预警与规划的知识服务。

　　早在二十世纪九十年代，我国"遥感与地理信息系统之父"陈述彭先生就提出"地学信息图谱"理论及其所蕴含的多维动态、区域综合、系统耦合、过程集成等学术理念，开创性地将地学知识和遥感分析融于一体，为中国遥感事业做出了历史性的贡献，图谱的地学理论思想对当前推进遥感大数据智能分析有着十分重要的指导意义。该书作者骆剑承研究员及其团队，长期潜心从事遥感数据智能处理和信息提取研究，近年来，围绕遥感图谱认知与大数据协同计算，在理论方法与关键技术创新方面开展了大量深入的工作，取得了丰硕的研究成果。该专著正是他们近年来研究工作的系统总结，是在当前大数据形势背景下对陈先生地学信息图谱理论的新思考与再发展。我相信该书的出版对促进地理时空大数据分析计算的研究发展将会起到引领作用，其成果的应用将有效推动遥感数据从大规模获取到面向用户开展精准应用新模式的进程。

周成虎

2017 年 7 月 1 日

前　言

　　高分辨率遥感相比于传统遥感对于应用而言的优势在于其精准信息特性，即其综合对地观测能力所呈现的"精细探知、真实检验、全体遍历、动态可控"的大数据特征。近年来，以高分卫星遥感为依托的遥感大数据平台，对地球表层的发生态势进行着真实场景式的影像记录，构成了各类时空信息的传播基准，成为开展地理信息社会化精准应用的基础。其核心思想是遵循大数据计算的思维，将精细结构"图"分析与定量演化"谱"计算进行紧密耦合，遍历式地对地表每一个实体的"形态—类型—指标—功能"综合要素进行提取与判别，进而实现对地表结构（图）的广域理解与功能属性（谱）的深度透视，这就是对遥感大数据"图-谱"螺旋式认知过程的本质刻画。20世纪90年代陈述彭先生提出了地学信息图谱的思想，在当今对地观测技术日趋成熟的大数据时代终可得以在方法论上进行具体实践！

　　在如今大数据时代，周成虎院士提出了以"发挥每个像元作用"、"认清每寸国土功能"的双重理念来构建遥感影像地学理解工程，其关键是通过构建以大数据中心为枢纽的平台化运营体系，来打通前后两端"标准数据产品主动生产"与"面向用户提供精准信息定制推送"的通道，这将有力推动精准应用进一步向精准服务演进，形成一种全新的以需求为驱动的主动服务新模式，从而改变传统项目驱动的被动应用模式。遥感影像地学理解工程的构建，充分体现了"全覆盖-海量、持续更新-动态、混杂多态-复杂、价值密度提升"的大数据 4V 特点，实质是一个"影像高精度处理、空间结构转化、时空流信息融合、社会经济属性拓展"四个层次的信息传递与耦合计算过程。然而，由于缺乏系统的对遥感大数据信息挖掘理论与计算方法技术的支持，当前这四个层次之间的信息传递并不通畅，从"供给侧"大规模数据资源获取到"需求侧"社会化信息服务之间存在着巨大鸿沟，大数据平台难以将精准信息及时推送到用户终端上，极大限制了遥感服务在"精准"和"深度"两个方面的有效开展。其中，"精准"的本质是将影像地物"精细化空间结构图"和"定量化时序演化谱"的双重特征进行紧密耦合的信息提炼，这是关于"遥感图谱耦合认知"的科学理论问题；而"深度"的实质是在构建时空场景基准之上，通过对混杂多模态外部知识进行结构化融合与表示，逐步融入到计算模型中进行指标反演与功能推测，这是关于"多模态知识粒计算"的科学方法问题。

　　近年来，我们研究团队在陈先生开拓的地学信息图谱思想指引下，围绕当今高分遥感面向社会提供精准服务的重大需求，对上述"认知"与"计算"这两个科学问题开展了系统的探索研究，将智能化机器学习技术与图式化 GIS 时空分析方法、定量化遥感反演模型进行了紧密融合，提出了"图-谱"耦合的遥感认知理论，从空间、时间、属性三个维度构建了"由谱聚图—图谱协同—认图知谱"的计算体系，按照"粒化—重组—推测"的逻辑对地物的"形态—类型—指标—功能—演化"进行了逐级深入地挖掘与分析。具体研究上，设计了多层感知、时空协同与多粒度决策上下协同的认知模型，建立了面向精细土地信息应用的高分辨率遥感影像地块提取与指标反演技术方法体系，重点研究了土地利用地块智能生成、多源外部知识迁移学习、中分时序数据处理与重建、地块内覆盖类型判别与指标计算、地块多模态信息融合与功能推测等一系列关键算法；通过西部干旱区湖泊冰川制图和东部农业区种植规划制图的应用示范，发展了多层次迭代的自适应计算技术，实现了"图-谱"特征逐步融入与外部知识迁移机制，有效控制了信息传递过程中误差积累问题，提高了土地因子提取的智能水平以及地物识别的精准程度；探索了针对复杂目标进行专题制图的定制化技术，构建了遥感大数据四层结构的信息融合与传递模型，实现了从前端"数据制造"向后端"精准服务"的畅通流转，初步展现了遥感大数据精准服务的C2B新模式。总体而言，以上研究的特色与创新之处体现为三个方面：①通过遥感、人工智能与计算数学的多学科交叉，耦合"空间图"与"时序谱"双重特征，开展基于精细场景的定量模型计算，驱动GIS与遥感的深度融合；②提出了"五土合一"的土地信息智能生成方法，通过视觉感知与多粒度决策的上下协同，将混杂多态的地学知识逐层向内迁移与深度学习，促进遥感地学应用在广度与深度两个方面并进；③面向国家高分遥感社会化分享的重大需求，构筑时空基准，提升价值密度，发展遥感大数据精准服务新模式。

希望在充分认识到遥感认知特殊性的基础上，发展和完善遥感图谱认知理论和计算方法体系，在理解人脑认知和机器认知的各自优势基础上，结合计算机技术设计各类遥感信息计算方法，通过对各类知识的针对性利用，一定程度上提高遥感影像机器认知算法的智能化水平，为遥感影像的智能认知探索可行之路。本书是对作者过往研究的总结和梳理，同时也希望以此对遥感认知领域未来的研究有所启发。全书共为8个章节。第1章绪论，简要介绍本书研究的背景和意义、当前高分卫星遥感系统的发展，以及高分遥感与遥感认知相关研究的现状与趋势（由骆剑承、吴田军、沈占锋、胡晓东撰写）。第2章总领性地介绍遥感图谱认知理论和方法体系，重点介绍遥感图谱认知三段论及其流程（由骆剑承、吴田军、胡晓东、沈占锋撰写）。第3~8章则分别围绕遥感图谱认知三段论开展具体方法介绍和研究细述，其中，第3~5章属于图谱认知第一段的"由谱聚图"框架，第3章重点介绍几类较新颖的影像多尺度分割算法（由汪闽、明冬萍、吴田军、杨海平撰写），第4章介绍基于各类指数的自适应迭代开展的简单专题提取方法（由李均力、黄启厅、姚方方、程熙撰写），第5章重点介绍地块级土地利用图斑的形态提取和属性分类方法（由夏列钢、鄢丽静、沈占锋、程熙撰写）；第6章属于图谱认知第二段的"图谱协同"框架，分析了如何协同中高分遥感影像数据开展农作物种植分布的土地覆盖类型识别（由黄启厅、杨颖频、骆剑承、吴炜撰写）；第7、8章属于图谱认知第三段的"认图知谱"框架，其中，第7章介绍了历史解译图等知识迁移后开展遥感影像智能分类与信息自动变更的相关技术方法（由吴田军、杨海平、沈占锋撰写），第8章介绍了基于空间格局知识开展复杂专题信息提取的技术方法（由朱长明、乔程、董文撰写）。尽管第

3~8 章的这些"方法类"内容并不能涵盖遥感图谱认知三段论的全部技术环节，但均已涉及了其中的关键问题，可以较为细致地阐述和印证我们对于遥感认知的理解和认识。全书由骆剑承、吴田军、郜丽静、沈占锋等完成统稿与修订。

本书的出版得到国家自然科学基金（No. 41631179，No. 41601437，No. 41271367）、国家重点研发计划（2017YFB0503600）等项目的资助，在此表示感谢。另外，本书的编写还得到了中国科学院地理科学与资源研究所周成虎院士的悉心指导，以及浙江海洋大学吴伟志教授、长安大学马江洪教授的大力支持，在此对各位专家的鼓励和帮助表示衷心的感谢。

由于作者水平有限，书中不妥之处在所难免，恳请广大读者和同行批评指正。

目　　录

第1章 绪 论

1.1 研究背景与意义

1.1.1 时代背景

进入 21 世纪以来，以高分辨率卫星遥感系统作为全球基准，综合小卫星星座、超高分无人机航空系统、各类地面传感网络等天空地一体化的全球观测运行平台正在构筑形成，立体观测、实时感知、时空协同的新型遥感正实现对地球表层的全方位观测。聚集人类高等智慧的地球观测影像数据具备了极为显著的大数据时代特征：①全覆盖（volume），基于"天-空-地"立体感知系统对地球影像基准进行全空间覆盖的主动采集与处理计算，数据量巨大（仅米级分辨率的影像覆盖中国陆地就可达 PB 级以上）；②持续更新（velocity），以影像大数据为基底对全覆盖的基础地理空间结构信息底图进行主动认知构建，并伴随影像的不断积累获得持续更新；③多态全面（variety），多模态时空数据的一体化融合、转化与组织，揭示相对稳定的空间结构上地理实体的时序演变规律及深度拓展趋势；④高密度价值（value），地球表层运行发生的各类数据在时空轴上进行结构化关联与重组，提升各类非结构化大数据的价值密度，实现深度挖掘与多元应用（李德仁等，2014）。因此，"空-天-地感知"的遥感大数据平台可实现对地球资源环境与社会运行态势的真实场景式记录，构成了智慧地球时代"物-物相联"信息传播的时空基准，这是后续面向社会开展各类精准服务的基本保障。

我国也在构建国家高分辨率对地观测系统，正逐步实现从太空、邻近空间、航空、地面等多层次观测平台上获取高分辨率遥感数据，进而通过对空间数据的规模化加工与提炼，满足社会各界对地理信息产品的广泛应用需求，成为推动地理信息产业持续增长的原动力。尤其是近年来随着国家高分专项的不断深化实施，进一步推动了卫星遥感事业的迅猛腾飞，在追赶国外先进技术的同时也发展了宽视场、静轨凝视等多种独有的地球数据获取手段。然而，大规模国家遥感数据资源获取与社会化地理信息服务之间还存在着巨大的"鸿沟"，当前已建立的各级遥感运行系统还不足以保障将数据精、准而及时地传递到各级用户终端上，极大限制了遥感服务在广度和深度上的开展（周成虎等，2013）。因此，在完善管理制度和运行保障体系的同时，当前最紧迫的是，如何在大数据与"工业 4.0"理念启发下，对遥感大数据本质认知及其计算模式方面进行理论提升与技术创新，实现遥感服务平台供给侧的数据材料自动化处理与信息产品智能化加工，进而支持"数据"与"用户"之间信息传递桥梁（俗称"数据制造"）的构建与产品的流转。具体而言，需将终端层面的用户个性化定制与后台信息产品柔性化制造的工艺流程紧密耦合，涵盖从地球观测数据的大规模获取与接入开始，逐步深入到半成品数据材料的精确处理、分区域基准影像的有效合成、土地利用及专题信息的智能化生产与一体化组织，进而以大数据平台运营的方式为各类用户提供终端产品定制和持续更新的分享服务，形成全社会用户驱动下的信息深加工和更新服务（C2B）的新模式，颠覆传统项目驱动的被动式遥感应用模式！这个智能生产工厂与信息传递桥梁的构建是遥感能否真正面向社会来驱动地理时空大数据技术与产业爆发式发展的根本所在。

1.1.2 科学挑战

高分辨率遥感可实现图谱空间全覆盖、持续快速更新的对地观测，但由于传统小数据的遥感计算模式在信息传递上的瓶颈，数据大规模获取与终端流畅应用之间依然存在系统性的流转困难：①采集机制复杂，难以精准处理；②需求多元各异，难以智能挖掘；③存储巨量混杂，难以有效组织；④服务通道不畅，难以快速更新。上述困难若不能协同地解决，"高大上"的遥感大数据在实际应用中仍不接地气。究其根源，是遥感数据本质认知及大数据计算模式缺乏理论基础与关键技术的支撑，对其突破面临着以下两方面的科学挑战。

（1）挑战之一：如何揭示"图-谱"耦合认知的规律，开展对多分辨率、多时序、多模态对地观测数据的综合处理，实现对地球时空信息的精细且定量的提取？

对地观测数据本质上都蕴含着"图"和"谱"双重特性，将两者耦合有望实现对地表更为精细而深度的观测。"图"是对地物空间分布及其组合的图式化表达，从空间几何角度反映对地物相互作用关系的智能理解，具有对象化、立体性、多尺度及空间拓扑等几何特性；"谱"是通过对地物物理及生化特性的反演及数值建模，从地物波谱特性和动态演化角度揭示地表信息规律，具有可量化、多要素及时序性等特性。模拟人类认知机理对影像进行几何图与特征谱的耦合处理，在精细的空间结构"图"的粒化与表示基础上，将定量反演所获得的各类要素"谱"进行叠加和重组，对有形的"图"结构进行定量"谱"特征的数值化渲染，达到"图-谱"合二为一。如何准确把握新一代时空密集的高分辨率对地观测所带来的大数据新优势并加以发展（Goodchild, 2013），通过"图-谱"耦合建立对地表参数定量化、空间化和语义化相结合的多重表达，揭示"图-谱"螺旋式转化的认知机理，实现从多维特征空间向几何空间投射后的复杂问题简单化，这是期待由高分辨率遥感来奠定时空信息基准并分层揭示地表分布与过程规律所需面临的首要挑战。

（2）挑战之二：如何探索知识逐步融入的智能计算机制，开展图谱自适应迭代的遥感大数据协同计算，实现对复杂时空场景下多源多模态数据的可信融合和高效分析？

通过复杂成像所获取的高分遥感数据呈现混杂、巨量、快速更新的大数据特性，大量遥感资源未能得到及时有效的利用，导致数据堆积与信息渴求的矛盾日益突出，对高效可信的遥感信息提取提出了巨大挑战。如何从图谱认知理论出发，依据影像大数据复杂成像机理，构建符合真实地表环境和人类感知习惯的多源遥感可信融合模型，解决其中多分辨率与多时相信息一致性和相关性特征表示与提取问题，实现复杂地表的异构信息场的高效计算及其微观景观格局的分层智能重建；进而搭建环环相扣的可信计算链条与自适应容错计算环境，将海量碎片数据主动处理与合成场景交互应用进行前后端的联接，并在语义主题模型、深度学习等技术支持下运用空间分析进行自适应的知识逐步融入，开展微观环境中地物目标分布、组成结构，以及时空过程等多粒度协同计算，实现对复杂态势和演化趋势的高层认识和预知，这正是遥感大数据信息计算的最终目标，是现阶段高分遥感认知走向实际应用所面临的重大挑战。

1.1.3 研究意义

近年来，综合性高分辨率对地观测系统得到了迅速发展。美国、欧洲等都已构建了空天地一体化的高分辨率对地观测体系，对地观测限制条件越来越少，数据获取更加快捷方便，更新能力大大加强，应用领域越来越广泛，应用深度和广度均得到了极大拓展。我国也正在构建国家高分辨率对地观测系统，计划从太空、邻近空间、航空、地面等多层次立体观测平台上获取全覆盖的高分辨率遥感数据，再通过对空间数据和信息产品的规模化加工提炼，建立起综合性应用与服务系统，来满足社会各界的广泛应用需求，大力推动国家空间科技的快速发展，有效促进我国遥感空间信息产业的可持续发展，使我国成为对地观测的科技强国和应用强国。在此背景下，面向国家高分遥感社会化分享的重大需求，通过遥感科学、人工智能与计算数学的多学科交叉，本书系统地提出遥感影像图谱耦合认知的新理论，揭示图谱螺旋式认知规律及计算机制，建立地学知识逐步融入的遥感大数据多粒度计算新模型，构筑时空基准，提升价值密度，为开启遥感大数据精准服务的新模式提供理论基础和技术支持。

首先，从对地观测技术对国家安全保障的重要性来看，探索高分辨率遥感认知理论，发展协同计算核心技术，实现对多层次地球时空信息的智能获取和精细目标时序分析，是当今世界对地观测技术领域激烈竞争的焦点。地理时空信息是军事、政治、外交、公共安全等国家级决策的重要依据，是保障国家安全的基础性和战略性资源。高分辨率遥感综合观测能力为现代化安全保卫提供了新手段。我国作为世界大国，为保卫国家安全、国土完整，急需发展和应用高分辨率 RS 技术作为战略保障。本书对高分辨率遥感"图-谱"信息耦合的本质特性加以深入分析，探索建立遥感协同认知与高效计算于一体的理论与技术体系，实现从宏观到微观的多层次时空信息智能获取，以及在精细尺度上空间目标的连续观测能力，为我国高分辨率对地观测系统应用于国家安全保障提供基础性认知理论和关键技术的支持。

然后，从高分辨率遥感数据的社会化应用需求来看，通过天空地一体化综合处理，实现综合化的遥感大数据自动化处理，是开展遥感研究与应用的基础，对国家经济建设具有重要信息支撑作用。实施高分辨率对地观测系统，大力推动高分辨率遥感国家应用，快速发展航空航天遥感战略性新兴产业，急需新型高效数据处理及智能信息挖掘等新方法、新技术的支撑，以满足高分辨率遥感对高精度国土测绘、精细化资源调查，以及定量化地理环境评价规划等重大应用需求。例如，国家对地理国情监测与国土资源调查在质和量上均提出了更高标准，高分遥感将承担主干作用，如何协同多源观测数据，实现对基础信息的精细化、定量化提取及其变化的实时更新，亟待发展新一代土地利用分类及土地覆被变化综合反演的关键技术来支撑；通过高分辨率多星协同技术可获取精准种植结构信息，这对于开拓种植规划、保险理赔等新型高附加价值的农业与生态服务领域将是基础信息保障。本书将在认知理论和协同计算模型支持下，按照"空间-时间-属性"的逻辑开展多层次的遥感影像感知、时空协同与决策推理的认知理论与技术研究，对进一步拓展和深化高分辨率遥感应用水平，提升遥感精细监测能力，促进高分辨率对地观测技术的社会与经济效益发挥，具有十分重要的意义。

1.2 高分卫星遥感系统的发展

1.2.1 全球高分遥感卫星系统

21世纪，对地观测领域进入以高精度、全天候信息获取和自动化快速处理为特征的新时代。高分遥感卫星系统与其他观测手段相结合，形成具有时空协调、全天时、全天候和全球范围观测能力的稳定运行系统。表1.1罗列了全球范围的典型高分卫星系统。从1999年美国发射1m分辨率的IKONOS卫星开始，到2014年WorldView-3获取的数据空间分辨率已达0.31m，KH-12侦查卫星的空间分辨率更已优于0.1m，接近甚至超过航空摄影测量数据的空间分辨率。可见近十几年来，全球的高分卫星观测系统发展势头迅猛，其特点可以概括如下。

表 1.1 全球高分辨率卫星列表

国家/机构	卫星名称	发射时间	波段	空间分辨率/m	载荷类型
美国	IKONOS	1999 年	全色、可见光、近红外	0.82 3.2	光学
	QuickBird	2001 年	全色、可见光、近红外	0.65 2.62	光学
	GeoEye-1	2008 年	全色、可见光、近红外	0.46 1.84	光学
	WorldView-1	2007 年	全色	0.46	光学
	WorldView-2	2009 年	全色、可见光、近红外	0.46 1.84	光学
	WorldView-3	2014 年	全色、可见光、近红外、短波红外	0.31 1.24 3.7	光学
	WorldView-4（原 GeoEye-2）	2016 年	全色、可见光、近红外	0.31 1.24	光学
	SkySat-1	2013 年	全色、可见光、近红外	0.9 2.0	光学
	SkySat-2	2014 年	全色、可见光、近红外	0.9 2.0	光学
法国	SPOT-6	2012 年	全色、可见光、近红外	1.5 6.0	光学
	SPOT-7	2014 年	全色、可见光、近红外	1.5 6.0	光学
	Pleiades-1A	2011 年	全色、可见光、近红外	0.5 2.0	光学
	Pleiades-1B	2012 年	全色、可见光、近红外	0.5	光学
德国	TerraSAR-X	2007 年	X-波段	1~18.5	雷达
	RapidEye	2008 年	可见光、近红外	5	光学
意大利	COSMO 1	2007 年	X-波段	1（最高）	雷达
	COSMO 2	2007 年	X-波段	1（最高）	雷达

国家/机构	卫星名称	发射时间	波段	空间分辨率/m	载荷类型
意大利	COSMO 3	2008 年	X-波段	1（最高）	雷达
	COSMO 4	2010 年	X-波段	1（最高）	雷达
韩国	KOMPSAT-3	2013 年	全色、可见光、近红外	0.7 2.8	光学
	KOMPSAT-3A	2015 年	全色、可见光、近红外、红外	0.55 2.2 5.5	光学
欧洲航天局	Sentinel-1A	2014 年	C-波段	5（最高）	雷达
	Sentinel-1B	2016 年	C-波段	5（最高）	雷达
	Sentinel-2A	2015 年	可见光、近红外、短波红外	10 20 60	光学
	Sentinel-2B	2017 年	可见光、近红外、短波红外	10 20 60	光学

（1）不管是光学传感器还是雷达传感器，它们的空间分辨率都已经达到亚米级的水平。例如，WorldView-3 的空间分辨率达到了 0.31m，TerraSAR-X 可提供优于 1m 的雷达影像。

（2）传感器技术稳步发展，在保障高空间分辨率的基础上，光谱分辨率也得到了不断发展。例如，WorldView-2 除了提供包含红、绿、蓝及近红外四个波段数据外，还提供了 red edge、coastal、yellow 和 near-IR2 这四个波段；WorldView-3 卫星 1.24m 的多光谱数据中包含 8 个波段，3.7m 的短波红外数据中也包含了 8 个波段。

（3）高精度立体成像能力逐渐增强，高分辨率 3D 产品获取更加方便。例如，IKONOS、GeoEye-1、WorldView-1、WorldView-2 和 WorldView-3 都能给用户提供高精度的 3D 产品。

（4）为了在高空间卫星分辨率观测的基础上，提高数据的时间分辨率，全球高分遥感卫星系统呈现出高分辨率卫星星座联合观测的趋势。例如，SPOT-6/7 和 Pleiades-1A/B 四星的联合观测星座，一天对同一地区可以重访两次。

（5）高质量的高分辨率商业卫星逐渐崛起，并呈现"小卫星"发展趋势，推动了高分遥感在工程、能源、旅游等领域的广泛应用。

1.2.2 我国高分遥感卫星系统

和全球先进的高分遥感卫星系统相比较，我国高分遥感卫星系统起步晚，高分遥感卫星系统的发展水平，不管从传感器的探测能力或影像的定位精度而言，和世界先进水平存在一定的差距。但近五年来，我国高分遥感发展突飞猛进，国产高分遥感事业经过几代人的努力取得了重大的成就，遥感系列、实践系列、CBERS 系列、环境减灾系列、资源系列，以及最新的高分系列卫星已陆续在轨运行并获取大量高质量地球影像数据投向社会开展服务。2012 年我国自主发射的民用高分辨率立体测绘卫星"资源三号"全色相机的正视分辨率已经达到 2.1m。由国家中长期科学和技术发展规划纲要（2006~2020

年）确定的 16 个重大科技专项之一"高分专项"也已初显成效。高分一号卫星（GF-1）可获取空间分辨率 2m 的影像，高分二号（GF-2）的空间分辨率优于 1m；而高分三号卫星（已于 2016 年 11 月发射）更是弥补了高分合成孔径雷达卫星方面的空缺。下面具体介绍我国"高分"系列、"资源"系列、"环境与灾害监测预报小卫星"系列等高分遥感数据获取体系。

1. "高分"系列

2006 年我国政府将高分辨率对地观测系统重大专项（简称高分专项）列入《国家中长期科学与技术发展规划纲要（2006~2020 年）》；2010 年 5 月，高分专项全面启动实施。高分专项的主要使命是加快我国空间信息与应用技术发展，提升自主创新能力，建设高分辨率先进对地观测系统，满足国民经济建设、社会发展和国家安全的需要。高分专项的实施将全面提升我国自主获取高分辨率观测数据的能力，不仅能加快我国空间信息应用体系的建设，推动卫星及应用技术的发展，而且也为我国在对地观测领域开展国际交流与合作提供有力支撑（中国高分辨率对地观测系统重大专项网，2015）。

截止到目前，我国已经发射了高分一号、高分二号、高分三号和高分四号卫星（表 1.2，待发射的高分专项卫星参数不全，在此暂不整理罗列）。GF-1 卫星搭载了两台 2m 分辨率的全色相机和 8m 分辨率的多光谱相机，四台 16m 分辨率的多光谱相机。卫星工程突破了高空间分辨率、多光谱与高时间分辨率结合的光学遥感技术，多载荷图像拼接

表 1.2　GF 系列卫星有效载荷参数

平台	有效载荷	波段号	光谱范围/μm	空间分辨率/m	幅宽/km	侧摆能力	重访时间
GF-1	全色、多光谱相机	1	0.45~0.90	2	60（2 台相机组合）	±35°	4 天
		2	0.45~0.52	8			
		3	0.52~0.59				
		4	0.63~0.69				
		5	0.77~0.89				
	多光谱相机	6	0.45~0.52	16	800（4 台相机组合）		2 天
GF-2	全色、多光谱相机	1	0.45~0.90	1	45（2 台相机组合）	±35°	5 天
		2	0.45~0.52	4			
		3	0.52~0.59				
		4	0.63~0.69				
		5	0.77~0.89				
GF-4	可见光近红外	1	0.45~0.90	50	400		20s
		2	0.45~0.52				
		3	0.52~0.60				
		4	0.63~0.69				
		5	0.76~0.90				
	中波红外	6	3.5~4.1	400			

融合技术和高精度高稳定度姿态控制技术（中国资源卫星应用中心，2014a~g）。GF-2 卫星是我国自主研制的首颗空间分辨率优于 1m 的民用光学遥感卫星，搭载有两台高分辨率 1m 全色和 4m 多光谱相机，具有亚米级空间分辨率、高定位精度和快速姿态机动能力等特点（中国资源卫星应用中心，2014a~g）。GF-3 是中国首颗分辨率达到 1m 的 C 频段多极化合成孔径雷达（SAR）成像卫星，具有高分辨率、大成像幅宽、多成像模式、长寿命运行等特点，主要技术指标达到或超过国际同类卫星水平；GF-3 可全天候、全天时监视监测全球海洋和陆地资源，通过左右姿态机动扩大观测范围、提升快速响应能力，同时它还具备 12 种成像模式，不仅涵盖了传统的条带、扫描成像模式，而且可在聚束、条带、扫描、波浪、全球观测、高低入射角等多种成像模式下实现自由切换，既可以探地，又可以观海，达到"一星多用"的效果[①]。GF-4 卫星是我国第一颗地球同步轨道遥感卫星，采用面阵凝视方式成像，具备可见光、多光谱和红外成像能力，可见光和多光谱分辨率优于 50m，红外谱段分辨率优于 400m，设计寿命 8 年，通过指向控制，可实现对中国及周边地区的观测[②]。表 1.2 罗列了截止到目前已发射的三颗光学类 GF 系列卫星有效载荷参数。

2. "资源"系列

资源一号卫星 01/02 星是由中国和巴西联合研制的传输型资源遥感卫星（代号 CBERS）。CBERS-01 卫星于 1999 年 10 月 14 日成功发射，该卫星结束了我国长期以来只能依靠外国资源卫星的历史。CBERS-02 卫星于 2003 年 10 月 21 日成功发射。CBERS-01/02 卫星携带的有效载荷包括 CCD 相机、宽视场成像仪（WFI）和红外多光谱扫描仪（IRMSS）（中国资源卫星应用中心，2014a~g）。2007 年 9 月 19 日，资源一号卫星 02B 星（CBERS-02B）在太原卫星发射中心发射并成功入轨。02B 星是具有高、中、低三种空间分辨率的对地观测卫星，搭载的 2.36m 分辨率的 HR 相机改变了国外高分辨率卫星数据长期垄断国内市场的局面（中国资源卫星应用中心，2014a~g）。资源一号卫星 02C 星（ZY-1 02C）于 2011 年 12 月 22 日成功发射。该星搭载有多光谱相机和全色高分辨率相机，具有两个显著特点：一是配置的 10m 分辨率 P/MS 多光谱相机是当时我国民用遥感卫星中最高分辨率的多光谱相机；二是配置的两台 2.36m 分辨率 HR 相机使数据的幅宽达到 54km，从而使数据覆盖能力大幅增加，使重访周期大大缩短（中国资源卫星应用中心，2014a~g）。资源一号卫星 04 星（CBERS-04）于 2014 年 12 月 7 日在太原卫星发射中心成功发射。CBERS-04 卫星共搭载 4 台相机，其中 5m/10m 空间分辨率的全色多光谱相机（PAN）和 40m/80m 空间分辨率的红外多光谱扫描仪（IRS）由中方研制，20m 空间分辨率的多光谱相机（MUX）和 73m 空间分辨率的宽视场成像仪（WFI）由巴方研制。资源三号卫星（ZY-3）于 2012 年 1 月 9 日成功发射。该星是我国首颗民用高分辨率光学传输型立体测图卫星，卫星集测绘和资源调查功能于一体。ZY-3 上搭载的前、后、正视相机可以获取同一地区三个不同观测角度立体像对，能够提供丰富的三维几何信息，填补了我国立体测图这一领域的空白（中国资源卫星应用中心，2014a~g）。表 1.3 罗列了"资源"系列星有效载荷参数。

---

① 百度百科. 2016. 高分三号卫星. http://baike.baidu.com.

② 百度百科. 2015. 高分四号卫星. http://baike.baidu.com.

表 1.3 "资源"系列星有效载荷参数

平台	有效载荷	波段号	光谱范围/μm	空间分辨率/m	幅宽/km	侧摆能力	重访时间/天
CBERS-01/02 星	CCD 相机	1	0.45～0.52	20	113	±32°	3
		2	0.52～0.59	20			
		3	0.63～0.69	20			
		4	0.77～0.89	20			
		5	0.51～0.73	20			
	宽视场成像仪（WFI）	6	0.63～0.69	258	890	—	3
		7	0.77～0.89				
	红外多光谱扫描仪（IRMSS）	8	0.50～0.90	78	119.5	—	26
		9	1.55～1.75				
		10	2.08～2.35				
		11	10.4～12.5	156			
CBERS-02B 星	CCD 相机	1	0.45～0.52	20	113	±32°	3
		2	0.52～0.59	20			
		3	0.63～0.69	20			
		4	0.77～0.89	20			
		5	0.51～0.73	20			
	高分辨率相机（HR）	6	0.50～0.80	2.36	27	±25°	3
	宽视场成像仪（WFI）	7	0.63～0.69	258	890	±25°	3
ZY-1 02C	P/MS 相机	1	0.51～0.85	5	60	±32°	3
		2	0.52～0.59	10			
		3	0.63～0.69	10			
		4	0.77～0.89	10			
	HR 相机	—	0.50～0.80	2.36	单台：27 两台：54	±25°	3
CBERS-04	全色多光谱相机	1	0.51～0.85	5	60	±32°	3
		2	0.52～0.59	10			
		3	0.63～0.69				
		4	0.77～0.89				
	多光谱相机	5	0.45～0.52	20	120	—	26
		6	0.52～0.59				
		7	0.63～0.69				
		8	0.77～0.89				
	红外多光谱相机	9	0.50～0.90	40	120	—	26
		10	1.55～1.75				
		11	2.08～2.35				
		12	10.4～12.5	80			

平台	有效载荷	波段号	光谱范围/μm	空间分辨率/m	幅宽/km	侧摆能力	重访时间/天
CBERS-04	宽视场成像仪	13	0.45～0.52	73	866	—	3
		14	0.52～0.59				
		15	0.63～0.69				
		16	0.77～0.89				
ZY-3 卫星	前视相机	—	0.50～0.80	3.5	52	±32°	5
	后视相机	—	0.50～0.80	3.5	52	±32°	5
	正视相机	—	0.50～0.80	2.1	51	±32°	5
	多光谱相机	1	0.45～0.52	6	51	±32°	5
		2	0.52～0.59				
		3	0.63～0.69				
		4	0.77～0.89				

3. "环境与灾害监测预报小卫星"系列

环境与灾害监测预报小卫星星座 A、B、C 星（HJ-1A/B/C）包括两颗光学星 HJ-1A/B 和一颗雷达星 HJ-1C，可以实现对生态环境与灾害的大范围、全天候、全天时的动态监测。环境卫星配置了宽覆盖 CCD 相机、红外多光谱扫描仪、高光谱成像仪、合成孔径雷达等四种遥感器，组成了一个具有中高空间分辨率、高时间分辨率、高光谱分辨率和宽覆盖的比较完备的对地观测遥感系列（中国资源卫星应用中心，2014a~g）。

HJ-1A/B 星于 2008 年 9 月 6 日上午 11 点 25 分成功发射，HJ-1A 星搭载了 CCD 相机和超光谱成像仪（HSI），HJ-1B 星搭载了 CCD 相机和红外相机（IRS）。HJ-1A 卫星和 HJ-1B 卫星的轨道完全相同，相位相差 180°。两台 CCD 相机组网后重访周期仅为 2 天。HJ-1C 卫星于 2012 年 11 月 19 日成功发射。星上搭载有 S 波段合成孔径雷达，具有条带和扫描两种工作模式，成像带宽度分别为 40km 和 100km。HJ-1C 的 SAR 雷达单视模式空间分辨率为 5m，距离向四视分辨率为 20m（中国资源卫星应用中心，2014a~g）。表 1.4 罗列了 HJ-1A、B、C 卫星主要效载荷参数。

4. 实践九号 A/B 星

2012 年 10 月 14 日，实践九号（SJ-9）A、B 卫星在太原卫星发射中心成功发射。实践九号卫星是民用新技术试验卫星系列规划中的首发星。实践九号卫星 A 星搭载的光学成像有效载荷技术试验项目为高分辨率多光谱相机，分辨率为全色 2.5m/多光谱 10m；B 星搭载的光学成像有效载荷技术试验项目为分辨率 73m 长波红外焦平面组件试验装置（中国资源卫星应用中心，2015）。表 1.5 罗列了 SJ-9A、B 卫星有效载荷参数。

表 1.4 HJ-1A、B、C 卫星主要载荷参数

平台	有效载荷	谱段号	光谱范围/μm	空间分辨率/m	幅宽/km	侧摆能力	重访时间/天
HJ-1A 星	CCD 相机	1	0.43～0.52	30	360（单台）700（两台）	—	4
		2	0.52～0.60	30			
		3	0.63～0.69	30			
		4	0.76～0.9	30			
	高光谱成像仪	—	0.45～0.95（110~128 个谱段）	100	50	±30°	4
HJ-1B 星	CCD 相机	1	0.43～0.52	30	360（单台）700（两台）	—	4
		2	0.52～0.60	30			
		3	0.63～0.69	30			
		4	0.76～0.90	30			
	红外多光谱相机	5	0.75～1.10	150（近红外）	720	—	4
		6	1.55～1.75				
		7	3.50～3.90				
		8	10.5～12.5	300			
HJ-1C 星	合成孔径雷达（SAR）	—	—	5（单视）20（4 视）	40（条带）100（扫描）	—	4

表 1.5 SJ-9A、B 卫星有效载荷参数

平台	有效载荷	谱段号	光谱范围/μm	空间分辨率/m	幅宽/km	侧摆能力	重访时间/天
SJ-9A 星	全色多光谱相机	1	0.45～0.89	2.5	30	±35°	4
		2	0.45～0.52	10			
		3	0.52～0.59				
		4	0.63～0.69				
		5	0.77～0.89				
SJ-9B 星	红外相机	6	0.80～1.20	73	18	±15°	8

1.3 高分遥感研究现状及发展趋势

随着高空间分辨率遥感卫星的大量制备，遥感卫星影像逐渐呈现出大数据的特点。而遥感大数据的价值在于蕴含其中的多尺度、全方位、动态地表信息，以及与地学、生物、人文相关等各类知识，这些往往是通过大数据整体表现出来的，需要通过认知的手段加以提炼，但遥感大数据的"4V"特征又使得传统的遥感数据处理和信息提取技术难以满足遥感应用的需求，特别是传统基于单景数据的信息提取已很难有效地挖掘知识，限制了遥感大数据应用的价值发挥。下面具体从影像处理、管理、信息提取及服务等四方面简述目前高分遥感应用各环节的现状及发展趋势。

1.3.1 高分遥感影像处理

随着影像空间分辨率的不断提高，受传感器结构、地面起伏、大气折射、云影遮挡等因素影响，遥感影像辐射和几何畸变、云影等问题更加突出，使得遥感图像质量显著下降，给遥感影像数据的预处理和标准化带来了极大挑战。

（1）在卫星直接定位方面，国产卫星影像定位精度与发达国家差距较大（张祖勋和张永军，2012）。例如，IKONOS 的无控标称定位精度可达 25m 左右，采用可靠的地面控制点校正后，可以达到 2.5m 左右的标称定位精度；而我国遥感卫星的无地面控制精度可以达到±300m 左右，若采用已知全球参考数据，国产卫星影像自动定位精度可提高到±20m 左右，正射影像产品精度为±2~5 个像素。在基础设施建设方面，我国还没有一个可完全用于高分辨率对地观测系统的几何定标场。在运动成像平台自主定位方面，现有研究侧重于从摄影测量和投影几何角度出发探讨理想或简化的情形，而对于多传感器、复杂、动态的平台变化则还没有深入的触及，缺少理论上和实用上可行的解决方案。

（2）在高分影像几何精校正方面，传统方法是根据采集的地面控制点，利用几何转换模型进行高精度几何校正。针对手动控制点选取的效率低、主观性强，以及人为误差大等问题，国内外在控制点自动选择方法上展开了大量的研究，如 SIFT、Harris 等特征提取方法也在几何校正中得到较为广泛的应用（Takahashi et al., 2008）。另外利用参考影像对待校正影像进行相对几何校正的方法也有了发展，主要手段是基于多源影像配准以建立影像之间的对应关系（Gianinetto and Scaioni, 2008）。但是，上述研究大多仍停留在实验阶段，能够对国产高分卫星进行智能、高效、自动处理的成熟系统很少。

（3）在大气绝对辐射校正方面，近年来发展了比较常用的有 6S 模型（Vermote et al., 1997）、LOWTRAN 模型（Kneizys et al., 1983）、MODTRAN 模型（Berk et al., 1987）和 ATCOR 模型（Geosystems, 2015），在 ENVI、PCI 和 ERDAS 等商业化软件都已经集成。除此之外，还包括基于影像信息本身的黑暗像元法和在此方法的基础上完善发展起来的 COST 模型（Chavez, 1996）。国内对辐射校正的研究主要是在国外常用模型的基础上进行了改进，使之更适应国内的大气环境模式。然而同一地区不同时相、不同传感器影像上的辐射差异，在国产卫星传感器的设计下更加明显，因此需要开发更有针对性的辐射校正模块，实现多源卫星光谱的归一化和一致性。

（4）在云影检测与去除方面，云一般包含不透明的厚云层及半透明的薄云，不透明的厚云层因其在可见光波段反射率明显增强，所以和半透明的薄云相比，不透明的厚云层更加容易检测（Zhu and Woodcock, 2012）。国内外学者提出了大量的云层检测和薄云去除方法，大致可分为两类：基于模型的方法和基于影像的方法。前者利用辐射传输模型模拟并消除给定大气条件下云层对地物光谱的影响，这种方法能够有效去除云层的干扰，但需要成像时刻、影像区域详细的大气参数。后者无需大气参数，处理简单、行之有效，如直方图匹配法、同态滤波法、小波变换法及数学形态学方法等（冯里涛和骆光飞，2015; 杨文亮，2011; 曹爽，2006）。对于多云多雨地区的多源多时序影像协同应用而言，特别需要针对不同传感器的参数载荷、波段设置及成像特点，开发适应性较好的云影检测和去除方法，从而主动生成有效像元区域范围，挖掘出空间碎片化、时间连续化的有效遥感影像数据产品。

1.3.2　高分遥感影像管理与服务

一方面，高分遥感数据量非常巨大，给影像管理及存储带来了极大挑战。目前大规模空间数据的系统存储架构主要有单机文件系统、分布式文件系统和分布式空间数据库等三种类型。对于海量遥感数据管理与存储，分布式存储与计算架构可以让数据以一种可靠、高效、可伸缩的方式进行处理。为了克服传统方法在实时性、高效性管理方面的不足，构建高性能的分布式文件系统，利用多个数据节点协同存储遥感数据，已成为大规模遥感数据存储的热点问题。目前关于分布式文件系统的实现已经有很多，如 PVFS、GPFS、Lustre、ZFS、GFS、HDFS、TFS 和 FastDFS 等。它们之间的设计思想大体类似，其中主从模式是普遍采用的架构方式，即将数据及其元数据分开存储，在主节点上存储元数据并提供元数据服务，而将数据文件存储在多个节点上并提供并行 I/O 访问。这种架构方式的一个好处是可随着数据规模的扩大进行存储服务器的动态扩展，而且也相对容易地实现负载平衡和动态调整。国外在大规模遥感影像存储领域具有代表性的产品有 NASA 的 MSS（mass storage system）存储系统和 Google 的 Google Earth 系统。MSS 存储系统采用 XML 文件记录影像的元数据，并采用独特影像压缩技术存储影像数据；同时对入库的影像进行预处理，大大地减少数据量，提高数据的浏览和查看速度。而 Google 开发的一整套以 Google Cluster、GFS、Bigtable、MapReduce、Chubby 和 Sawzall 等技术为核心的 PB 级大规模数据存储解决方案，为 Google Earth/Maps 等多个产品提供空间数据管理支持。国内目前并没有商用或者成熟的大规模影像存储解决方案，而主要借助第三方产品的支持。一种方法是在通用的关系型数据库中，利用空间数据库引擎存储和管理空间数据，如国外 ArcGIS 的 ArcSDE，国内的 SuperMap 的 SDX+等；另一种方法是直接使用商用 Oracle 数据库提供的 Oracle Spatial 空间数据管理中间件来存储与管理空间数据。

另一方面，面向下一代互联网的云服务模式给传统遥感信息服务技术带来了巨大冲击，原先基于客户端能力的遥感信息服务在云服务模式下变得难以施行，同时，普适化应用环境中的高并发问题也是一个新的挑战。ESRI（2013）发布了支持云架构 ArcGIS 10，可以把空间大数据的管理、分析和处理功能部署到云平台。同美国、法国等遥感商业化模式发展良好的国家相比，我国遥感信息增值云服务技术和系统研究尚处在起步阶段，特别是面向我国国产卫星数据的流程化、标准化高分辨率空间信息产品的自动生成与服务还有待于进一步的设计与开发，空间信息产品自主加工的深度和效率都还有待提高。遥感产品服务不畅，直接导致了遥感数据及相关产品更新速度无法满足资源环境、交通运输、现代服务业等领域的应用需求。为了深入到国土、农业、环保、交通、智慧城市等多个行业，并开展因地适宜的应用服务，亟须提升遥感大数据技术的服务能力，培育遥感大数据应用新业态。因此，研究和建立一个我国自主、完善的遥感信息增值服务云平台，将是我国在空间信息产品生产技术方面的发展方向，这需要充分吸纳最新的计算机技术和信息技术，加强国产遥感数据的集成创新，为遥感信息应用提供"数据-计算-服务"于一体的整体性解决方案。

1.3.3　高分遥感影像信息提取

高分遥感面临的最大挑战是从繁杂的数据中获取符合应用需求的信息，这是至关重要的一步，不仅关系到数据价值的体现，而且决定了后续应用的质量。在信息提取过程中，传统"单机"+"人机交互"作业方式远远不能满足海量空间信息产品生产的要求，也限制了高性能计算技术在空间信息提取中的应用，但是自动化、智能化和高效化的目标确还远未达到。

经过数十年的发展，遥感信息提取已从目视解译、半自动解译发展到能结合专家知识和计算机运算的自动信息提取阶段。遥感信息提取与分析方法已从传统分类方法发展到针对特定类型地物或目标的检测与解析方法和更易融合纹理、轮廓、形状等空间特征的对象化分析方法。尤其是近年来，自组织神经网络、模糊逻辑推理、多层次知识迭代、支持向量机等人工智能方法应用到植被、水体等专题要素提取、土地覆被分类和土地利用更新；而在数据与应用驱动下小波变换、稀疏编码、遗传算法、EM-MCMC 方法、视觉词袋、规则归纳、证据理论等统计学习与智能计算技术也被逐步引入了，实现了对遥感信息模型的计算机解算过程在精度、效率和可靠性等方面的不断优化（Ayma et al.，2015）。这些方法在精度和效率上都超过了传统的方法，同时具有更高的自动化程度，为流程化的产品生成提供了基础。但是，这些方法仍处于实验或者局部区域应用阶段，对于大尺度应用较少，相关信息产品也较少，且普遍的精细程度较低，反映的地物主题信息较为有限，信息产品的现势性也不高。究其原因是，全数字化和高度自动化的遥感信息解译和制图工艺流程尚未形成规模生产，至今缺乏实时（或准实时）处理海量数据和多时相数据的能力，远不能满足全球或区域可持续发展研究的需要，也还没有充分发挥遥感数据快速、大面积覆盖的优势。

在理论方法层面，最近几年，遥感信息提取伴随着遥感大数据问题的凸显而持续深化。最新发展是如何将传统的时空分析方法与最新的智能学习技术进行有效深入的结合，我们追踪到以下三个方面的发展趋势：①将地理辅助信息与领域知识通过形式表达与学习逐步融入到遥感信息计算模型中，如在影像分割、监督分类、变化检测等算法中集成迁移学习、主动学习、半监督学习等机器学习机制，对于改进模型精度可取得不错的效果（Demir et al.，2013；Stumpf et al.，2014；Liu and Li，2014；Iounousse et al.，2015）；②近几年迅速发展的深度学习是对多层次认知的计算机模拟，通过建立多层弹性的非线性映射（如神经网络）来模拟特征表达、逐层抽象目标特征并最终实现对大数据的有效挖掘；目前，深度学习算法已在语音识别、自然语音处理、计算机视觉等领域开展了颇有成效的应用（LeCun et al.，2015）；对于一般具有低、中、高多层次的遥感特征，从底层的视觉特征到高层的语义表达之间往往存在鸿沟，而深度学习正是通过对低层特征的多层抽象获得中高层表达信息，因此其思路可期待用于解决遥感智能计算中语义鸿沟的难题，有望推进高层次遥感信息计算的发展（Chen et al.，2014）；深度学习一般需要海量的训练样本来自动学习特征，这又与遥感大数据的特性不谋而合；③粒计算是当前大数据计算领域中模拟人类思考和解决大规模复杂问题的自然模式而新兴起的一个研究方向，它以"粒"为基本计算单位处理模糊、不确定和不完整的大规模复杂数据集（Wu et al.，2009），其中的"多粒度"概念体现了对复杂问题分层、分块后由简入难逐步计算的思想（Wu et al.,2011），天然适用于多源遥感数据集在不同分类体系下的信息粒化与粒层构建，有望实现对遥感大数据多层次、多视角、递进式的信息计算。

在算法实现的技术层面，伴随着信息技术的更新换代和计算理念的不断革新，应用"多核-集群-GPU"并行计算和大数据云计算等新型计算技术和架构，分别从密集型与协作型计算机制的内外层面，强力推进遥感信息提取技术的发展（Ma et al., 2015）。同时，针对遥感认知过程中的信息不确定性和可靠性问题，又从三个方面进行了模型的优化探索：①在模型算法方面，不断提出和改进精确、智能和稳健方法，如纯净样本提取、对象特征优选、三维结构仿真模拟与分析，以及引入先验知识或者地理环境模型来提高信息挖掘的可靠性；②在计算理念方面，将其他领域的相关理论方法（如计算机领域的可信计算）应用于遥感数据处理与信息计算过程，从计算和逻辑的源头确保其安全性、可靠性和可验证性等；③在计算可靠性的验证方面，发展不确定性度量、可靠性评价、真实性检验等研究，而对于不可信结果的定量统计和修正措施等相关研究则相对并不完善，如针对计算可信度的修正问题，主要思路是通过一些自适应机制来预错、避错、容错和排错，即自适应计算，其方法虽多却凌乱，难成体系。

1.3.4 遥感大数据协同计算

在遥感大数据时代背景下，近年来以高分卫星遥感作为依托的遥感大数据平台，对地球表层态势进行着真实场景式的影像记录，构成各类时空信息的传播基准，成为开展地理信息社会化精准应用的基础。国际上有两个遥感精准应用的重要案例，通过高分手段实现地球森林树木的数量和人口空间分布的详尽估算。可见，大数据时代，精准应用正向精准服务进一步演进，就是依据大数据全体计算的思维，通过高分遥感建立的时空场景为基准，遍历式地对每一个地物进行要素提取，将精细结构分析与定量模型计算紧密耦合，实现精准信息的深度挖掘，再以大数据中心为枢纽进行平台推送，就可形成需求驱动的主动服务新模式，改变传统项目驱动的被动应用模式。遥感大数据从大规模获取到面向用户开展精准服务，需经过"影像高精度处理、空间结构转化、时空流信息融合、社会经济属性拓展"四个层级的信息传递与耦合计算过程，这也充分契合了"全覆盖-海量、持续更新-动态、混杂多态-复杂"，以及"价值密度提升"的大数据特点。然而，从高分遥感上述的研究现状和实际应用来看，目前这四个层级的信息传递并不畅通，从"供给侧"大规模数据资源获取到"需求侧"社会化地理信息服务之间存在巨大鸿沟，大数据平台难以将信息精准、及时地推送到用户终端上，极大地限制了遥感应用无论在广度或深度上的开展（图1.1）。

为了应对高分辨率遥感大数据落地服务的需求，需要克服采集、存储、认知、计算等多个环节的技术难点。现有的计算方法在处理分析的高效化和智能化方面虽已有了一定技术积累，但多仅体现于某个环节或单个层面上，并不能满足遥感大数据综合处理与按需计算服务对于系统性和完整性的需求。随着计算规模、性能、智能水平的不断升级，以及多领域交叉的革新性技术方法的不断融入，在建立多源混杂数据深度融合与综合处理平台的基础上，探索具有时空记忆、自适应机制及特征自学习能力的多粒度信息挖掘机理，发展多模态巨量遥感信息的高可信计算模型，必成为未来遥感大数据计算的重要发展方向，其成果将大大推动遥感大规模应用服务的进程。

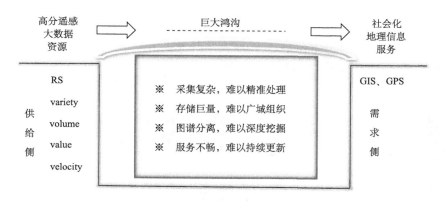

图 1.1　高分遥感大数据资源与社会地理信息服务之间的巨大鸿沟

　　针对高分遥感在发展中遇到的数据处理难以精准化、影像管理难以有效化、信息提取难以智能化，以及服务更新难以快速化等问题，本书将提出遥感大数据协同计算体系，打通遥感大数据处理、组织、认知、应用等环节，以促进遥感大数据与国土、农业、环保、交通、智慧城市等各行业应用的深度融合，提升遥感大数据技术的服务能力。

　　如图 1.2 所示，我们首先将"大遥感时代"的广义遥感大数据模型分为四个层次：对地观测大数据、空间结构大数据、时空流大数据及社会经济活动大数据。这四个层次也体现了大数据 value、variety、velocity、volume 的 4V 特点：①对地观测大数据（狭义的遥感数据）作为模型的基础，体现了全覆盖的特点，当前基于"天–空–地"的立体感知系统，使得地球影像大数据能够在空间和时间维度进行全覆盖；②空间结构大数据作为基准底图，体现了快速持续更新的特点，由于全覆盖的对地观测大数据更新周期逐渐缩短，时效性越来越强；③时空流大数据作为模型中的"动感地带"，体现了多态全面的特点，通过多态时空数据的一体化组织、协同与转化，能够揭示相对稳定的空间结构上的地理对象时序演变规律，以及深度拓展趋势；④社会经济活动大数据作为遥感大数据模型的顶层，体现了高密度价值的特点，考虑其时空位置属性与当前移动互联网的天然适应性，通过社会经济中的各类数据在结构化的时空轴上关联与融合，能够实现高密度价值的知识挖掘与多元应用。

　　和遥感大数据模型相对应，遥感大数据协同计算将构建"影像处理机（IPM）的主动生产—矢量生产终端（PLA）的按需生产—时空大数据操作系统的（gDOS）枢纽调度—时空大数据服务平台（ABT）的多元应用"的体系，具体包括了处理层面、认知层面、组织层面及服务层面等四方面的协同：从处理层面而言，通过协同处理，需要建立"几何—辐射—有效—合成"一体的影像大数据主动生产线，从而发挥每一个像元的作用；从认知层面而言，按照不同的区域，需要构建"基础地理—地块级土地利用—土地覆盖变化—专题应用"四级土地信息产品的生产线；从组织层面而言，需要形成"生产—管理—服务—产品"枢纽；从服务层面而言，遥感大数据协同计算需构建分层次的遥感数据增值信息产品服务与应用体系。本系列专著就是将围绕上述处理层面、认知层面、组织层面及服务层面的协同环节分别进行论述，而本书则主要着眼于认知层面的遥感大数据协同计算，即遥感认知展开相关研究。

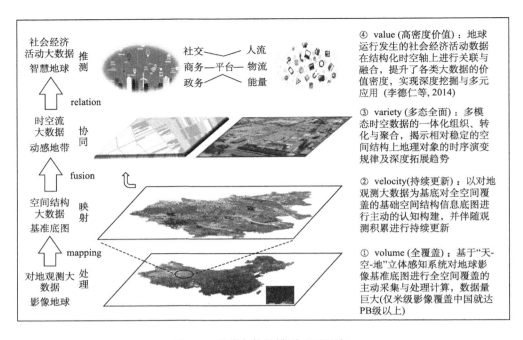

图1.2　遥感大数据模型（四层次）

1.4　遥感认知研究现状及发展趋势

1.4.1　认知科学

　　认知科学（cognitive science）是研究人类感知和思维信息处理过程的学科，研究内容包括知觉、学习、记忆、推理等，涉及心理学、计算机科学、人工智能、语言学、神经科学等（余磊, 2010; 中国科学院心理研究所战略发展研究小组, 2001）。其目的在于探索人类对事物的从"不知"到"了解"，再到"理解"的过程，发现心智的表征、计算能力，以及认知在大脑中的功能表示，了解智能实体与他们的环境相互作用原理。它包括从感觉输入到复杂问题求解，从人类个体到人类社会的智能活动，以及人类智能和机器智能的性质等。认知科学的研究使人类可以更好地自我了解和自我控制，把人的知识和智能提高到前所未有的高度。

　　信息科学则是研究信息的获取、表示、传递、转换、精炼与使用的科学，其目的在于利用现代计算工具，高效获取和使用信息，并促进信息向知识、知识向决策的转换。信息处理是信息科学的主体，它研究数据到知识、知识到决策的转换过程。信息科学与认知科学的结合，会进一步促进人类的自我了解和自我控制能力。在认知科学中，与信息科学相关的研究方向主要是认知模型和认知计算等：认知模型是主要模拟人类认知，包括符号主义认知模型、联结主义认知模型和脑逻辑认知模型；认知计算是指能够大规模学习，依据目标推理，并可以与人类自然交互的系统，它们不仅可以从环境经验，还可以从与人类的互动中进行学习与推理（John, 2015; 冯康, 2014）。人脑是已知最完备的生物信息处理系统，信息科学可为认知科学的研究提供方法论与技术支撑。近年来，脑成像技术使人类能够直接观察大脑的认知活动，即大脑在进行各种认知活动时相应的功能定位和动态过程。新型的脑成像技术，如 FMRI、PET、SPECT、MEG、EEG、ERP、光学成像、分子影像等，已使人们能够从不同角度反映脑的结构、功能及其病变。对脑成像数据的分析、整合与利用是当前脑成像信息处理的核心。信息处理理论与方法的研究可直接为脑成像数据提供更为先进的分析和建模工具，从而进一步揭示脑的认知活动与规律。

认知科学充当先知者的角色，可为信息处理提供新的模式。然而目前的状况是认知科学的研究成果并没有多少真正用于信息计算，或者即使有应用，其应用水平普遍较为初等和非本质。随着计算机科学与超大规模集成电路技术的发展，以物理形式出现的"计算"在几乎所有的科学与技术领域中发挥着十分重要的作用。知识的发现与技术的创新无不依赖于"计算"的技术与手段。信息处理是最重要的一种"计算"。认知科学与信息技术的交叉，不仅可以深入探索极为复杂的认知过程及信息处理机制，而且极有可能在信息处理计算理论与方法上，找到物理可实现或计算机上可编程的方式来延伸人类智力和提高复杂人工系统的智能行为。当前机器智能与生物智能在"质"的差距要远严重于在"量"上的差距，这种质的差距源于现有计算机体系结构与人脑处理信息的组织结构和机理存在着巨大差异。例如，现有图文信息获取与处理缺少智能，视觉信息的物理获取设备（如照相机）只能反映真实物理世界的投射，而人类的视觉系统却能全面地提取信息：能够基于学习、记忆，完成时空连续的特征提取与优化处理，利用认知提取最重要的信息，完成对复杂目标的辨识和推理。因此利用人的认知机理来指导信息的机器处理，设计可物理实现和可编程的基本元件和计算模式，探索信息处理的新型计算结构，具有重要的科学意义。

1.4.2 视觉认知

遥感认知主要涉及以图像为基础的环境信息，其研究方法和处理手段将主要借鉴（视觉）认知科学的近代成果。因此，视觉认知基本过程的研究，是探讨遥感认知过程最具潜力的突破口。遥感目视解译至今仍是最令人信服的遥感认知方法。要研究其中的认知过程，首先需要了解人和高等动物最重要的感觉系统——视觉系统。人类和灵长类动物的大脑皮层内有至少 32 个区域（即占大脑皮层一半以上的区域）参与占全部感觉信息80%以上的视觉信息的处理（Felleman and Van Essen, 1991），研究视觉信息处理不仅是研究人类认知过程的最重要方面，而且也是研究人脑结构和功能的突破口（Crick, 1996）。发展至今，视觉皮层已成为人类对大脑皮层各区域中研究得最为深入的区域，视觉研究的深度和广度已经发展到视觉神经科学这样一个相对独立的学科的程度（寿天德，2010）。早在 20 世纪中叶，诺贝尔生理和医学奖获得者 David Hubel 和 Torsten Wiesel 就通过对猫的大脑的研究揭示了视觉系统是如何将来自外界的视觉信号传递到视皮层，并通过边界检测、运动检测、立体深度检测和颜色检测等一系列处理过程，最后在大脑中构建出一幅视觉图像的（Hubel and Wiesel, 1962），从此奠定了神经生理学的基础。

在此之后，随着神经科学家对于视觉认知机理的了解（如感受视野功能、视觉信息通道及功能结构，Marr 视觉计算理论，Gestalt 视觉完型现象和 Treisman 特征整合理论等），视觉信息处理脑机制和计算模型的研究重点逐步进入探索其自我组织和感知机理的研究阶段。例如，美国科学家 Poggio 等通过研究视觉的综合机制及运动控制的关系，揭示了视觉和运动的学习中的原理范式（Poggio and Bizzi, 2004）；Serre 等（2005）通过开展 V1，V4 和 IT 区的生理数据与目标识别的心理实验，建立了视皮层 Ventral Stream 前馈通路进行目标识别的处理模型，并利用该目标识别理论和模型构成了一个据称可与当前最好的计算机视觉系统相匹敌的视觉认知机；Hung 等（2005）通过记录和分析短尾猿大脑的 IT 皮层识别不同对象时神经编码模式的差异，发现了模式识别的神经编码差特征及其该特征对于尺度和位置的不变性。Boston 大学的 Grossberg 和 Mcloughlin（1997）提出了立体视觉感知的 FAÇADE（form-and-color-and-depth）理论，该理论可用以解释人类视觉的各种现象，如三维立体视觉的形成、幻觉的形成等。Grossberg 和 Howe（2003）利用大量生理实验数据，改进 FACADE 提出了 3D LARMINART 模型，以处理视觉感知的发展、学习、组群和注意机制，利用该模型可以得到对视觉场景的三维表面感知；中国科学院的李朝义院士（Yao and Li, 2002）发现了在视觉皮层上存在两种不同类型的非经典感受野（称为整合野），其功能与处理亮度、颜色和形状信息有关，它们对各种复杂图形特征的分割、识别和整合起关键作用。中科院陈霖院士所领导的实验室近年来则系统发展了拓扑知觉理论（Zhuo et al., 2003）。他们的理论认为，视觉过程是从大范围性质开始的，这种大范围性质可以用拓扑性质来描述，以拓扑性质为最基本层次，各个层次的几何不变性质是图形知觉信息表征的基本单元。所有这些研究结果为基于视感知的信息处理提供了重要的生物基础与科学依据。

近几年，随着正电子发射断层图、功能性核磁共振技术等无损伤性技术的发明和改进，对大脑视觉系统的研究有了长足进展，现在我们知道大脑的各个视觉部分是如何分解视野图像的。但不足的是我们还不清楚大脑如何整合这些分解部分，以形成完整的、高度组织化的外部世界景观。从认知的角度看，我们已经了解了很多"认"，但对"知"还知之甚少。视觉认知学科非常庞大（黄凯奇和谭铁牛，2013），但是本书仅关注与认知流程相关的学说，特别是其中涉及信息、知识的提取和转变过程的论点或实验，以期对遥感影像内容的认知流程和自动解译进行指导或借鉴。从视觉认知流程来看，主要分为以下两个方面。

（1）自底向上的分层抽象过程。20 世纪 70 年代末，David Marr 设想出一个普遍视觉计算理论框架，用以描述视觉过程的粗略轮廓（Marr, 1982）。这种分层序列化的信息表达和处理思想影响深远，随着后续在外侧膝状体六层结构、视皮层功能分区等方面展开的深入研究，逐渐形成了视觉认知是自底向上的分层抽象过程的普遍共识（Konen and Kastner, 2008）。这里的自底向上针对从数据中提取信息的加工过程而言，一般来说大脑首先从接收到的图像数据中提取形状、颜色、亮度、纹理等特征，然后根据特征识别图像中的目标内容（Karklin and Lewicki, 2009; Li and DiCarlo, 2008）。分层抽象是针对从视网膜到视皮层的视觉神经过程而言，在生理上由视觉信号向认知信息的抽象过程已经被诸多实验证实，很多实验表明初级的视皮层细胞提取局部简单特征，而更高级的则接收这些信息提取更复杂的特征（Hirabayashi et al., 2013; Riesenhuber and Poggio, 1999; Tanaka, 1996）。近几年迅速发展的深度学习算法就是对层次认知过程的计算机模拟，其主要思想是通过建立多层的非线性操作（如神经网络）来模拟特征表达，逐层抽象并最终实现对数据的有效认知（Hinton, 2010; Bengio et al., 2007）。

（2）自顶向下的知识反馈过程。Francis Crick 认为，"看"是一个主动的建构过程，很多情况下视觉信息存在不足或模棱两可，但视觉认知系统却会根据其他知识主动推测，形成尽可能完整的信息或知识。例如，在遥感影像中当地物被遮挡、噪声严重时正是这种机制使得我们仍能准确识别地物或者推测其完整边界。在这个认知过程中先验知识起到了很大的作用，很多研究表明经验推测与视觉输入的结合可以有效提高视觉认知的效率（Bar, 2007）。不同于视觉抽象过程，这种基于先验知识的认知过程通常是自顶向下的（Engel et al., 2001），而且更多情况下是作为调节反馈而非直接处理，如此才能与自底向上的前馈处理形成交互而降低认知错误，提高认知速度（Melloni et al., 2012; Navalpakkam and Itti, 2006; Friston, 2005），不将这种自顶向下的反馈机制和功能研究透彻就很难说完全了解视觉认知过程（Kveraga et al., 2007）。因此，可以预见将这种思路用于计算机的信息处理中，通过设计某种专门视觉计算（如环境感知、特征编码、信息综合等）硬件结构单元或者算法模块，使得这种模块具有自适应的调节功能，无疑对提升信息处理的效率和智能化水平有重要价值。

综合以上两方面的视觉认知流程，自底向上与自顶向下看似两个矛盾的过程，在遥感影像的目视解译中却很好地协作，如在识别水体、植被等地物的过程中经常以光谱特征为依据，而在识别道路、建筑物等的过程中经常需要推理、匹配等步骤。这一方面说明了两种认知流程在以还未被我们所了解的形式共同发挥着作用，另一方面也表明要想更好的实现遥感影像认知不可避免的需要权衡这两种机制。本书也是鉴于此，将从遥感认知的角度出发，以视感知为突破口，模拟大脑认知（特别是视感知）机理，发展基于视觉信息的遥感认知计算，实现一个高可靠性、具有广泛适应能力的遥感认知平台，这不仅为认知科学研究提出了明确的需求牵引，而且为遥感认知机理的深入探索提供了计算理论、数学模型和分析工具，必将有力推动遥感类脑信息加工与处理机理探索的进一步发展。

1.4.3　遥感认知

遥感认知（信息提取），是遥感成像过程的逆过程，是从遥感对地面实况的模拟影像中提取相关信息、反演地面原型的过程。需要根据专业的要求，运用解译特征标志（连接）、物理模型（行为）和实践经验与知识（符号），定性、定量地提取出时空分布、物理量、功能结构等相关信息。遥感认知是在掌握复杂成像机理的基础上，面向应用服务，采用地学认知理论和高性能计算手段，综合实现对遥感影像智能解译、参数反演及知识发现的过程，影像分类、目标识别、信息提取和场景理解是遥感认知的主要表现形式。

1. 遥感认知的"图-谱"分离现状

从 20 世纪 90 年代以来，随着遥感与 GIS 分析受到地学界的广泛关注和日益重视，认知亦成为遥感数据挖掘领域的关键研究问题，关注点集中在认知普遍规律、非结构信息表达、智能学习和时空推理等几个方面，研究方法主要体现为充分应用数学统计方法和模式识别技术来探索遥感数据内部结构之间及其与相关数据的有效整合与推断分析（Quartulli and Olaizola, 2013）。归纳起来，研究落脚点主要体现基于空间"图"的识别推理，以及基于"谱"的参数定量反演等方面。

在遥感"图"识别与推理方面，以模式识别理论为基点的遥感信息提取、图像分类和目标识别是遥感认知的主要表现形式，如聚类学习、神经网络分类、形状分析、纹理模型、小波分析、分形模型、空间统计模型等（Iounousse et al., 2015; Demir and Ertürk, 2009; Knight et al., 2009; Giada et al., 2003）。最早的大部分传统遥感认知方法是基于像元层次上的图像分析，能够描述与提取的特征非常有限，造成许多模型与方法在精度上的欠缺，特别是对于高分辨率影像处理与分析，其效率和精度都难以达到实际应用的需求（Song et al., 2005）。而后提出了面向对象的认知架构，获得了较多遥感研究者的认同（Zhou and Qiu, 2015; Li and Shao, 2014; Voltersen et al., 2014; Blaschke, 2010），通过参考计算机视觉和认知等方法共同提高遥感自动解译的精度（宫鹏等，2006）。这是由于像元特征分析与人们认识和描述世界的方式实际上是脱节的，难以进行领域知识、专家经验、地学模型的融合，造成方法的提取效果、应用等方面存在难以克服的局限性（明冬萍等，2005; Blaschke et al., 2014）。随后，面向对象的遥感认知也被发现存在动态特征表达的片面性和外在知识融入的不完整，尤其缺乏针对影像地物目标及场景的分析计算模型的支持。因此，遥感认知需要构建和目视解译相对应视觉注意机制的具有地学意义的"空间地块图"，再综合考虑光谱、空间几何、空间关系等多种特征信息，通过学习专家对影像处理、分析和理解，真正模拟人对影像从视觉、记忆、联想和推理过程，达到对影像空间结构、尺度、大小、形态、单元划分、特征分布等空间和属性信息的整体性提取和描述，能够根据知识库进行高层语义逻辑分析，获得更加合理、复杂的空间分布信息，进而达到比挖掘更高层次的决策过程。

在遥感"谱"信息综合反演方面，由于遥感起源的物理机制，遥感定量反演起源于高光谱遥感领域，也是遥感科学研究的主流。国外许多大学和研究机构，如美国马里兰大学、加州大学圣芭芭拉分校和波士顿大学等对高光谱遥感定量反演进行了深入研究，涌现出了大批知名学者，主要从大气辐射传输、植被冠层反射，以及大气校正模型出发，反演地表辐射和反射参数，建立地表覆被因子提取模型和地表参数反演模型（Liang, 2005; Li and Strahler, 1992; Jupp and Strahler, 1991; Nilson and Kuusk, 1989）。在国内，童庆禧院士倡导和开展了高光谱遥感研究领域，根据地物光谱特征研究发展的高光谱导数模型和光谱角度相似性匹配模型等为高光谱遥感定量化研究与应用奠定了理论基础（童庆禧等，2006）。李小文院士进一步发展了几何光学模型，对定量遥感中的病态反演本质提出了基于先验知识的多阶段反演理论（李小文和王锦地，1995）。在国家973计划支持下，李小文院士进一步开展了"地球表面时空多变要素的定量遥感理论及应用"的研究，在时空多变要素遥感模型、以先验知识为辅助的定量遥感综合反演理论方法和农林应用验证方面进行了大量卓有成效的研究（李小文，2006）。

近年来，遥感协同反演成为研究前沿，通过发挥多传感器在空间信息和光谱特征观测的组合优势，开展对地表时空变化特征参数定量描述以及基于知识库的地表参数综合反演（Weng, 2012），以求建立时空多变要素的信息模型和以系统先验知识为辅助的参数反演理论方法体系；然而，由于遥感机理复杂性及人类对其解析的局限性，影像几何与波谱的协同提取过程中的混杂数据融合与同化、尺度效应和尺度转换、辅助信息与知识表达融入、多维特征约简，以及自主学习等问题仍然是当前智能化和定量化遥感提取研究难以解决的问题（Li et al., 2013; Marsetic et al., 2015），尤其对于高空间分辨率遥感而言，该问题尤为突出。

究其根本，是由于长期以来学科上的差异，造成源自物理学的"谱"分析和源自地理学的"图"理解分别在两条线路上对遥感影像认知，学术分歧至今存在，难以消除（三十年前，美国地学界就曾爆发了关于遥感与地理的"路线斗争"）。遥感定量模型如果忽视了地物本身所呈现的"图"特征，辅助信息与经验知识就难以有效融入；而遥感理解模型如果脱离了对象蕴含的"谱"意义，时空特征就难以精确计算和真实表达。"图-谱"分离或片面，均会在一定程度上限制遥感认知的能力和水平。

2. 遥感的人脑认知与机器认知

除了上述阐述的原因，限制遥感认知的能力和水平的另一个原因是人们对于遥感影像的认知与一般自然图像的认知间的不同点思考尚不够深入。与一般意义上的图像认知相比，遥感认知是一种融合了遥感和地学特殊性的图像认知。首先，认知的主体一般为计算机而非人类，认知对象的载体由一般图像变为更复杂但也更固定的遥感影像，这些多光谱甚至高光谱影像并非为适合可见光的人类视觉系统而设计，但却天然适合于数字计算；其次，认知的流程虽然仍符合一般的视觉认知规律，然而遥感内容是完全与地学相关的，认知手段还包括了更广泛的地学图谱分析方法，地学推理的意义很大程度上弥补了空间信息的不足；最后，认知的对象限定于瞬时的地表综合现象，认知结果不但在空间上符合地学分布规律，而且在时相上也符合地学变化规律，这并非单景影像的认知所能达成的（Datcu and Schwarz, 2010）。因此，遥感认知的领域特殊性主要表现在以下三个方面：一是影像本身表现形式的特殊性；二是影像处理分析方法的特殊性；三是影像反映目标信息的特殊性。随着对遥感认知特殊性认识的逐步加深，科研和业务人员依据认知手段的差异，将遥感认知分成人脑认知和机器认知两大类。表 1.6 比较了两者所用信息的区别，各有优势和短板，具体分析如下。

表 1.6　人脑认知与机器认知所用信息的区别（阎守邕等, 2007）

遥感认知内容	人脑认知	机器认知
处理对象	多个像元的组合（对象）	单个像元、多个像元的组合（对象）
面积计算	粗略的	精确的
波段	最多 3 个波段	没有限制
分别灰阶的能力	大约十几个灰阶	能够充分利用所有灰阶
地物形状特征	可以利用	存在限制，依赖于算法
空间特征	可以利用	存在限制
解译经验（知识）	可以利用	存在限制，依赖于算法
非遥感信息特征	可以利用（图像融合）	可以利用，程度不够
	可以利用，程度不够（高程）	可以利用
大规模处理时间	慢	快
分割边界信息	不精准、数据量小	精准、数据量大
判读属性信息	细致、精准	不细致、不精准
结果重现	差	好

人脑目视解译的优势体现在以下两方面：①从图像认知理解的角度来看，尽管大脑的视觉认知机制仍未被完全了解，但经过几十年的研究，其自顶向下综合指导、自底向

上分层抽象、视皮层功能分区等机制已被众多研究所证实（DiCarlo et al., 2012），以知识指导、信息加工为取向的认知心理过程也被大量实验所论证（彭聃龄，2004）。这就意味着人脑认知图像过程，是收集、转化和综合了各方面知识的过程。所以，目前人工目视解译仍然是从遥感影像提取高质量信息的最终保障，解译人员在真正认清遥感所反映的综合信息时，不仅需要自身的专业知识和解译经验，还需要地面实时信息的辅助（阎守邕等，2007），真正有用的信息并非遥感独家所能完成。因此，当前遥感解译只有在处理过程中主动参考人脑目视解译的认知流程、深度迁移各方多源知识，才有可能实现最大程度的自动化与智能化。②从地学分析的角度来看，遥感数据本身是地表自然综合体反映在二维平面上的瞬时、片面的图像，要想将其为各学科所利用需经过复杂的处理过程——数学处理、光学处理、地学处理等（陈述彭和赵英时，1990）。其中地学处理包含两个途径：一是把遥感未能反映的信息再补充上去，即补充其他地学相关知识；二是依赖原有的二维信息，以及这些信息间的相关信息，来分析推断出上面未反映的知识（往往来自解译经验，并通过人脑记忆，并经目视判读使用）。这就意味着遥感解译只有利用地学规律等已有知识对影像进行综合分析，既要忠实于影像，又不拘泥于影像，综合各方面足够的知识才有可能获取高精度信息。

机器自动解译的优势体现在以下方面：计算机强大的存储和计算优势特别适合处理大规模综合数据，适合于大范围遥感应用的需求，因此遥感影像的计算机自动解译符合应用需求和技术发展趋势，终将大范围取代人工解译的繁重工作（Datcu and Seidel, 2005）。综合化、自动化、高精度一直是遥感机器解译所追求的目标，然而时至今日这一目标看上去仍然很遥远。从机器认知的角度，遥感影像的特殊性既是实现这一目标的阻碍，也有可能为这一目标的实现增加推动力量。一方面遥感影像的特殊复杂性有别于传统图像，为计算机理解带来更多的困难；另一方面遥感信息的地学特殊性有迹可寻，也为机器认知提供了新的可能。

应该说，人脑认知和机器认知各有优势和不足，如果能实现二者优势的互补，有可能构建出一套智能化的遥感认知方法，如本书第 5 章在提取土地利用地块时也考虑了半自动化的人机交互方式。因此，遥感认知的进一步发展需要去深入理解不完备的遥感影像信息、人类视觉认知特性和深层次的地学发生规律，综合集成波谱、几何、空间关系等多种图谱特征信息，首先模拟人对影像视觉分解和联想反应的生理认知模式，达到对感知地物在尺度、单元、形态、结构等多个层面上的整体识别和表达（Blaschke et al., 2011），再学习领域专家对影像场景理解与功能分析的心理认知模式，能根据记忆积累的知识库进行自适应学习和高层语义逻辑推断，获得对更复杂而动态的空间格局与过程的决策层认知（Andres et al., 2012）。

1.5 本 章 小 结

遥感认知需要在现有基础上进行再创新和突破。随着新型时空密集的高分辨率载荷成像技术的发展，图谱耦合协同的高分遥感认知必将成为发展趋势：从认知对象看，高分遥感认知应从对地理基本单元及组团结构（如农林地块、人工目标、水系、道路网等）的精细提取出发，逐步建立整体性的认知基准；从认知机理看，应注重对空间与光谱信息的综合分析与耦合；从分析方法来看，需要从全域图像分析到局域特征计算的转变，从像元分析到单元和场景分析转变，从定性分析到定量反演发展，从单层直接识别到多层渐进认知演进。针对复杂成像形成的多模态、多分辨率、多时相数据的非结构化特征，通过认识人类生理感知机理，综合物理反演模型、数学统计方法和智能信息处理技术，建立一体化遥感数据融合体系，以及多尺度、多层次"图-谱"特征的耦合模型，发展遥感智能认知的创新理论和方法，势在必行。

参 考 文 献

曹爽. 2006. 高分辨率遥感影像去云方法研究. 南京: 河海大学硕士学位论文.

陈述彭, 赵英时. 1990. 遥感地学分析. 北京: 测绘出版社.

冯康. 2014. 认知科学的发展及研究方向. 计算机工程与科学, 36(5): 906-916.

冯里涛, 骆光飞. 2015. 数学形态学在遥感影像云层识别中的应用. 测绘科学, 40(005): 80-83.

宫鹏, 黎夏, 徐冰. 2006. 高分辨率影像解译理论与应用方法中的一些研究问题. 遥感学报, 10(1): 1-5.

黄凯奇, 谭铁牛. 2013. 视觉认知计算模型综述. 模式识别与人工智能, 26(10): 951-958.

李德仁, 张良培, 夏桂松, 等. 2014. 遥感大数据自动分析与数据挖掘. 测绘学报, 43(12): 1211-1216.

李小文. 2006. 地球表面时空多变要素的定量遥感项目综述. 地球科学进展, 21(8): 771-780.

李小文, 王锦地. 1995. 植被光学遥感模型与植被结构参数化. 北京: 科学出版社.

明冬萍, 骆剑承, 沈占锋, 汪闽, 盛昊. 2005. 高分辨率遥感影像信息提取与目标识别技术研究. 测绘科学, 30(3): 18-20.

彭聃龄. 2004. 普通心理学. 北京: 北京师范大学出版社.

寿天德. 2010. 视觉信息处理的脑机制(第 2 版). 合肥: 中国科学技术大学出版社.

童庆禧, 张兵, 郑兰芬. 2006. 高光谱遥感: 原理、技术与应用. 北京: 高等教育出版社.

阎守邕, 刘亚岚, 魏成阶, 等. 2007. 遥感影像群判读理论与方法. 北京: 海洋出版社.

杨文亮. 2011. 单景高分辨率遥感影像薄云去除研究. 长沙: 中南大学硕士学位论文.

余磊. 2010. 基于认知科学的计算机围棋博弈问题的研究. 上海: 华东师范大学博士学位论文.

张登荣, 蔡志刚, 俞乐. 2007. 基于匹配的遥感影像自动纠正方法研究. 浙江大学学报: 工学版, 41(3): 402-406.

张祖勋, 张永军. 2012. 利用国产卫星影像构建我国地理空间信息. 测绘地理信息, 37(5): 7-9.

中国高分辨率对地观测系统重大专项网. 2015. 高分专项整体概况. http://www. sastind. gov. cn/n25770/n25863/n26896/index. html. 2016-01-25.

中国科学院心理研究所战略发展研究小组. 2001. 认知科学的现状与发展趋势. 中国科学院院刊, 16(3): 168-171.

中国资源卫星应用中心. 2014a. 高分一号. http://cresda. com. cn/CN/Satellite/3076. shtml. 2016-01-25.

中国资源卫星应用中心. 2014b. 高分二号. http://cresda. com. cn/CN/Satellite/3128. shtml. 2016-01-25.

中国资源卫星应用中心. 2014c. 资源一号 01/02 星. http://cresda. com. cn/CN/Satellite/3056. shtml. 2016-01-25.

中国资源卫星应用中心. 2014d. 资源一号 02B 星. http://cresda. com. cn/CN/Satellite/3061. shtml. 2016-01-25.

中国资源卫星应用中心. 2014e. 资源一号 02C 星. http://cresda. com. cn/CN/Satellite/3067. shtml. 2016-01-25.

中国资源卫星应用中心. 2014f. 资源三号. http://cresda. com. cn/CN/Satellite/3070. shtml. 2016-01-25.

中国资源卫星应用中心. 2014g. 环境一号 A/B/C 星. http://cresda. com. cn/CN/Satellite/3064. shtml. 2016-01-25.

中国资源卫星应用中心. 2015. 实践九号 A/B 星. http://cresda. com. cn/CN/Satellite/4258. shtml. 2016-01-25.

周成虎, 杨崇俊, 景宁, 等. 2013. 中国地理信息系统的发展与展望. 中国科学院院刊, 28(z1): 84-92.

Andres S, Arvor D, Pierkot C. 2012. Towards an ontological approach for classifying remote sensing images. IEEE 2012 Eighth International Conference on Signal Image Technology and Internet Based Systems (SITIS). 825-832.

Ayma V A, Ferreira R S, Happ P, et al. 2015. Classification algorithms for big data analysis, a map reduce approach. The International Archives of Photogrammetry, Remote Sensing and Spatial Information Sciences, 40(3): 17.

Bar M. 2007. The proactive brain: Using analogies and associations to generate predictions. Trends in Cognitive Sciences, 11(7): 280-289.

Bengio Y, Lamblin P, Popovici D, et al. 2007. Greedy layer-wise training of deep networks. Advances in Neural Information Processing Systems, 19: 153.

Berk A, Bernstein L S, Robertson D C. 1987. MODTRAN: A moderate resolution model for LOWTRAN (No. SSI-TR-124). US Air Force Geophysics Laboratory, Technical Report GL-TR-89-0122. Spectral Sciences Inc Burlington MA: Hanscom Air Force Base.

Blaschke T, Hay G J, Kelly M, et al. 2014. Geographic object-based image analysis——Towards a new paradigm. ISPRS Journal of Photogrammetry and Remote Sensing, 87: 180-191.

Blaschke T, Hay G J, Weng Q, et al. 2011. Collective sensing: Integrating geospatial technologies to understand urban systems——An overview. Remote Sensing, 3(8): 1743-1776.

Blaschke T. 2010. Object based image analysis for remote sensing. ISPRS Journal of Photogrammetry and Remote Sensing, 65(1): 2-16.

Chavez P S. 1996. Image-based atmospheric corrections-revisited and improved. Photogrammetric Engineering and Remote Sensing, 62(9): 1025-1035.

Chen Y, Lin Z, Zhao X, et al. 2014. Deep learning-based classification of hyperspectral data. IEEE Journal of Selected Topics in Applied Earth Observations and Remote Sensing, 7(6): 2094-2107.

Crick F. 1996. The astonishing hypothesis: The scientific search for the soul. The Journal of Nervous and Mental Disease, 184(6): 384.

Datcu M, Schwarz G. 2010. Image information mining methods for exploring and understanding high resolution images. IEEE International Geoscience and Remote Sensing Symposium (IGARSS2010), Honolulu, Hawaii, USA, July 25-30, 2010: 33-35.

Datcu M, Seidel K. 2005. Human-centered concepts for exploration and understanding of earth observation images. IEEE Transactions on Geoscience and Remote Sensing, 43(3): 601-609.

Demir B, Bovolo F, Bruzzone L, et al. 2013. Updating land-cover maps by classification of image time series: A novel change-detection-driven transfer learning approach. IEEE Transactions on Geoscience and Remote Sensing, 51(1): 300-312.

Demir B, Erturk S. 2009. Clustering-based extraction of border training patterns for accurate SVM classification of hyperspectral images. IEEE Transactions on Geoscience and Remote Sensing Letters, 6(4): 840-844.

Dicarlo J, Zoccolan D, Rust N. 2012. How does the brain solve visual object recognition. Neuron, 73(3): 415-434.

Engel A K, Fries P, Singer W. 2001. Dynamic predictions: Oscillations and synchrony in top–down processing. Nature Reviews Neuroscience, 2(10): 704-716.

ESRI. 2013. ArcGIS 10.1 的新特性. http://resources. arcgis. com/zh-cn/help/getting-started/articles/ 026n00000012000000. htm. 2016-01-27.

European Space Agency. 2017. ESA Earth Observation Missions. https://earth. esa. int/web/guest/missions/ esa-eo-missions. 2017-07-11.

Felleman D J, Van Essen D C. 1991. Distributed hierarchical processing in the primate cerebral cortex. Cerebral Cortex, 1(1): 1-47.

Friston K. 2005. A theory of cortical responses. Philosophical Transactions of the Royal Society B: Biological Sciences, 360(1456): 815-836.

Geosystems. 2015. Atcor home. http://www. Atcor. De/Atcor/Index. Html. 2016-01-25.

Giada S, De Groeve T, Ehrlich D, Soille P. 2003. Information extraction from very high resolution satellite imagery over Lukole refugee camp, Tanzania. International Journal of Remote Sensing, 24(22): 4251-4266.

Gianinetto M, Scaioni M. 2008. Automated geometric correction of high-resolution pushbroom satellite data. Photogrammetric Engineering & Remote Sensing, 74(1): 107-116.

Goodchild M F. 2013. Prospects for a space–time GIS: Space–time integration in geography and GIScience. Annals of the Association of American Geographers, 103(5): 1072-1077.

Grossberg S, Howe P D L. 2003. A laminar cortical model of stereopsis and three-dimensional surface perception. Vision Research, 43: 801-829.

Grossberg S, Mcloughlin N. 1997. Cortical dynamics of 3-D surface perception: Binocular and half-occluded scenic images. Neural Networks, 10: 1583-1605.

Hinton G E. 2010. Learning to represent visual input. Philosophical Transactions of the Royal Society B: Biological Sciences, 365(1537): 177-184.

Hirabayashi T, Takeuchi D, Tamura K, Miyashita Y. 2013. Microcircuits for hierarchical elaboration of object coding across primate temporal areas. Science, 341(6142): 191-195.

Hubel D H, Wiesel T N. 1962. Receptive fields, binocular interaction and functional architecture in the cat's visual cortex. Journal of Physiology, 160(1): 106.

Hung C P, Kreiman G, Poggio T, et al. 2005. Fast readout of object identity from macaque inferior temporal cortex. Science, 310 (5749): 863-866.

Iounousse J, Er-Raki S, Chehouani H. 2015. Using an unsupervised approach of probabilistic neural network (PNN) for land use classification from multitemporal satellite images. Applied Soft Computing, 30: 1-13.

John E, Kelly III. 2015. Computing, cognition and the future of knowing: How humans and machines are forging a new age of understanding. IBM Research and Solutions Portfolio. http://www. research. ibm. com/software/IBMResearch/multimedia/Computing_Cognition_WhitePaper. pdf. 2017-07-13.

Jupp D L, Strahler A H. 1991. A hotspot model for leaf canopies. Remote Sensing of Environment, 38(3): 193-210.

Karklin Y, Lewicki M S. 2009. Emergence of complex cell properties by learning to generalize in natural scenes. Nature, 457(7225): 83-86.

Kneizys F X, Shettle E P, Gallery W O, et al. 1983. Atmospheric transmittance/radiance: Computer code LOWTRAN 6. Supplement: Program listings (No. AFGL-TR-83-0187-SUPPL). Air Force Geophysics Lab Hanscom Afb Ma.

Knight A, Tindall D, Wilson B. 2009. A multitemporal multiple density slice method for wetland mapping across the state of Queensland, Australia. International Journal of Remote Sensing, 30(13): 3365-3392.

Konen C S, Kastner S. 2008. Two hierarchically organized neural systems for object information in human visual cortex. Nature Neuroscience, 11(2): 224-231.

Kveraga K, Ghuman A S, Bar M. 2007. Top-down predictions in the cognitive brain. Brain and Cognition, 65(2): 145-168.

LeCun Y, Bengio Y, Hinton G. 2015. Deep learning. Nature, 521(7553): 436-444.

Li J, Bioucas-Dias J M, Plaza A. 2013. Spectral–spatial classification of hyperspectral data using loopy belief propagation and active learning. IEEE Transactions on Geoscience and Remote Sensing, 51(2): 844-856.

Li N, Dicarlo J J. 2008. Unsupervised natural experience rapidly alters invariant object representation in visual cortex. Science, 321(5895): 1502-1507.

Li X, Shao G. 2014. Object-based land-cover mapping with high resolution aerial photography at a county scale in midwestern USA. Remote Sensing, 6(11): 11372-11390.

Li X, Strahler A H. 1992. Geometric-optical bidirectional reflectance modeling of the discrete crown vegetation canopy: Effect of crown shape and mutual shadowing. IEEE Transactions on Geoscience and Remote Sensing, 30(2): 276-292.

Liang S. 2005. Quantitative Remote Sensing of Land Surfaces. New York: John Wiley & Sons.

Liu Y L, Li X. 2014. Domain adaptation for land use classification: A spatio-temporal knowledge reusing method. Journal of Photogrammetry and Remote Sensing, 98: 133-144.

Ma Y, Wu H, Wang L, et al. 2015. Remote sensing big data computing: Challenges and opportunities. Future Generation Computer Systems, 51: 47-60.

Marr D. 1982. A Computational Investigation into the Human Representation and Processing of Visual Information. WH San Francisco: Freeman and Company.

Marsetic A, Ostir K, Fras M K. 2015. Automatic orthorectification of high-resolution optical satellite images using vector roads. IEEE Transactions on Geoscience and Remote Sensing, 53(11): 6035-6047.

Melloni L, Van Leeuwen S, Alink A, et al. 2012. Interaction between bottom-up saliency and top-down control: How saliency maps are created in the human brain. Cerebral Cortex, 22(12): 2943-2952.

Navalpakkam V, Itti L. 2006. An integrated model of top-down and bottom-up attention for optimizing detection speed. In. proceedings of the Computer Vision and Pattern Recognition, 2006 IEEE Conference on Computer Society, 2049-2056.

Nilson T, Kuusk A. 1989. A reflectance model for the homogeneous plant canopy and its inversion. Remote Sensing of Environment, 27(2): 157-167.

Poggio T, Bizzi E. 2004. Generalization in vision and motor control. Nature, 431:768-774.

Quartulli M, Olaizola I G. 2013. A review of EO image information mining. ISPRS Journal of Photogrammetry and Remote Sensing, 75: 11-28.

Riesenhuber M, Poggio T. 1999. Hierarchical models of object recognition in cortex. Nature Neuroscience, 2(11): 1019-1025.

Satellite Imaging Corporation. 2017. Satellite Image Gallery. http://www. satimagingcorp. com/gallery/. 2017-07-11.

Serre T, Kouh M, Cadieu C, et al. 2005. Theory of object recognition: Computations and circuits in the feedforward path of the ventral stream in primate visual cortex. AI Memo 2005-036 / CBCL Memo 259, MIT, Cambridge, MA.

Song M, Civco D, Hurd J. 2005. A competitive pixel-object approach for land cover classification. International Journal of Remote Sensing, 26(22): 4981-4997.

Stumpf A, Lachiche N, Malet J P, et al. 2014. Active learning in the spatial domain for remote sensing image classification. IEEE Transactions on Geoscience and Remote Sensing, 52(5): 2492-2507.

Takahashi T, Numa N, Aoki T, et al. 2008. A geometric correction method for projected images using sift feature points. In proceedings of the 5th ACM/IEEE International Workshop on Projector camera systems: 1-2.

Tanaka K. 1996. Inferotemporal cortex and object vision. Annual Review of Neuroscience, 19(1): 109-139.

Vermote E F, Tanr D, Deuz J L, et al. 1997. Second simulation of the satellite signal in the solar spectrum, 6S: An overview. IEEE Transactions on Geoscience and Remote Sensing, 35(3): 675-686.

Voltersen M, Berger C, Hese S, et al. 2014. Object-based land cover mapping and comprehensive feature calculation for an automated derivation of urban structure types at block level. Remote Sensing of Environment, 154: 192-201.

Weng Q. 2012. Remote sensing of impervious surfaces in the urban areas: Requirements, methods, and trends. Remote Sensing of Environment, 117: 34-49.

Wu W Z, Leung Y, Mi J S. 2009. Granular computing and knowledge reduction in formal contexts. IEEE Transactions on Knowledge and Data Engineering, 21(10): 1461-1474.

Wu W Z, Leung Y. 2011. Theory and applications of granular labelled partitions in multi-scale decision tables. Information Sciences, 181(18): 3878-3897.

Yao H, Li C Y. 2002. Clustered organization of neurons with similarextra-receptive field properties in the primary visual cortex. Neuron, 35(3): 547-553.

Zhou Y, Qiu F. 2015. Fusion of high spatial resolution WorldView-2 imagery and LiDAR pseudo-waveform for object-based image analysis. ISPRS Journal of Photogrammetry and Remote Sensing, 101: 221-232.

Zhu Z, Woodcock C E. 2012. Object-based cloud and cloud shadow detection in Landsat imagery. Remote Sensing of Environment, 118: 83-94.

Zhuo Y, Zhou T G, Rao H Y, et al. 2003. Contributions of the visual ventral pathway to long-range apparent motion. Science, 299: 417-420.

第 2 章　遥感图谱认知理论与方法体系

与一般意义上图像认知相比，遥感认知是一种"人—机—地"环境下融合了遥感和地学特性的图像认知，在影像本身表现形式、影像处理分析方法及影像反映目标信息等方面具有一定的领域特殊性。精准化、定量化、智能化、综合化一直是其所追求的目标，但时至今日这一目标看上去仍很遥远。究其缘由是，过往遥感认知技术往往只是将图像处理的一般性方法简单地应用于遥感这类特殊的图像上，而没有对遥感数据的时空特殊性等地理信息特性进行充分的运用。大数据背景下的遥感认知需要紧紧围绕遥感信息的特殊性设计相关的算法，并合理地应用地学分析技术进行模型构建。遥感数据作为一种特殊的数字图像，本质上具有"图谱合一"的特性。受陈述彭先生所提出的地学信息图谱方法论影响，本书作者提出了遥感影像智能解译模型和信息图谱计算方法（骆剑承等，2001；骆剑承等，2009；夏列钢，2014）。近年来，作者逐步组建了遥感大数据协同计算团队，并在上述研究基础上进一步从高分辨率遥感影像解译的实际应用需求出发，建立可以指导一般化遥感解译方法论——遥感图谱认知，希望在充分认识到遥感解译特殊性的基础上，综合视觉认知和地学分析的启示，为遥感影像的精细化、精准化、智能化、综合化认知探索可行之路。本章我们将系统地对这套理论进行阐述，便于读者从整体上理解其研究思路。

2.1　遥感信息图谱及其分析

受陈述彭院士的地学信息图谱思想影响，本书作者近几年逐步拓展了遥感领域的信息图谱，对遥感影像分析与应用中的图谱问题进行了深入研究，构建形成了较为完整的遥感图谱认知理论与方法体系。在此，我们先给出遥感信息图谱的相关概念。

2.1.1　地学信息图谱

地学信息图谱是地图学理论研究的一个交叉性研究方向。它是在陈述彭院士的倡导下发展起来的一种时空复合分析方法论（陈述彭等，2000；陈述彭，2001）。陈述彭先生于20 世纪 90 年代中期提出的地学信息图谱理论，是在继承中国传统地学的优秀研究成果基础上，综合运用了对地观测系统、全球定位系统、地理信息系统和信息网络等当代先进技术和现代科学理论发展起来的对地理时空分析的方法论，是对地理空间系统各要素和现象进行时空过程的图形化表达并实现智能化认知的地球信息科学理论和方法。

地学信息图谱的基本思想是采用图形化思维和数据挖掘方法来研究地球信息获取、表达、处理、分析、解析和表现等的整个过程，通过信息发生、传输、认知过程中"图-谱"耦合逐步形成征兆图、诊断图和实施图等信息图谱。具体来说，首先，依托对地观测、地面实测和调查，以及社会经济统计等多源数据融合与同化过程建立起的时空数据库,通过数据挖掘与知识发现,产生征兆图谱;其次,结合时空协同分析模型及地理信息系统提取诊断图谱;最后,在时空预测模型及虚拟现实技术等支持下产生实施图谱,从而形成决策方案,最终实现对地球空间格局的直接理解、分析、预测和调控。

从本质上而言,地学信息图谱是利用了遥感与 GIS 基本操作平台,借助数学模型,揭示地球系统空间要素时空变化规律,实现"空间—时间—属性"一体化复合分析的方法论与理论体系,因而又是计算机化的地学图谱,需要以图形思维模式、全数字化、动态模拟分析为特征来表述区域自然过程与社会经济可持续发展的事态演进与空间分异(陈述彭,2001),具有信息来源丰富、全数字化定量分析、可视化展示直观、相关数据和信息查询检索方便、资料更新与修改容易、时空变化推演快捷等诸多优势。

地学信息图谱拟解决的核心理论问题是如何通过表观的宏观图形思维反演出内在的地物本质和地学规律并对其进行宏观调控。齐清文和池天河(2001)、廖克(2002)等学者从基本理论研究、应用实践两大方面对地学信息图谱研究进行了发展,取得了诸多成果。他们指出,现有的地学信息图谱研究在发展方向、新技术运用、理论研究深度等方面仍存在一些问题,急需拓展新的研究领域。特别是由于受地球观测数据源的限制,地学信息图谱理论和方法的研究一直缺乏具体技术和应用实践环境来进行实证,其研究长期以来都处于概念性探讨与示范阶段,而在当前对地观测大数据时代,才真正有望推进地学信息图谱的技术和实证研究。

对大数据时代的地学信息图谱的进一步深入研究,需要从理论、技术方法与应用方面同步推进。本书作者就是希望在陈先生开拓的地学信息图谱思想指引下,围绕当今高分遥感面向社会提供精准服务的重大需求,将 GIS 图谱分析思维与定量遥感成果进行深度融合,推进地学信息图谱在遥感大数据认知领域研究的落地与发展,实现地学信息图谱在遥感认知这一问题上的拓展和深化,将从地学信息图谱在遥感领域进行延续和延伸,探索如何参考地学图谱分析达到从遥感图像上提炼信息和知识的目的,这也是地学信息图谱研究走向高级发展阶段的必由之路。

2.1.2 遥感信息图谱解释

首先,我们需把握遥感影像数据特点。一方面,遥感影像主要通过图像化扫描手段获得以栅格为主要类型的地球表层观测数据,综合反映了地物空间分布的特性,因此,"图像"是其给予人类视觉最直观的特征;另一方面,随着遥感技术的发展,遥感数据获取经历了黑白、彩色摄影、多光谱扫描和高光谱成像等阶段,通过光谱特征对地物生理化特征的测定越来越精细,"波谱"成为蕴含于图像之中可对地物要素进行定量表达的基本特征。

然后,我们也需对遥感影像所蕴含信息的不确定性有所认识。一方面,尽管遥感信息是地球表面信息的反映,但由于地球系统的复杂性,地面信息是多维的、无限的,而遥感传感器采集的则是简化的二维信息,这使得遥感信息在进行地学空间分析和过程反映时具有模糊性和多解性的特点;另一方面,遥感信息作为地理信息的一种,具有相应的地理属性,主要包括:① 类型属性(描述一个地理特征的类别);② 空间位置(描述实体所在位置);③ 空间地理相关性(衍生于空间位置,描述实体间的相对关系);④ 时间属性(描述地理现象发展过程)(周成虎等,1999)。而由于地理属性本身具有多重性、复杂性、不精确性等特点，作为其模糊表达的遥感信息则具有更大的不确定性。

最后，我们还要意识到遥感影像认知的现状和存在问题。在上述两方面的信息不确定性背景下，对遥感数据的认知目前仍主要停留在数理统计分析的层面上，往往只是将图像处理与分析的一般性方法简单地应用于遥感这类特殊的影像，而没有对遥感数据的上述地理信息特性进行充分的运用，反映了当前遥感信息提取技术对地学现象认识的不够，没有找出并应用地学本身的时空特性以及遥感影像的图谱特性。在此背景下，有必要引入地学信息图谱用于遥感认知，使其更符合地学本质。为此，我们逐步拓展了遥感领域的信息图谱概念。

长期以来，遥感科学与地学信息图谱研究由于其产生源头的差异性，两者一直存在一定的距离感（如 1.4.3 节所述），其中的"图谱"概念也不尽相同（骆剑承等，2009）。在此，为避免歧义，我们先对遥感信息的图谱概念加以阐明。

（1）遥感信息的"图"特征是指遥感信息在地物位置、形态、结构、空间分布等属性上的表征，具有明显的区域分异性，适合结构化组织。"图"特征更倾向离散化表示，常以简洁、抽象的符号形象直观地表示地理信息，主要使用 GIS 空间结构图，反映地物的对象化、立体性、尺度空间，以及拓扑关系。

遥感具有的"图"特征是通过图像化扫描手段获得的覆盖地球表层的、多维动态的、号称"海量"的、以栅格为主要类型的地球观测数据，综合反映地物空间分布的特性，"图像"是其给予人类视觉最直观的特征。如图 2.1 所示，在空间维，不同颜色为代表的地物离散分布，从宏观上可以发现区域分异规律控制下又存在明显的空间依赖关系。这种"图形"信息较好地表现了不同地物地理信息的空间属性与类型属性之间的复杂耦合关系，可表征遥感关于地物"where"、"what"的信息，反映了不同地物的"空间分异规律"。

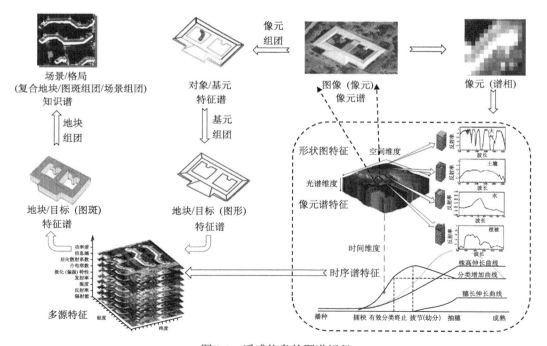

图 2.1　遥感信息的图谱解释

"图"在表达单元上，包含了基元/对象（最小视觉单元）、目标/地块（最小功能/地理单元）、组团和功能分区（最小景观单元）等；在广域空间结构尺度上，包含了微结构（地块内部基元相互关系）、体结构（地块/目标间关系）和空间格局（组团与组团关系）等，按照层级不同，一般可分为影像图、基元图、地块图、场景图等。

（2）遥感信息的"谱"特征是指遥感信息在地物光谱、时间、功能等属性上的表征，具有明显的区域相关性，适合序列化表达（廖克，2002）。"谱"特征更倾向连续化表示，常以序列、动态的体系定量系统地表示地理信息，主要是使用遥感时序演化谱，反映地物的量化指标、时间序列，以及多粒度特性。

遥感具有的"谱"特征是经历全色（黑白）、彩色摄影、多光谱扫描和高光谱成像阶段，对地物生理化特征测定越来越精细，定量反映地物形成机理，"波谱"成为蕴含于图像之中可对地物要素进行定量表达的基本特征。在光谱维，地物在不同波长的反射特性可以拟合成为电磁波谱曲线；在时间维，植物在不同时相的生长特性（叶面积指数、植株高度等）可以拟合成为地物生长曲线；在功能维，商业区、居民区、高速立交、海滩等不同功能区划区分了不同的场景和地物利用方式，上述几个方面从微观上反映了地物本身区别于其他地物的特性。这种"谱相"信息表现了不同地物在光谱、时间、功能等维度上的特点，可表征遥感关于地物"which"、"when"、"how"、"why"的信息，反映了不同地物的"内在机理"和"外在效应"。"谱"在表达单元上，包含了像元谱、特征谱（视觉、时序、属性等）、知识谱（环境依赖、空间相互作用、演化模型、利用方式等）；在深度模式上，包含了地物特征、类型、指标和功能等，对应了地物表象、过程和机理等。

（3）遥感研究"图-谱"耦合。遥感信息的图与"谱"分别对应了数学领域的"几何"与"代数"这两个基本概念。代数与几何思想的相互渗透启示我们在遥感信息提取时也要充分借鉴："数形结合"的思想，通过"以形助数"或"以数解形"；使复杂问题简单化，抽象问题具体化，从而将复杂或抽象的数量关系与直观形象的图形在方法上相互渗透，并在一定条件下相补充，转化，起到优化题解的目的，因此，有必要探索遥感信息的"图"特征与"谱"特征的相互转化和结合问题。遥感应用作为遥感成像的逆过程，其本质上就是对遥感影像数据的认知过程，需要通过计算手段从影像上提炼信息和挖掘知识，进而表达地面原型，建立专业应用模型，服务于各行各业分析与决策的过程（即遥感应用＝遥感认知）。而信息提取作为整个遥感认知过程的核心，往往需要根据应用要求，运用物理模型、解译特征标志、观测经验与背景知识，逐步提炼地物相应的物理量、时空分布、功能结构等信息，其理论和方法也应当顺应地学信息图谱的框架。由于传统对地观测系统中的各类分辨率指标不够精细或相互难以协同转化，而在当前的遥感认知中，新型的高分辨率对地观测系统综合了高空间（主被动）、高光谱、高时间和高辐射等多重对地表探测技术指标，高分辨率遥感影像可将目标几何形态、像元光谱特征合二为一，具有"图谱合一"的特性，对目标探测具备精细化、定量化相结合能力，是真正推动遥感认知理论发展的数据源（图2.2）。

尽管如此，遥感科学研究中对"谱"信息反演和"图"信息提取及其相应应用研究都是长期分离的，难以体现精细化、定量化和智能化等于一体的"图-谱"耦合优势；然而，遥感作为信息图谱获取的最直接手段，遥感影像提供了"图"与"谱"的综合信息，兼有"图形"与"谱相"的双重特性（骆剑承等，2009），可为理论提供基础性视场化地球观测数据，这种图谱合一的特性是电磁波谱和空间地图的综合，共同反映遥感地物的地理属性，揭示了不同地物在空间分异、波谱特征、时间变化、利用功能上的表现，是我们进行遥感认知的立足点。这启发我们提出了"图谱耦合"的遥感认知思路，为遥感地学分析提供了智能化认知途径，同时也使得通过高分辨率遥感综合手段揭示时空演变规律成为可能。

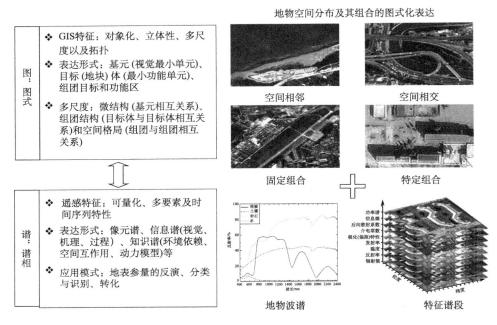

图 2.2　遥感信息的图谱组合

从图的角度，遥感认知需要完成形态、结构的提取与场景的构建等任务（where、what）；从谱的角度，遥感认知需要完成类型的识别、指标的反演、功能的演化分析、内在机理与外在效应的透视等任务（which、when、how、why）。为了实现对地物"where"、"what"、"which"、"when"、"how"、"why"等不同层次信息的认知，需从遥感认知的流程和方法上分别加以规范：一方面，在认知流程上，需参考视觉认知的计算理论和一般处理过程，以满足流程化、自动化的解译需求；另一方面，在认知方法上，既需要引入人工智能等其他相关学科的先进理念或技术，以满足高精度、智能化的解译需求，又要借助地学领域的传统分析方法，以满足专业化、综合化的解译需求。

2.1.3　遥感信息图谱分析

为了继承传统地图学的图形化思维方式，实现对地理空间要素及其组成格局的图式化表达和机理性认知，本节我们依托遥感等大规模地图化信息获取平台的现实条件，先采用网络化地理信息特征计算与空间分析技术，对地学图谱思想如何在遥感影像分析应用中进一步给出一般性的原则，并以此设计遥感信息图谱分析方法。

在利用遥感信息进行空间决策分析时，出于对遥感信息物理机制认识的缺乏导致了求解问题的不确定性和多解性，遥感影像分析要综合运用地学信息和遥感信息（陈述彭和赵英时，1990）。此外，由于遥感以特定区域特定时间的地理环境综合体为成像目标，虽然数据存在片面性，但其目标内容在本质上有迹可循，即遵循地理学的一般定理，在地域之间，地理目标呈现明显的空间分异性，而在区域之内，地理目标又存在各种各样的空间相关性（Goodchild and Janelle，2004）。地学信息图谱是对地理空间系统及其各要素和现象进行时空过程的图形化表达，进而实现智能化认知的地理时空分析方法论（陈述彭等，2000），是上述地学定律实际应用的集大成者。所以，地学信息图谱理论是遥感地学分析的重要理论依据。

从遥感整个成像—处理—应用的信息传输过程可以看到，遥感图像信息所反映的地理环境的综合性和复杂性，以及遥感信息本身的综合特点，决定了单纯的数学、物理处理具有不确定性和多解性，因此为了提高认知结果的正确性与可靠性，地学知识的介入是必不可少的。遥感信息图谱分析就是在光谱、时间、空间的地学外延环境中解译光学遥感卫星数据上的综合信息，一方面遥感认知要求忠于影像，因为认知的目标信息均来源于影像，然而影像经常不足以提供完整或确切的信息，另一方面遥感认知又要求不拘泥于影像，在地学规律的基础上结合各种数据源和分析手段以获得能反映地域分异规律和地学发展过程的有效信息。

遥感信息图谱分析是对"数据决定一切"思想的挑战，目前很多遥感应用都以数据为主导，纷纷选用相对质量较高的国外数据，而忽视了同样独具特色而且产量巨大的国产数据。不可否认遥感数据对于信息解译具有重要影响，但这种影响对实际应用效果到底多大仍值得商榷。首先，信息与应用本身对数据的空间、光谱分辨率有要求；其次，即使采用同类数据，信息的获取也与数据量密切相关，大数据时代下即使采用简单方法也有可能取得比传统方法更好的效果；最后，即使使用相同的数据量，解译方法的改进也能取得更多更精确的信息。遥感信息图谱分析从实用化角度出发，以信息为中心，一切数据均为最终信息的解译而服务，因此有可能取得更好的应用效果。具体来讲，遥感信息图谱分析是地学综合分析和图谱耦合分析手段的综合应用，如图 2.3 所示，前者是在地理空间中对地学现象与过程不断抽象与分解，其中主要手段就是综合地学认知规律，

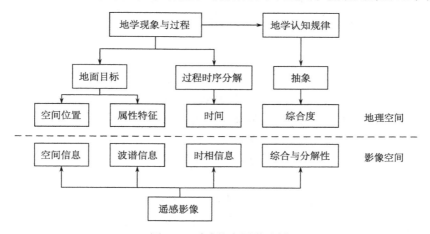

图 2.3　遥感信息图谱分析

更侧重知识的综合应用，将遥感影像未能包括的信息补充用于遥感解译；后者是在影像空间对观测数据与统计资料不断耦合与相互印证，其中主要手段就是耦合图谱特征与知识，更侧重信息的有效挖掘，是通过分析推断影像上未直接反映的信息。在遥感信息图谱认知框架下这两者共同遵从图谱认知流程，以地理信息为媒介，相辅相成，共同完成遥感信息图谱分析的整体认知目标。

1. 遥感地学综合分析

地表是复杂的，是宏观有序、微观混乱的地理综合体，而遥感技术通过数字表现的物体光谱来刻画地物的物理、化学、形态等方面的属性，由于多种原因，这种映射往往是存在偏颇的。如果在遥感解译过程中可以了解地物本身的各种属性，从宏观和微观上都有一定先验了解，显然对地物模型向地物原型的逼近具有重要作用（图 2.4），地学综合分析就是通过这条捷径来辅助遥感解译，其最直接的结果就是即使影像反映有偏颇，但仍有可能得到正确解译，这体现了地学图谱分析以信息为中心、以应用为目标而"不拘泥于影像"的特点。

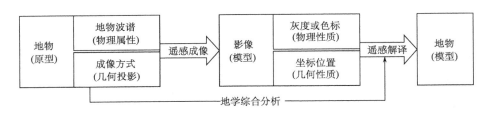

图 2.4　遥感成像与地学综合分析过程

遥感地学综合分析并非是各种地学方法的重复，归根结底是要为遥感信息认知服务的，因此往往是根据遥感的特点有选择的引用地学知识和分析方法，如根据地域分异规律进行区域划分，从而提高对遥感影像对应的局部区域内地物目标的认知；根据作物生长规律进行时间选择，从而提高对多时相影像中地物变化的认知；根据地学相关性进行空间关系分析，从而提高对具有相邻、包含等关系地物的认知。

2. 遥感图谱耦合分析

遥感信息本质上是"图"、"谱"信息的综合，而且在认知流程中也体现了对两种信息的交互影响，因此这两种信息的耦合成为地学图谱分析的另一大主题。如果说地学综合分析是以地理空间中的实际地物为对象，那么图谱耦合分析就是以影像空间中的映射地物为对象。对于纷繁复杂的影像地物来说，图谱耦合分析首先从图谱特征的耦合入手以高效地区分不同地物，然后从地物分布、变化等规律入手还可以深入认知地物的图谱本质。

在数字图像中，图谱特征是具体代表地物的定量指标，这种定量数值形成特征空间，对于地物认知来说，这个空间具有极大的稀疏性（Dianat and Kasaei，2010），主要表现在：不同类型的特征、不同尺度的特征、特有的地物关系特征的适用范围均是有限的且各不相同。如图 2.5 所示，在 A、B、C 这 3 类地物构成的特征空间中，区分 A、B 地物需主要关注 j 个特征，而区分 A、C 则主要关注 k 个特征，区分 B、C 主要关注 l 个特征，这些特征可能相互重叠，也可能区别明显。于是 A、B、C 分类时所构成 n ×3 的特征矩阵中实际需关注的耦合特征个数小于 j+k+l（j, k, l << n, n 为总特征数），由于地物的图谱本质这种特征耦合一般均为图谱耦合，显然这种特征的耦合是在了解地物基础上进行的，需要先验知识指导。

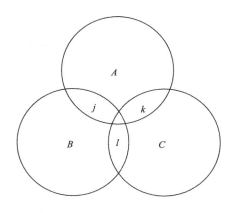

图 2.5 地物特征空间耦合分析

图谱耦合分析贯穿遥感信息图谱认知的整个过程，主要以两种形式完成：一是"图形"分析，这种分析将地物与其所处环境相联系，在不同参考系下从不同尺度、不同角度全方位地加以考察，有助于从宏观上把握地物的分布规律；二是"谱相"分析，这种分析对地物进行深入剖析，不仅在过去到现在的演变上，而且在不同光学波段的反射上，有助于从微观上把握地物的变化规律。两类分析实际上是与遥感信息的本质相对应的，在认知流程中的交互应用也正是遥感信息图谱本质的体现。

2.2 遥感图谱认知理论——三段论

人们在处理复杂问题时，通常不是一次性考虑问题的全部细节信息，而是先把复杂问题分解或简化，忽略其中细节信息，然后从较抽象的层次开始处理，不断加入并重组细节信息，不断深入到具体的深度细节问题，推断获得一些结论和经验。这种从简单到复杂、由粗到细、由全体到局部的解决方法在我们现实生活的认知中经常使用。因此，美国著名控制论专家扎德（L. A. Zadel）教授曾指出，人脑对问题的认知可以用三个基本概念来描述，即粒化、重组和因果推理，其中粒化是把整体分解为部分，重组是把部分合并为整体，而因果推理指的是促使这种分解与合并的原因，以及它们所会导致的结果（张燕平等，2010；李天瑞等，2016）。对于遥感认知（指广义认知）研究而言，很大程度上也要模拟人脑认识和解决问题的递进过程，既要涵盖"与形象思维相对应的生理认知（即感知，perception）"，又要涉及"与逻辑思维相对应的心理认知"（即狭义认知，cognition）。

当前的遥感认知研究主要集中于基于高分辨率对地观测数据对地理空间结构进行重建表达，以及属性分析的浅层理解，在技术上初步引入了人工智能等方法自下而上对空间结构的图斑形态及类型实施智能化提取，并试图协同 GIS 空间分析方法对地理实体的空间分布和相互作用模式进行有效挖掘。然而，上述基于对地观测数据进行空间结构理解的研究还停留在相对静态而表层的阶段，基于地理实体演化及隐含特征的计算与表达研究相对滞后，存在"图-谱"分离的常态，这对于大数据背景下的遥感认知需求而言无疑是巨大的挑战。针对上述现状，我们凝练了新形势下遥感认知所面临的两大科学问题（图 2.6）：①遥感图谱耦合认知与时空格局精准理解；②多模态地理知识粒计算与功能场景智能透视。我们分析认为，这两大科学问题的研究关键在于如何以遥感大数据为驱动，建立空间"图"分析与时间、属性"谱"计算紧密耦合的认知体系，按照"空间-时间-属性"的维度分别在结构理解、指标反演、功能推测，以及模式挖掘等环节进行逐级深化的理论方法突破与技术攻关。为此，我们通过前期理论分析、方法创新和应用实践的多个过程探索，逐步梳理出了一套遥感图谱认知的理论和方法体系。

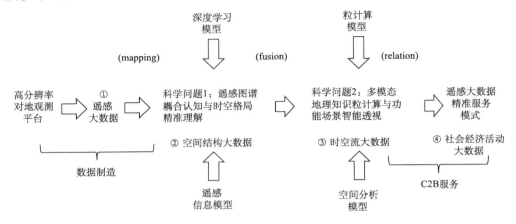

图 2.6 遥感大数据图谱认知与协同计算的技术体系

我们将遥感图谱认知定义为在地学信息图谱分析基础上进一步凝练、归纳出来的一套具有一定的抽象性和逻辑性的理论与方法体系，是模拟人对图谱合一遥感图像的视觉认知，根据地学和高分遥感特点改造而成的遥感图像理解方法体系，旨在构建智能化、精细化、定量化、综合化、定制化相结合的遥感信息认知模型。整套"图-谱"螺旋式认知的影像理解理论与方法体系是以信息为中心加工各类数据、依"空间-时间-属性"的三元体系逐层融入知识，并以"形态—类型—指标—演化—功能"的递阶路线图谱化推演遥感数据所反映的地表表象、变化规律和地学认知，以期提高遥感大数据背景下的图像理解精度、效率和深度。下面我们从遥感图谱认知中的"图谱转化"对这套方法体系加以论述（图 2.7）。

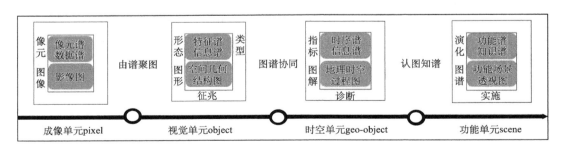

图 2.7 遥感图谱认知中的图谱转化

2.2.1 由谱聚图：空间-粒化

"由谱聚图"（mapping）是指计算像元"谱"特征，依据视觉特征差异将矩阵式影像聚合、标识为离散的对象和地块，实现像元谱到空间图结构的粒化转换（感知与粒化）。目的是将影像非结构化的成像单元聚合粒化为结构化的地理单元——地块（或称图斑或目标，是指在一定空间尺度约束下，视觉上能理解的、具有确定功能属性的最小空间单元或地理实体），以此建立相对稳定的时空信息基准，并将其作为最小的认知单元计算各类图谱特征。如图 2.8 所示，这个由"图像：影像图+像元谱"⇒"图形：几何空间图+（视觉）特征谱"⇒"图斑：地理空间图+（时序）特征谱"的转化过程可表述为"地块的提取与表达"（像元 pixel：DN 数据⇒对象/基元 object：形态⇒地块/目标 geo-object：形态+土地利用），图谱特征由此产生，追求的是智能化、精细化构建由地理对象联接的稳定空间结构（即形态提取与结构重建），并定性化判断地块土地利用类型（形态+简单土地利用类型）。

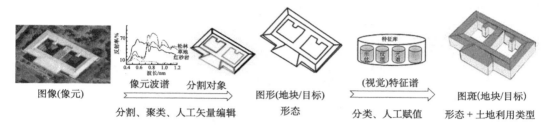

图 2.8　遥感图谱认知三段论之"由谱聚图"

"由谱（像元谱）聚图（地块图）"阶段主要是要回答地物在哪里（where）、是什么（what）等问题；核心内容是考虑如何利用遥感影像本身的像元波谱值等视觉特征划分出具有合理边界的地块，并实现对地块简单类型的学习与判别，这需从遥感影像辐射波谱特征的"谱信息"出发，结合多尺度表达技术提取精细的几何空间"图"信息，建立遥感像元波谱与地物目标几何结构的相互转化关系，形成具有地学意义的地理图斑单元，也就是从"空间"的角度理解数据粒化。该阶段是"数据⇒特征"的提升，是从遥感栅格数据上升到空间矢量分析的关键，强调构建合理的认知单元来表达地物（具有地理意义的目标），便于地物在光谱、空间、时间、环境等多个维度上的特征表达，从而更全面、客观地察觉地物特点，为准确的"图谱协同"分析做准备。

"由谱聚图"的过程归纳如表 2.1 所示，该阶段的关键技术包括了分割、分类、特征自适应迭代、人工矢量编辑等方法，常用的实现算法及存在的难点问题和发展趋势如表 2.2 所示。目前的研究现状是：①反演、提取、识别、分类等模型相互分离，层级之间相关性不强；②外部交互式知识难以向内迁移；③模型单向传递，自组织迭代能力弱；④分割分类中欠缺景观单元融入。研究趋势是：①基于深度边缘学习，建立多层次地物目标提取模型；②逐步迁移外部知识，实现增量式深度学习；③发展具有迭代自组织的优化逼近功能的识别模型；④逐层融入时空、波谱及地形地貌等视觉景观特征（表 2.2）。本书第 3~5 章属于由谱聚图的内容，将详细介绍影像分割、分类，以及人工编辑等技术，为提取具有地学意义的遥感地块形态进行探索。

表 2.1 由谱聚图

转化描述	由像素的光谱聚合并分类为空间上离散的对象图形，获得对象的精细形态边界和简单属性
认知过程	"察觉"过程（征兆图谱）（mapping）
计算方法	"自底向上的人与机器视觉互动（流程化）"（前端）
图谱关系	像元谱（数据）⇨对象图（形态+粗地类属性） 影像图和像元谱协同⇨几何空间结构图和特征谱计算⇨简单地物类属性谱
所用知识	影像本身可挖掘的像元波谱特征知识和空间形态视觉知识
认知效果	构建初步的认知单元（影像⇨基元），有效、合理地表达影像地物波谱、空间等多个维度上的统一特征，全面反映地物目标在影像上的多维特征，为更精细而定量的"图谱协同"计算建立基准的空间结构图框架

表 2.2 "由谱聚图"阶段的关键技术及其难点问题

关键技术	具体算法实现	难点	发展趋势
基元分割	基于边缘、区域（阈值、图论、能量泛函）的多种分割算法 均值漂移、分水岭等多尺度分割算法	（1）分割精度、分割效率：一般的分割算法对地物复杂多变的遥感影像适用性较低，且数据量巨大的高分影像使分割效率大幅下降，如何提升分割的效率； （2）多尺度分析：如何设置合适的尺度集来合理地表达地物的异质度特征（李德仁等，2012），实现成功抽取对象的目标，即如何提升分割的精度	（1）基于深度边缘学习，建立多层次地物目标提取模型； （2）逐步迁移外部知识，实现增量式深度学习； （3）发展具有迭代自组织的优化逼近功能的识别模型； （4）逐层融入时空、波谱及地形地貌等视觉景观特征
特征提取	光谱、空间、时间、地域等多源"图-谱"特征的提取与优选算法：波谱、指数、形状、纹理……	地物特征的计算具有不确定性、地物典型特征难以确定（特征优选）、地物的外在特征不能描述其本质特征等原因造成后续的分类存在一定的错分率	
地物分类	非监督：K-Means、ISODATA等非监督分类算法的聚类算法 监督：SVM、决策树、随机森林、boosting、神经网络、深度（特征）学习等监督分类算法 半监督：自训练算法、生成模型、SVM半监督支持向量机、图论方法、多视角算法等半监督分类算法	（1）地物的可分性（分类体系、精确程度）：地物外在特征不能描述其本质特征，典型特征难以确定，限制了分类的精细度（即地物可分性和分类精确性）（孙显等，2011）； （2）样本的采集（数量、自动化程度）：训练样本的采集是费时费力的步骤，如何在少量样本或无样本条件下实现高精度的分类、提升分类的自动化与智能化程度（吴田军等，2014）； （3）像元级分类造成的椒盐噪声的影响：对象级分类受分割算法问题的影响较大，缺乏普适性的对象合并规则，存在对象分离不合理及图斑锯齿严重等问题	
人工编辑	目视勾画图斑矢量	矢量编辑工具的智能化程度，减少人工操作量	

2.2.2 图谱协同：时间-重组

"图谱协同"（fusion）是指对空间结构图地理对象进行多维时序谱渲染，实现高空间与高时间图谱的协同与耦合，并进行多尺度、多模态相结合的数据重组与多重表达（融合与重组）。目的是在地块形态信息基础上重组加载多源定量谱信息（提升地块的特征信息维度，增强其表达描述），再结合定量模型来判别地物属性、指标及其时空变化，判断地理对象覆盖变化类型、量化指标、拓展属性的演化（简单地块/目标：形态+土地覆盖类型+定量指标+拓展属性）。如图 2.9 所示，这个由"图斑：地理空间图+（时序）特征谱"⇨"图斑：地理空间图+（属性）特征谱"转化过程可表述为"地块的分析与识

 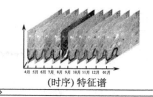 

图斑（地块/目标）　　　　(时序)特征谱　　　　　图斑（地块/目标）

形态+土地利用类型　　时空信息融合与时序谱　　形态+土地覆盖类型+定量指标+拓展属性
　　　　　　　　　　重建、特征分析与分类

图 2.9　遥感图谱认知三段论之"图谱协同"

别"（地块/目标 geo-object：形态+土地利用类型⇨地块/目标 geo-object：形态+土地覆盖类型+定量指标），图谱特征在此耦合与拓展，追求的是定性化判断地块土地覆盖类型、定量化计算地块指标、多元化拓展地块属性（即土地覆盖类型+定量指标）。

　　"图（地块图）谱（时序谱）协同"阶段主要是要回答地物是哪个（which）、在何时（when）等问题；核心内容是考虑如何在地块形态边界的图信息基础上将可能收集到的谱特征加载进来进行耦合分析，构建以地块为单元的覆盖变化定量反演模型，对地块定量指标及土地资源属性进行深度扩展（材质或土壤、光温热气候条件、地形条件等自然类或人口、交通等社会经济类土地资源属性），以分辨出地块的土地覆盖变化类别、量化指标。该阶段是"特征⇨信息"的提升，强调以精细地块边界为基准单元，协同不同层次图谱特征完成地块土地覆盖类型、量化指标及其时空演化的识别与分析，耦合丰富土地资源属性，支撑定量指标的后续场景应用。

　　"图谱协同"的过程归纳如表 2.3 所示，该阶段的关键技术包括多尺度数据高精度协同处理、时空信息融合与时序谱重建、特征分析、分类等方法，也涉及了多源数据融合处理、定量模型构建或指数计算等问题，常用的实现算法及存在的难点问题和发展趋势如表 2.4 所示。目前的研究现状是：①指标计算方面仍侧重于像素级反演，忽略了与地表对象的映射完整性及地物空间分布关系；②使用数据来源/时相较单一，难以有效刻画地表持续动态；特征维单一，连续性差，精度提升有限；③土地资源等对象化背景知识难以融入。研究趋势是：①构建以地块为单元的定量反演模型；②多时空尺度遥感协同，实现精细化、过程化地块特征的表达；③基于多维与连续性特征的土地覆盖及其变化指标的精准判别与反演。本书第 6 章属于图谱协同的内容，将详细介绍自适应迭代与时间序列分析方法，探索图谱协同分析的相关技术。

表 2.3　图谱协同

转化描述	在对象形态边界基础上将所有可能收集的特征谱进行耦合，来识别精细属性、判别材质等
认知过程	"洞察"过程（诊断图谱）（fusion）
计算方法	"图谱耦合的深度计算（定量化+智能化）"（中层）
图谱关系	①对象（形态+粗地类属性）⇨地块目标（形态+细地类属性） ②几何空间结构图和特征谱（+简单地类属性谱）⇨地理空间结构图和属性谱（复杂地类属性谱）
所用知识	从多源数据集中挖掘并提炼的背景知识和机理知识
认知效果	以地物对象为基准单元（"图"），将物候时序、地理信息、环境、材质等背景知识通过定量模型进行协同计算，实现在"结构图"上融入多源"谱"信息的渲染，达到"图-谱"定量耦合，进而判别地物对象的精细属性和量化成分指标

表 2.4　"图谱协同"阶段的关键技术及其难点问题

关键技术	具体算法实现	难点	发展趋势
特征提取	光谱、空间、时间、地域等多源"图-谱"特征的提取与优选算法	地物典型关键特征的计算具有不确定性，造成后续的分类存在一定的错分率	（1）构建以地块为单元的定量反演模型；（2）多时空尺度遥感协同，实现精细化、过程化地块特征的表达；（3）基于多维与连续性特征的土地覆盖及其变化指标的精准判别与反演
		多时相获取的遥感数据是非平稳信号，地物特征具有不一致性，当协同时序特征时，需对数据进行有效、可靠的滤波去噪、几何配准、辐射校正等一致性预处理	
分类	SVM、决策树、随机森林及 BP 神经网络、深度学习等监督分类算法，以及自训练算法、生成模型、图论方法、多视角法等半监督分类算法	地物外在特征不能描述其本质特征，典型特征难以确定，限制了分类的精细度（即地物可分性和分类精确性）（孙显等，2011）	
		训练样本的采集是费时费力的步骤，如何在少量样本或无样本条件下实现高精度的分类、提升分类的自动化与智能化程度（吴田军等，2014）	
时序分析	协同时序特征、去噪（滤波）、数据同化、曲线拟合、参数估计、物候建模	图的一致性处理：几何配准谱的一致性处理：辐射校正	

2.2.3　认图知谱：属性-推理

"认图知谱"（relation）是指以时空框架为基准，将遥感以外的其他各类可利用数据形式化后在时空基准下进行融入，并依据地块拓展属性综合运用领域专业模型计算、空间分析和逻辑推理等方法，对时空场景、功能类型、存在态势和演化趋势进行关联推测与决策制图（关联与推理），即通过对地块高维属性的多粒度解析表示、因果/强相关关系分析，以及规则提取，对场景结构与功能类型等进行动态地推测性制图，这里包含两个方面，即"认图"与"知谱"，前者是指通过功能组团、空间分析等，从空间广度上将地块图斑聚合形成场景结构图；后者则是以地块为单元，从土壤、月均气温、月均降水量等自然属性或人口密度、交通流量等社会经济属性上对地块属性进行多视角的描述和表达，从深度上推测出土地类型或功能属性等专题信息定制。目的是在外部多源知识的辅助下综合运用知识迁移、GIS 分析、语义推理等手段来实现高层认知，加快加深对图像的理解，特别致力于借助外部知识来推断影像未反映或无法反映的信息，将多源属性在高分影像上提取的简单地物目标（图斑）基准上扩展、功能组合、场景重建，以实现功能区划分、场景分类、组合/格局结构分析等专题应用信息提取，从而通过遥感与GIS 深度的融合实现地物在更广域空间和更抽象层面的高层次专业认知。如图 2.10 所示，这个由"图斑：地理空间图+（属性）特征谱"　⇨　"图斑组团：场景结构图+功能谱"⇨"图式：专题图+知识谱"的转化过程可表述为"地块的透视与决策"（地块/目标geo-object：形态+土地利用/覆盖类型属性+定量指标+拓展属性⇨复合地块/地块组团/场景/格局 scene/pattern：形态+场景结构+功能分区+土地类型/专题类型+专业知识），图谱知识在此迁移，追求的是定制化、综合化透视地块功能类型、动力模式等特性专题，分析其自然格局演变和社会经济活动规律（即场景结构+功能类型+决策分析）。

"认图（场景结构图/决策图）知谱（功能谱/知识谱）"阶段主要是要借助辅助知识更广域、更深入地回答地物怎么样（how）、为什么（why）等问题；核心内容是考虑如

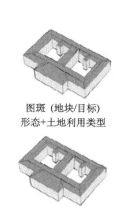
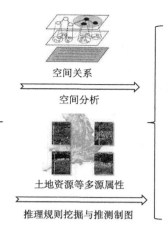

图斑 (地块/目标)
形态+土地利用类型

图斑 (地块/目标)
形态+土地覆盖类型+定量指标
+拓展属性

空间关系

空间分析

土地资源等多源属性

推理规则挖掘与推测制图

图斑组团 (场景/地块组团/复合地块/格局)
形态+场景结构+功能类型

图斑 (地块/目标)
形态+土地/功能/专题类型+专业领域知识

图 2.10　遥感图谱认知三段论之"认图知谱"

何在"认图"和"知谱"过程中逐步融入外部多模式属性知识来提升认知的广度、深度，以及智能化程度。该阶段是"先验知识⇨信息"的指导，强调多源异构的外围数据（或知识）自上而下的辅助，往往是遥感影像本身不能反映的外部知识，如专家解译的历史土地覆盖图或土地利用图、规划用地图、空间关系图等带有较强烈语义色彩的专题图、自然（土壤、地形/地貌、气候/气象等）与社会经济（人口统计调查、人流/物流等）的多模态地块图斑资源属性数据，以及空间关系、空间格局等高层的认知经验等，旨在或完成复杂目标（如地块组团/复合地块等）场景结构（场景图）构建和功能类型（功能谱）透视，或实现面向具体专业应用的高层次专题类型推测规则提取（知识谱）及在时空演化格局上相关决策分析（决策图）（如土地类型、合法/违章属性等专题制图等）。

　　"认图知谱"的过程归纳如表 2.5 所示，该阶段的关键技术包括知识迁移、GIS 空间分析、语义推理等方法，常用的实现算法及存在的难点问题和发展趋势如表 2.6 所示。目前的研究现状是：①缺乏面向高层次认知的信息处理方法研究；②缺乏对多模态土地资源属性数据的综合利用、推理规则挖掘，土地类型或专题制图尚不够精准；③精细化遥感空间信息与土地资源信息的相互联系不紧密，决策依据不全面。而由于过去认知理论、数据源，以及大数据计算技术上的不够成熟，对于场景、语义等高层知识的表达、提炼和运用能力还比较弱，随着多源传感数据的共享开放，以及大数据挖掘技术的快速发展，认图知谱的研究在"认图"和"知谱"的自动化、智能化及精确程度方面日臻完善：①综合利用土地资源进行地块属性多粒度解析表示；②广度上，结合地块多模态属性、空间分析及聚合度、分离度等景观格局指数计算，实现地块自适应组团，形成场景/格局层面的认知；③深度上，借助模糊集、粗糙集、粒计算、概率图模型等理论挖掘更加符合地理景观的土地类型或复杂专题类型判别规则，进而可开展基于地块图斑的精细化评价分析、规划设计、时空格局分析、功能划分、演变规律分析，以及代价精算等多元应用。本书第 7 章和第 8 章属于认图知谱的内容，将探索知识指导下的遥感解译方法。

表 2.5 认图知谱

转化描述	利用土地资源、空间关系、利用方式、功能规划等外围知识内容来推测生成面向具体应用场景的专题图谱及高层决策，完成对复杂功能场景的理解与透视
认知内容	"理解与透视"过程（实施图谱）（relation）
计算方法	"自顶向下的知识迭代迁移与时空图谱分析"（顶端）
图谱转化	①地块目标（形态+地类属性）⇨场景（形态群+功能属性） ②地理空间结构图和属性谱⇨专题图和功能谱
所用知识	自组织复合知识、领域知识（初始 RS 数据不能反映的高层知识内容，如土地资源、空间关系、利用方式、功能分区规划等）
认知效果	在地物目标精细判别的基础上，进一步综合知识迁移、空间分析、迭代学习等技术手段，完成面向多元应用的时空场景及功能演化的综合解译推测制图（功能图）和决策制定（知识谱）

表 2.6 "认图知谱"阶段的关键技术及其难点问题

关键技术		具体算法实现	难点	发展趋势
有地物目标先验知识（如地物目标空间分布特征、土地利用历史解译数据、功能区规划数据等）	机器学习	特征提取、分类等算法：训练样本、知识记忆、自组织学习等	（1）不同形式、尺度、时效的 GIS 数据与所需提取遥感信息的关联融合，以及各种 GIS 空间分析方法本身存在的局限； （2）空间关系等高层知识的形式化表达与运用（人脑解译的很多知识很难用计算机语言表达出来）； （3）知识的形式化，以及如何在不同时间、空间、尺度的先验知识中进行去伪存真及在认知任务中的关联迁移	（1）综合利用多源观测进行地块属性多粒度解析表示； （2）广度上，结合地块多模态属性、空间分析及聚合度、分离度等景观格局指数计算，实现地块自适应组团，形成场景/格局层面的认知； （3）深度上，借助模糊集、粗糙集、概率图模型等理论挖掘出更加符合地理景观的土地类型或专题类型判别规则
	GIS空间分析	拓扑分析、叠置分析、网络分析、缓冲分析、统计分析、地统计分析等		
	迁移学习	实例迁移、特征迁移、参数迁移、关系知识迁移等 Domain Adaption 算法		
无地物目标先验知识	语义推理与逻辑规则	特征编码或表达（视觉词袋）、主题模型（概率潜语义分析 pLSA、潜在狄利克雷分析 LDA），以及模糊集、粗糙集、粒计算、概率图模型、决策树、随机森林等符号主义机器学习算法	中高层特征提取以及底层特征与中高层语义间的鸿沟（孙显等，2011）	

综上所述，我们在理论上设计了"由谱聚图"、"图谱协同"和"认图知谱"的认知三段论，希望分层递进地揭示遥感大数据精准服务四层模型由下而上的信息传递与计算机制（图2.11）：就是以对地观测大数据基准影像的全覆盖有效合成处理为起始，通过提取地块为单元的地理实体逐步构建稳定的空间结构信息底图，并构建出"精细-量化"的时空基准；在低层通过影像内部"结构图-时序谱"特征的迭代提取，精确融入时空流大数据、社会经济活动大数据，通过在上层不断融入外部的多粒度知识，实现对场景分布、功能演化的全面推测和动态制图，为各行各业具有时空位置特性的大数据价值密度的提升奠定理论基础。

据此，我们认为遥感图谱认知要在参照人脑生理认知（形象思维下的分层抽象感知）和心理认知（逻辑思维下的逐步经验指导）框架下，结合遥感对地物目标几何图和特征谱的双重成像优势，以"由谱聚图（粒化）—图谱协同（重组）—认图知谱（推理）"为递阶顺序进行螺旋式逐级深化认知。

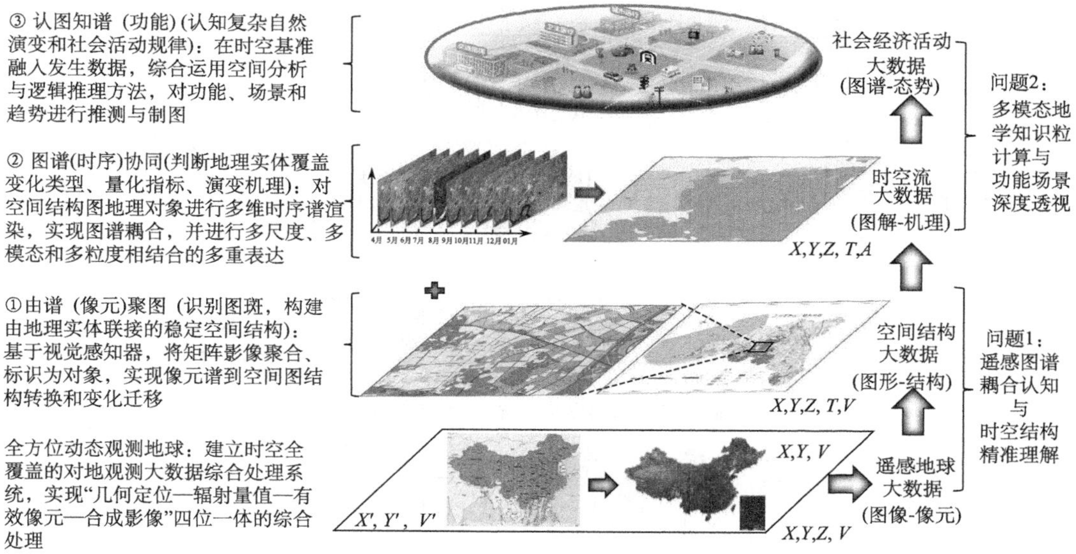

图 2.11　遥感图谱认知的三段论结构

2.3　遥感图谱认知流程——两方向

在遥感认知过程中，图谱转化有其内在规律和联系，相互交织着螺旋式地去共同实现精细化、定量化、智能化、综合化、定制化的认知目标。参照视觉认知中"分层抽象"与"经验指导"两个过程的协同作用（Melloni et al., 2012; Navalpakkam and Itti, 2006; Datcu and Seidel, 2005），我们在遥感图谱认知过程中凝练了两个方向的认知流程（图2.12），即自底向上的分层抽象与自顶向下的知识迁移。

2.3.1　自底向上的分层抽象

自底向上的分层抽象（横向浅层理解，learning），是指对遥感数字图像分层抽象化认知过程的主体，这是认知过程中数据处理与计算分析最活跃的阶段，也是完成认知的主干步骤，追求的是精细化、精准化、智能化、定量化，以及定制化的遥感逐层认知（图2.13）。一方面是认知过程中以"像元（图像）⇒对象/基元（图像）⇒地块/目标（图斑）⇒场景/地块组团/功能/格局（图式）"为主要载体的自底向上分层抽象递进过程，逐步从"数据层⇒特征层⇒信息层⇒知识层"进行计算，语义越来越明确，知识越来越精炼，对地物的认知也越来越清晰；另一方面是对应了遥感地物在认知心理过程中"知觉与注意⇒辨别与确认⇒记忆与推理"的递进过程。

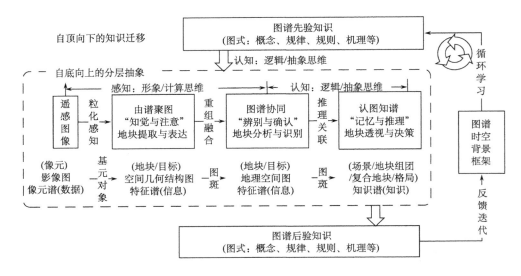

图 2.12 遥感图谱认知的两方向流程

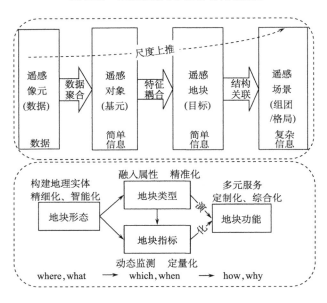

图 2.13 遥感图谱认知中的分层抽象

形象/计算思维和逻辑/推理思维在分层抽象过程中起了不同的作用。一方面，从人脑认知的角度，形象思维是凭借头脑中储有的表象进行的思维，这种思维活动是右脑进行的，因为右脑主要负责直观的、综合的、几何的、绘画的思考认识和行为。从机器认知的角度，形象思维对应了计算思维，指的是提取、建模、扩展性、鲁棒性等一系列密集型计算描述，是要解决如何对数据进行粒化感知、重组融合等问题。另一方面，从人脑认知的角度，逻辑思维又称抽象思维，是思维的一种高级形式，通常是左脑进行的，其特点是以抽象的概念、判断、规律和推理作为思维的基本形式，以分析、综合、比较、抽象、概括和具体化作为思维的基本过程，从而揭露事物的本质特征和规律性联系。从机器认知的角度，逻辑思维对应了推理思维，指的是思考数据背后的真实世界现象、考虑抽样模型、开发能从数据"回馈"到潜在现象的程序，是要解决如何对数据进行关联、推理、抽象、归纳等问题。形象/计算思维是自下而上的，试图想把混沌秩序化；而逻辑/推理思维是自上而下的，试图能解释现象。

从图谱转化的角度来看，"自底向上的分层抽象"蕴涵了"由谱聚图"、"图谱协同"、"认图知谱"三个图谱转化过程，涵盖了"形象/计算思维"和"逻辑/推理思维"的两个阶段：①由谱聚图（mapping，粒化），位于"自底向上分层抽象"的前端，通过对非结构化数据进行空间粒化，提取地块边界（地块的提取与表达）；在认知心理的范畴中，这个阶段是对地物的初步"知觉与注意"，属于形象/计算思维的第一阶段；②图谱协同（fusion，重组），位于"自底向上分层抽象"的中部，通过对多源（时序）数据进行结构化重组，识别地块类型及指标（地块的分析与识别）；在认知心理的范畴中，这个阶段是对地物的详细"辨别与确认"，属于形象/计算思维的第二阶段；③认图知谱（relation，推理），位于"自底向上分层抽象"的后端，通过对结构化数据进行推理和制图，建立地理实体与决策目标之间的 relation，形成对地块场景结构、功能类型等复杂专题等高层认知（地块的透视与决策）；在认知心理的范畴中，这个阶段是对地物的"记忆与推理"，属于逻辑/抽象思维的阶段。这个分层抽象的过程有空间粒化形成的结构化空间数据块，时间粒化形成的时间间隔段，以及属性粒化后形成属性值区间；通过①和②的形象/计算思维过程逐渐把混沌的大数据结构化、秩序化；而通过③的逻辑/抽象思维过程逐渐把结构化的表象数据逻辑化、抽象化、模型化、原理化、知识化。

2.3.2 自顶向下的知识迁移

自顶向下的知识迁移（纵向深度透视，inference），是指收集能够为遥感认知所服务的外部辅助资料作为先验知识，并在三段论的知识逐步融入过程中按需加工数据、提取规律、归纳原理、形成共识，这是提升认知的关键步骤，追求的是综合化、抽象化的遥感认知（图 2.14）。这里面包括两个方面：一是知识的逐步融入；二是知识的迭代循环。

第一，知识的逐步融入。遥感图谱认知是地物特征多种形态的信息解析表达，以及内外部知识逐步融入的计算过程，所以在图谱认知过程中要强调知识在数据向信息转化，以及知识更新过程中的自顶向下指导作用，与传统完全由数据驱动的信息提取方法不同，这个流程需及时发现不同任务之间的相关性，识别可迁移知识的具体情境，在迁移机会出现时主动、恰当地将外部多模态知识逐渐融入到"由谱聚图"、"图谱协同"和"认图知谱"过程中。例如，在"由谱聚图"阶段，利用深度学习等方法实现地理实体的构建，就是要实现对大数据的初级感知，将遥感大数据映射为由地理实体构成的空间结构，而这个过程需要由自身样本学习或者通过外部知识的迁移学习来对地理实体的形态和类型做一个基本判别，需要把问题描述得更为清晰，以方便后续的"图谱协同"和"认图知谱"。

在具体知识逐步融入过程中，知识可以视为数据信息，针对不同需求形成不同的表达形式，可归结到不同空间、不同时间和不同粒度这三个方面的具体知识迁移模型上，而这需要对知识的表示有明确的限定，开展实例、特征、模型、关系知识等不同方面的迁移学习。因此，我们梳理了三段论过程中每一阶段所需频繁使用的知识类型，如表 2.7 所示，初步设计了"成像、背景和专题"三大类知识的表达模型及其运用方式。在此基

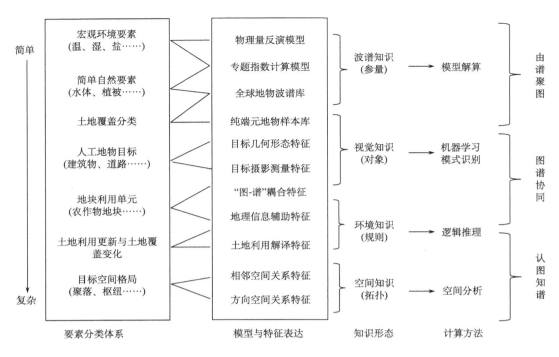

图 2.14 遥感图谱认知中的知识逐步融入过程

表 2.7 遥感图谱认知中多模态知识的形态、计算和表达

阶段	大类	细类		知识内容	层次	计算	表达方式	运用
由谱聚图	像元+波谱	视觉知识		色调、纹理、几何形状（边缘）、阴影等视觉形态特征；人机视觉交互，过程学习	浅层横向	分层迭代逼近	对象表达特征库（表）	非参数化神经网络
		参数知识		扫描时间、角度、大气条件、传感器性能、轨道参数、MTF等成像参数模型	浅层协同	元数据调用	参数约束	参数化深度学习
		波谱知识		全球地物波谱库、纯端元地物样本库、典型地物波谱指数计算模型	浅层协同	同化与融合	波谱库（表）	增量式深度学习
图谱协同	形态+类型+指标	解译知识		不同尺度、时间与空间的解译底图；互联网地图与POI	中层协同	空间叠加分析	空间对象规则	知识迁移深度学习
		环境知识		高度、坡度、坡向等地形条件；光温热等气候条件；土壤材质	中层协同	地形分析与空间插值	空间对象规则 if…then…规则	知识迁移逻辑推理
		物候知识		土地覆盖生长演变的地学规律（季相变化的物候特征）、时空流信息融合	中层协同	时序重建	时空演变过程特征曲线	知识迁移决策树分类
认图知谱	结构+功能+演化	空间知识	关系	相邻/相交/包含/方向等空间相互作用关系	深度纵向	网络与拓扑分析	复杂空间对象的表达与相互作用	空间结构分析
			分布	自然环境类和社会经济活动静态和动态的点/线/面/场/流数据深度融合和属性扩展；目标（地块）空间分布密度与时空多尺度功能聚合	深度纵向	空间统计与聚类	空间对象分布密度与属性统计	功能组团聚合
		模型知识		物理量与生化特性的反演模型（材质、稀疏度、长势、元素循环、收支等定量）	深度协同	实验分析模型解算	基于空间的定量遥感模式	演化场景推演决策

础上，进一步设计了三段论过程中知识的逐步融入方式（图 2.15）：首先，在"浅层视觉感知"过程中，由视觉特征作为触发，通过迁移学习逐步融入背景知识，对感知器进行增量式记忆，对形态结构进行逼近式识别与构建；其次，在"深层机理认知"过程中，挖掘结构图中多维多态属性所蕴藏的专题知识，广域上进行场景构建，深度上进行功能推测，实现"认图知谱"的高层专题图解。

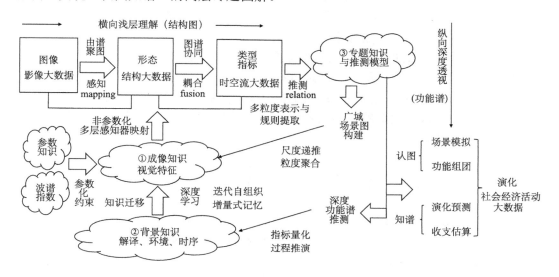

图 2.15　遥感图谱认知中的知识迁移

　　第二，知识的迭代循环。遥感图谱认知一方面是要将外部形式化知识逐步迁移融入到"由谱聚图"、"图谱协同"和"认图知谱"的认知体系中，另一方面还要考虑如何从数据中发现并提炼形式化的知识，这是一个迭代的过程。从粒计算的角度，可以对动态数据环境下的知识更新进行这样的理解：原始的知识库可以构成一个原始的知识粒，该知识粒由多个知识子粒构成；当新数据加入到原始数据集时，寻找合适的知识子粒（或知识子粒集合），对新数据进行判断和处理，并对各知识子粒（或知识子粒集）进行知识更新；当处理完所有新加数据后，对各知识粒进行粒子合并，从而得到动态数据的新知识粒，如此不断地迭代循环。

　　因此，遥感图谱认知还要强调在"由谱聚图"、"图谱协同"和"认图知谱"过程中知识的实时反馈与迭代循环学习，遵循从简单到复杂，从不精确到精确，从局部到整体的逐步优化过程。例如，人机交互就是一个在三段论过程中知识逐步融入并不断迭代演进的过程：机器在接收到人目视解译提供局部的初始知识后开始学习并在不同影像区域作出判读，然后在认知错误的部分由人进行修改、补充新的知识，机器再进行重新学习，并完成新规则下的新一轮判读和结果优化，由此不断迭代循环计算，从粗到精地逐渐逼近认知真值。

　　"自底向上的分层抽象"与"自顶向下的知识迁移"两者在遥感图谱认知过程是通过循环迭代深度融合的，而非上下分离的。一方面，横向上，"由谱聚图"、"图谱协同"和"认图知谱"是多层级间连贯的三段，经过先验知识的纵向融入，三者可分层抽象计算；另一方面，纵向上，通过将外部知识学习融入到横向流程中形成的后验知识，又可通过记忆机制迭代反馈到横向流程中形成知识的协同和更新。横向分层抽象、纵向知识融入与自组织记忆迭代之间体现了遥感图谱认知的螺旋式演进过程，而知识的迁移学习是实现横向分层抽象三段论协同迭代运行的关键。因此，综合上述两个方向的遥感认知流程，图谱认知应重点从以下两个层面推进：①横向上，完善"知觉与注意⇨辨别与确认⇨记忆与推理"的计算流程，从"图像→图形→图斑→图式"逐层探索图谱耦合信息的表达与精炼，以及多模态信息场与目标的交互转化与同化融合，结合尺度空间模型实现以"像元⇨对象/基元⇨地块/目标⇨场景/地块组团/功能/格局"为流程的自底向上分层抽象递进过程；②纵向上，建立外部知识在整个认知计算过程中的自顶向下纵向融入与自组织记忆机制，着重研究将统一的时空背景基准下不同结构单元的多源属性扩展、形式表达、定量评价、转换加载、迁移学习，以及高层知识发现等方法。

2.4 遥感图谱认知方法——三模型

在对遥感图谱认知理论（三段论）和认知流程（两方向）有了较为清晰的认识后，我们看到，从粒计算的角度，图谱认知首先需要通过多尺度分割、深度边缘学习等方法对复杂地理空间进行空间粒度上分解；然后融入时间序列片断，对其时序特征进行时间粒度上的重组；最后是多源数据对地理实体进行属性维度上的扩展与粒化，并通过规则提取后实现知识发现，对现象和过程进行有解释性的揭示与态势预测。

在 2.2 节与 2.3 节基础上，我们又进一步针对遥感大数据的土地要素信息认知设计了三大模型，希望在遥感图谱认知理论支持下，构建出基于高分遥感的"土地利用—土地覆盖变化—土壤—土地资源—土地类型"这"五土合一"的土地信息产品智能生产线，开展图谱耦合的遥感时空结构理解与功能场景透视，这是开展遥感大数据增值服务的基本支撑。

如图 2.16 所示，基本思路概况为：在统一时空基准表示理论基础上，发展基于对地观测大数据的多层感知器模型，其中重点将采用深度学习等技术分层次地实现图斑形态结构与类别属性的智能化识别，从而提取在一定尺度控制下视觉可感知的最精细"图斑"基本单元，实现对地理场景进行尺度空间的结构化表示；以图斑为基本单元融入高时间分辨率的动态监测数据以重构高维时序特征，采用决策树等分类模型，实现对图斑物理材质，以及覆盖类型等归属判别，并发展微观场景中城市环境要素在精细图斑结构上的时空分布定量反演算法；进而针对对地观测大数据可重复观测和持续更新的特点，探索研究图斑"形态结构-类型属性-定量指标"的变化检测与动态更新方法，实现基于图斑结构演化的地理时空格局理解。在以上实现对时空结构的浅层理解基础上，进一步采用迁移学习方法，融入多源、多模态的外部数据以对图斑属性进行维度的拓展，采用粒度计算技术提取与应用目标发生关联的模糊规则，通过推测来实现对图斑内部功能的深度透视，并结合 GIS 空间分析可研发一系列基于图斑结构的时空解析与功能制图工具集，支撑提供地理大数据时空格局分析。

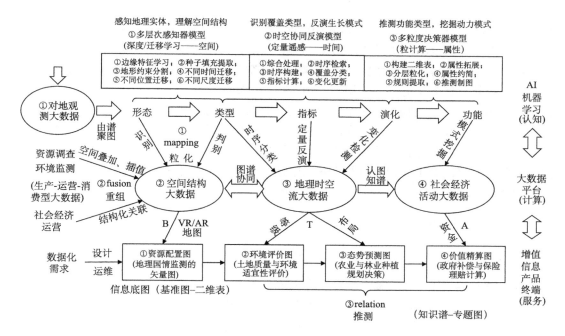

图 2.16　基于遥感图谱认知的高分遥感土地信息生产技术体系

我们将上述思路概况为以下三点。首先，对精细地理实体的智能化提取（土地利用地块），基于米级合成影像，构建感知器进行土地利用地块图的智能识别。其次，对实体内部演化机理的定量化反演（地块内土地覆盖变化），以地块为基本单元，加载由中分高频碎片重构的时序特征，进行土地覆盖类型及变化指标的定量反演；以上时空耦合计算建立在高精度图谱综合处理技术实现的基础之上。最后，对地理时空图谱的定制化生成（土壤成分、土地类型与土地价值），在地块图上扩展"土壤、地形、气候及社会经济"等混杂多态的土地资源属性，通过多粒度计算的规则挖掘，对土地场景、功能类型进行制图与推测，对现象和过程进行解释性机理揭示和演化态势预测，从而辅助相关的决策分析。

这是一个"形态—类型—指标—演化—功能"逐步深化的土地信息生成过程，与图谱认知"空间-时间-属性"所对应的三段论相匹配。首先，由谱聚图，基于高分遥感影像提取"土地利用"地块图（土地利用类型）；其次，图谱协同，基于"土地利用"地块图，结合中分时序谱，以及初级的"土地资源"属性，提取"土地覆盖"类型（土地覆盖类型判定）和定量反演指标（土地覆盖变化指标反演）；最后，认图知谱，基于"土地利用"地块图（土地利用类型），结合"土地覆盖"的类别与变化定量指标，以及中高级的自然环境类与社会经济类多源"土地资源"属性，挖掘专题推测规则，提取"土地类型"等复杂专题。针对以上三个层面，进一步设计了"多层感知器"、"时空协同反演"及"多粒度决策器"三大模型。

三大模型按照"形态—类型—指标—演化—功能"五层认知逻辑，将遥感地学分析问题与机器学习方法紧密耦合在一起，通过三个层次的智能化模型计算实现信息提取的逐步深化：①空间粒化（精细化，形态—类型），基于深度学习把高空间分辨率影像上最小可分辨的视觉单元（地块）进行形态与基本类型的识别；②时序重组（定量化，类型-

指标），以地块为基本单元融合并重建中分时序（高光谱）数据，进行地块内部覆盖类型判别及定量指标的反演；③属性推测（定制化，演化—功能），进一步以地块为基本单元将土壤、土地资源等多模态数据基于 GIS 进行时空融合，扩展地块属性，构建结构化二维表，利用粒计算方法提取面向用户应用目标的规则集，实现对土地功能类型的深度透视及功能场景的推测性制图。其中的"类型"分为"土地利用一级类型、土地覆盖类型和土地利用二三级类型"，分别在三个模型中进行由表及里地逐层深化判别。需要说明的是，本节的三大模型是对遥感图谱认知三段论开展的研究设想，部分思路已得到实现，但也有部分思路尚处于完善或有待突破的阶段，希望对有志于从事遥感认知的广大读者和同行能有所启发。

2.4.1 多层感知器模型

1. 模型目标概述

多层感知器模型（由谱聚图，空间-mapping）的设计与研发，是要针对对地观测数据中蕴含的人工、自然与混合等不同类型的图斑，分别采用基于边界、种子与地形约束等控制条件来设计与研制多层的深度学习模型，模拟视觉感知实现对图斑空间结构的分层次提取和深度感知。具体目标包括：①图斑空间形态智能识别。基于形态驱动的多层感知器模型，采用交互式的增量学习机制，实现对边界的自适应提取与图斑的对象化构建，其中重点解决形态增强、抽象表达与巨量特征训练等技术问题。②图斑类别属性自动判别。基于知识迁移与学习模型，实现对图斑对象一级利用属性的自动化判别，其中重点解决不同尺度、不同时间与不同空间的属性知识在分类模型中的增量式训练与自组织映射问题。③图斑尺度空间结构化表达。针对地理实体时空多尺度特点研究图斑结构化表示的最佳尺度选择方法，挖掘人为或自然构建场景的时空联系，建立图斑纵向转换及横向聚合模型，实现地理场景的结构化表达与静态理解。

2. 模型概念设计

多层感知器模型（对应了"由谱聚图"，基于联结主义实现地块的结构理解，即获得土地利用地块图+类型），是根据初始视觉特征的差异，设计多层感知网络，通过自组织迭代的神经网络增量学习，逐层实现土地利用地块图提取及其基本类型的判别。多层感知器模型的目标是实现对地块形态及其属性的提取和分类，该模型具体描述如下（图2.17）：首先，对米级高空间分辨率影像，通过时空的形态特征，利用人机交互和增量式学习，交互式提取人工地块目标；其次，通过指数等波谱特征，利用深度卷积神经网络，自适应提取单一自然地块；最后，通过地貌等景观特征，利用属性编辑或增量学习，提取混杂自然地块。

这个过程中分别要体现形态和属性的分层特性。其中的形态分为边界、种子和分割三个层次：第一种是针对有确定边界的人工地物目标，采用深度学习的方法提取具有明确边界的人工地物目标，并且通过人机交互编辑地物边界以保证边界的准确性；第二种是对于有确定光谱特征的均质地物，采用迭代自组织方法从种子点开始逐步寻优来达到最优提取；剩余的混合复杂地物，则采用分割方法进行对象划分，因为其本身就没有明确边界，可利用加入背景知识进行约束分割，如融入地貌单元特征等。属性的分层特性主要体现在其土地利用分类体系的层次性。通过这个模型，建立以地块为基本单元的信息底图，重点是将深度学习机制融入到每一个层次中来实现地块的智能化提取。

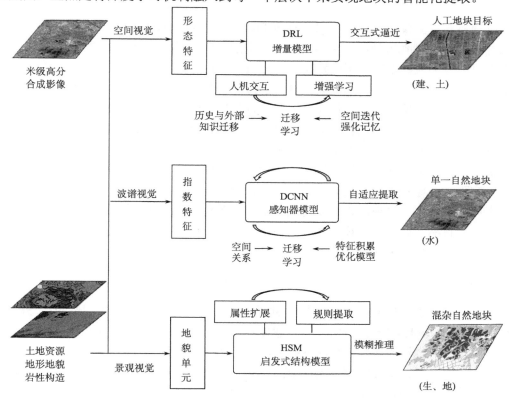

图 2.17 "由谱聚图"的多层感知器模型

3. 模型技术解析

多层感知器是遥感认知的研究基础，主要在统一时空基准下基于对地观测数据提取地理图斑，构建认知基础，采取如下技术路线：首先根据研究目标及地物特点将地表区分为道路、城市建设用地、自然及其他混杂地物等多个层次，分别从形态和属性两方面设计分析策略，形成感知模型。在图斑形态上，深度学习边界特征提取精准边缘，面向道路图斑辅以导航路线图生成连续图斑，面向建设用地辅以形态学方法形成完整轮廓，最终在多层感知模型支持下自顶向下切割生成多尺度图斑；在图斑属性方面，迁移前期类型、邻域相关类型等弱监督知识，发展面向多维属性的新型特征学习算法，辅以增量学习模型累积过程修改知识，不断提高属性判别自动化程度，逐步形成符合多层地物特点的自动化图斑属性提取模型。最后基于图斑多尺度形态与多维属性探索场景理解机制，挖掘多尺度图斑间内在的人为或自然联系，发展最优尺度选择，以及多尺度聚合模型，实现地理场景的结构化表达。

2.4.2 时空协同反演模型

1. 模型目标概述

时空协同反演模型（图谱协同，时间-fusion）的设计与研发，是要综合利用高空间与高时间分辨率的地球观测数据，构建"空间结构-时序演化"耦合的要素反演模型，深度挖掘对地观测大数据时空图谱特征与动态演化模式，在空间结构视觉感知基础上进一步对其功能指标进行精准计算。具体目标包括：①图斑时序数据预处理与特征重建。综合多源中分辨率数据，开展"几何—辐射—有效"一体的数据预处理，以及"空间碎片化-时间序列化"的数据组织，进而发展以图斑为基本单元的特征指数计算与时序表示方法，其中重点需解决部分数据缺失下的时空插补及稀疏拟合等关键问题。②图斑覆盖类型分类。基于图斑定性（非量测）指标的动态演化规律，构建面向时序特征的模式分类模型，实现对图斑对象二、三级覆盖类型的自动化判别。③定量指标计算。在尺度空间结构上同化并融合气象观测、环境监测等多源、多模态的地基资料等其他来源数据，面向特定应用目标（城市、农林等）的结构性功能指标构建定量反演方法，实现地理场景的时空图谱表达与动态理解。

2. 模型概念设计

时空协同反演模型（对应了"图谱协同"，基于行为主义实现地块图斑的动态渲染，即获得定量指标+土地资源属性），是构建以地块为单元的覆盖变化定量反演模型，对地块定量指标及土地资源属性进行深度扩展。该模型具体描述（覆盖类型以农业地块为例）如下（图2.18）：在土地利用地块图基础上，基于中分辨率的高频时序谱，以地块为单元进行时序特征谱重构，并结合环境知识、物候模型、反演模型等实现土地覆盖类型的识别（类型判定），以及植被生长指数、生长环境参量、生物量指标、生长趋势参量等定量指标的反演（指标反演）。该模型的关键在于"多尺度数据高精度协同处理、时空信息融合与时序谱重建"等技术突破，如通过超分辨率重建或光谱指数（如 NDVI）计算与数据有效处理，获得具有"空间碎片化、时间序列化"特点的有效特征数据集。

3. 模型技术解析

时空协同反演模型计算采用如下技术路线：在探索对地观测数据的"时间-空间-光谱"相互作用规律的基础上，解决多空间尺度图谱综合处理，多时间粒度时空信息融合关键技术，建立不同分辨率数据的转换方法，从而协同利用多源对地观测数据，建立以"地块"为单元的时空协同反演模型，提取精准的图谱特征与动态演化模式；建立多来源地球观测数据"几何—辐射—有效"一体的数据预处理，以及"空间碎片化-时间序列化"的数据组织方式。

在此基础上，发展以地块为基本单元的特征指数计算与时序表示方法，针对定量指标计算的模型和方法、数据的观测尺度各不相同，导致定量指标之间的可比性较低，发展适合地块定量指标的归一化方法，使得时间序列指标之间具有相似或者相同的获取条件；时间序列的地块定量指标中的部分数据缺失，尤其是识别和区分地表现象的关键时

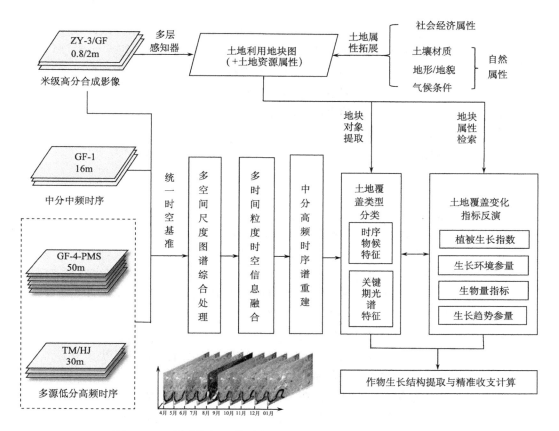

图 2.18 "图谱协同"的时空协同反演模型（以农业地块为例）

点数据缺失，使得时序数据的可用性严重降低，对此，发展一种基于邻域知识的缺失数据插值的方法，实现缺失数据的精确估计。在此基础上，探索面向地块定量指标的稀疏数据拟合方法，将定量指标的动态演化转换为曲线的参数化表达。最后，开发定性（非量测指标）与定量相结合的决策式分类模型，结合专家知识与时序定量指标，实现地块覆盖类型及其材质类型的精细化分类等，形成地块形态、属性和结构演化的精确刻画。建立各类型站点观测、地球观测等多源、多模态数据与地块的数据交融机理和方法，探索面向城乡生态环境监测的地块定量指标计算/反演模型，实现高层次地理单元功能指标的精准反演。

2.4.3 多粒度决策器模型

1. 模型目标概述

多粒度决策器模型（认图知谱，属性-relation）的设计与研发，是要通过对时空结构的图斑属性表进行多粒度解析表示，构建面向图斑动力模式挖掘的多粒度决策器模型，实现地理场景的知识化表达与内在功能透视。具体目标包括：①图斑多维属性扩展。在统一图斑时空基准框架上，研究各类非对地观测数据在图斑单元上的空间叠加与信息融合方法，实现图斑属性维度的拓展，重点解决多源、多模态数据的时空转换及加载方法。

②图斑动力关联规则提取。研究图斑相连、共生的动力学参数化表示方法，以及驱动图斑演化的各类属性多粒度信息粒化方法，提取与推测目标相关联的图斑动力模式规则集。③图斑动力模式推测制图。研究图斑时空模糊推理机，基于动力模式规则集对图斑功能类型与演化方向进行推测计算，研发地理态势图谱生成工具以实现动态制图。④图斑时空解析算法工具集研发。研制一整套图斑动力模式与 GIS 空间分析相结合的时空解析工具集，在构建"位置—结构—交互—演化"一体的地理大数据挖掘体系中，将从格局-功能、静态-动态的角度提供对场景结构重建，以及演化态势分析的计算支持。

2. 模型概念设计

多粒度决策器（对应了"认图知谱"，基于逻辑主义实现图斑的功能透视，即获得土地利用场景+土地类型），是在获得图斑的地理实体"形态、类型、定量指标"基础上，充分利用遥感影像之外的各类多源异构数据，对具有时空结构的图斑属性进行多维结构化扩展和多粒度解析表示；通过在图斑上融入土壤、地形/地貌、气候/气象等自然环境属性，以及人流、物流、统计调查等社会经济属性，重组形成高维多模态属性二维表，进而面向具体专业应用，利用领域模型进行专题指标的精准计算，或利用推理方法挖掘模式规则集（决策专题值定制-属性约简-规则提取-推测制图），实现对图斑的价值精算、土地利用场景、功能类型、动力模式、演化格局等复杂专题推测制图及决策分析，达成对地理场景的知识化表达与内在功能透视等高层认知。

该模型具体描述如下（图 2.19）：在上述两大模型获得"土地利用地块图+类型+定量指标+土地资源属性"基础上，在地块图上融入自然（土壤、地形/地貌、气候）与社

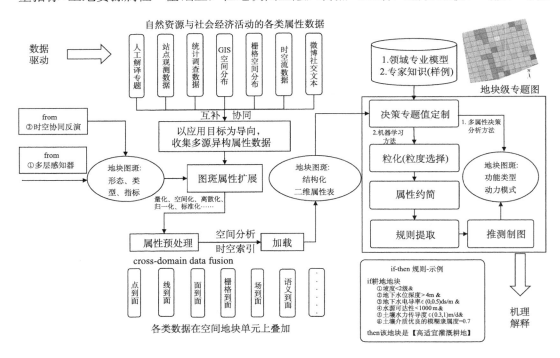

图 2.19　"认图知谱"的多粒度决策器模型

会经济的多模态土地资源属性,开展土地利用场景图的分析和土地类型图的精准推测(功能演化),需要在地块图基础上结合空间关系、空间分布等领域知识来耦合土地资源属性,对地块进行多模态属性的解析和描述,进而从空间广度上聚合形成场景结构,从深度上挖掘出土地类型等功能专题的精准推测。

3. 模型技术解析

多粒度决策器模型计算,我们将其分解为"图斑多维属性扩展"、"图斑关联规则提取"和"图斑专题推测制图"三个技术要点。具体解析如下。

1)图斑多维属性扩展

在多层感知器生成的图斑时空基准框架上,研究各类非遥感数据在图斑单元上的空间叠加与信息融合方法,实现图斑地理实体属性维度的拓展,重点解决多源异构多模态数据的时空转换及加载方法。具体是,我们从遥感信息熵局限和图斑高层专题分析需求出发,收集反映图斑自然环境(如地形、地貌、建设状况、绿地覆盖率等)和社会经济(如人流-物流-交通流频度、道路通达度、商业位置、配套设施状况、发展潜力指数、整体繁荣度等)的各类多模态属性数据,借助空间分析、地统计时空插值等方法将静态和动态两大类空间数据分别进行时空转化后迁移叠加到其所关联的空间图斑单元上,实现对各类非遥感数据的空间信息粒化及可信重组融入,构建形成图斑属性的高维扩展与结构化表示。

2)图斑关联规则提取

在图斑结构化属性表构建基础上,研究图斑相连、共生的专题因子参数化表示方法,挖掘面向决策专题应用的精确计算模型或模糊推理规则,用于后续从多维属性到精确指标或推测专题间的关联关系。具体是,我们依据应用目标首先确定图斑决策列信息,并从图斑属性数据获取的不同时空粒度分析出发,将多源异构属性数据进行离散化、一致化、模糊化、分层粒化,以及最优粒度选择等处理,形成面向逻辑规则挖掘的完备规范属性表;在此基础上,搭建用于精准计算的专题领域模型,或基于粒计算、概率图模型、决策树,以及随机森林等方法进行属性约简,并提取与推测专题相关联的模式规则集,得到由图斑多源属性与决策信息间的关联关系和形式化推理描述。

3)图斑专题推测制图

依据图斑关联规则集较好的物理解释和语义逻辑,研究图斑价值精算、土地利用场景、功能类型、动力模式、演化格局等专题制图和决策分析方法。具体是,我们利用领域模型进行图斑价值的精算和专题制图,或者利用模式规则集中的因果/强相关关系和空间分析方法对图斑内部共性功能类型、动力模式等复杂专题进行推测制图,同时在动态作用力属性数据支撑下对图斑非均匀性演化方向进行动态预测,实现地理实体关联知识的发现,对现象和过程进行有解释的揭示与预测,能回答出诸如图斑是否符合农业补贴要求、补贴多少、土壤肥力怎样、建议种植什么、如何种植更好等问题,重点制作出资源图(地理国情现状)、评价图(好或坏)、规划图(发生态势)、价值图(经济)四个方面的专题图,从而在构建"位置-结构-交互-演化"一体的地理大数据挖掘体系中,从"微观-宏观"、"静态-动态"的角度支撑由图斑为起始的场景结构重建、广域宏观格局及演化态势的高层认知分析。

表 2.8 遥感图谱认知归纳

阶段	内容	目的	依赖数据源	过程描述	应用出口及产品结果的信息类型		应用出口产品
由谱聚图 精细化 智能化 （构建边界）	基于高分 RS 数据本身的内容来实现数据的精细化、智能化转化	提取地块边界，构建地物形态、识别土地利用类型	单期高空间分辨率的 RS 影像	基于高分空间分辨率 RS 影像，通过多尺度分割、分类、聚类、人工编辑，实现地块边界形态和土地利用类型的提取	土地利用地块形态（边界）信息	拥有精细的地物边界信息、土地利用类型信息	土地利用地块图信息产品
图谱协同 精准化 （协同特征） 定量化 （动态监测）	借助高分 RS 数据所在地域的其他多源中分 RS 时序数据内容来实现多源特征融入、定量化	提取地块土地覆盖类型、识别地质反及变化 定量化：耕地上种了什么，长势如何？建设用地的材质是什么？水体区域的水环境如何？地块的边界和属性有无变化？变化程度和趋势如何	高空间分辨率和多期高时间分辨率的 RS 影像，以及其他可由 RS 影像数据直接计算得来辅助数据，如地形数据、时间序列数据等	在地块形态基础上，加入"谱属性"信息（定量的类型、指数、时序变化时间序列），地理环境谱同序列即在地块上做定量 RS，耦合利用高分 RS 数据内的精细多源边界和该地域内的其他多源 RS 辅助数据，完成地块土地覆盖类型识别及其定量指标的计算	土地覆盖变化（地块土地覆盖变化及定量变化指标）信息	拥有精准的、精细的地块属性信息，现势的地块动态信息：在精细地块的条件下达到细土地覆盖属性和定量指标的识别和植被类型和长势的定量描述、建筑材质的确定，水环境质量优劣的具体指标、地块内的具体变化度）	土地覆盖变化分类信息产品
认图知谱 综合化 定制化 （多元、专业服务）	基于 RS 数据之外的内容来实现知识的迁移，强调 RS 数据之外的属性数据使用和定制化专题制图	理解地块场景结构、格局功能，服务多元专业应用：通过外围辅助知识的加入，实现更广泛领域和更深入的地块功能和专题应用与认知以及专业服务决策制图	RS 影像内容之外的其他多源辅助数据如历史土地覆盖专业解译成果、土地利用二调数据、农转用矢量规划数据，以及自然（土壤、地形地貌、气候）与社会经济的多模态属性数据等	不断加入土地资源、社会经济等外围属性数据解译，以及空间关系等外围的新知识，结合空间统计、叠加、网络分析，领域分析、地统计分析，模拟和可视化分析等技术，实现 GIS+RS 的组合使用，完成遥感信息的综合高层解译	（1）土地资源信息（地块光照、地形、气候、水文等属性）； （2）土壤信息； （3）土地类型信息； （4）人流、物流等社会经济活动信息； （5）面向具体决策所需精细化管理和决策应用信息	拥有多元化服务专业信息：随着新外围知识的加入，不能解决用遥感影像本身、解决的问题，获取场景结构及功能推测土地类型和其他专题制图，提供具体的专业应用服务	场景结构层面的信息产品 土地类型等功能属性的信息、专题专业应用信息产品

"人工智能研究的前 35 年得出的主要教训是，困难的问题容易解决，容易的问题很难解决。"举例来说，机器可以解决像下棋、看病、算命这样看似高智商的符号主义问题，而对于看图说话这样的联结主义问题却始终达不到一岁小孩的水平，前后是脱节的！因深度学习而设计的多层感知器似乎将为这个长夜带来第一缕曙光，而从"空间+时间+属性"维度设计的"粒化-重组-推理"连环相扣的技术光束有望能照亮遥感认知这条往前探索的艰难道路。

2.5 本 章 小 结

在遥感大数据时代，大量堆积的现势数据与局限的陈旧信息这一矛盾变得越来越突出，遥感认知的效率、精度及层次已经从根本上限制了遥感数据的大规模应用。本章我们从认知的角度出发，系统、完整地论述了遥感图谱认知理论与方法体系。具体内容归纳于表 2.8 中。综合来看，这是一套以遥感影像基本特征和机理为切入点，以图谱特征耦合螺旋式递进为思路，逐步融入外部知识并迭代逼近的遥感认知方法体系。不同于以往单景数据的处理，本书的遥感图谱认知方法体系更强调数据和辅助知识的综合利用，可为遥感大数据背景下的信息解译与认知提供新的视角。本书后续几章将以"由谱聚图（第 3~5 章）—图谱协同（第 6 章）—认图知谱（第 7、8 章）"三段论为主线发展几类遥感认知方法，以遥感数据为驱动，初步实现地块"形态—类型—指标—演化—功能"的逐层理解。

在此基础上，我们也对遥感图谱认知进一步发展有以下几点思考，供读者考虑：①目前深度学习等人工智能算法在复杂的高分遥感认知领域还需进一步研究，特别是如何让遥感数据与各类辅助数据紧密结合并合理地参与认知，急需探索知识的表达与推理问题，实现人工智能技术在遥感认知领域中改良和适应；②在多尺度分割、迁移学习、场景识别、自适应迭代循环、多源数据协同融合等一些具体的技术难点上仍有较大的改进空间，除本书后续几章提到的一些方法和模型之外，还需进一步设计一些具有创新性的实用化信息图解算法，在验证方法可行性、有效性的同时，又能对图谱认知理论加以完善；③要逐步向用户迫切需要的高层次影像理解延伸和侧重，面向遥感数据实际应用的下游环节生产出更具实用性、更容易为用户接受的认知信息产品，使遥感大数据真正服务于各行各业人们的生产生活。

参 考 文 献

陈述彭. 2001. 地学信息图谱探索研究. 北京: 科学出版社.

陈述彭, 赵英时. 1990. 遥感地学分析. 北京: 测绘出版社.

陈述彭, 岳天祥, 励惠国. 2000. 地学信息图谱研究及其应用. 地理研究, 19(4): 337-343.

李德仁, 童庆禧, 李荣兴, 等. 2012. 高分辨率对地观测的若干前沿科学问题. 中国科学(地球科学), 42(6), 805-813.

李天瑞, 罗川, 陈红梅, 张钧波. 2016. 大数据挖掘的原理与方法——基于粒计算与粗糙集的视角. 北京: 科学出版社.

廖克. 2002. 地学信息图谱的探讨与展望. 地球信息科学, 2: 14-20.

骆剑承, 周成虎, 杨艳. 2001. 遥感地学智能图解模型支持下的土地覆盖/土地利用分类. 自然资源学报, 16(2): 179-183.

骆剑承, 周成虎, 沈占锋, 等. 2009. 遥感信息图谱计算的理论方法研究. 地球信息科学学报, 11(5): 5664-5669.

齐清文, 池天河. 2001. 地学信息图谱的理论与方法研究. 地理学报, 56(z1): 8-18.

孙显, 付琨, 王宏琦. 2011. 高分辨率遥感图像理解. 北京: 科学出版社.

吴田军, 骆剑承, 夏列钢, 等. 2014. 迁移学习支持下的遥感影像对象级分类样本自动选择方法. 测绘学报, 43(9): 903-916.

夏列钢. 2014. 遥感信息图谱支持下影像自动解译方法研究. 北京: 中国科学院遥感与数字地球研究所博士学位论文.

张燕平, 罗斌, 姚一豫, 等. 2010. 商空间与粒计算. 北京: 科学出版社.

周成虎. 1999. 遥感影像地学理解与分析. 北京: 科学出版社.

Datcu M, Seidel K. 2005. Human-centered concepts for exploration and understanding of earth observation images. IEEE Transactions on Geoscience and Remote Sensing, 43(3): 601-609.

Dianat R, Kasaei S. 2010. Dimension reduction of remote sensing images by incorporating spatial and spectral properties. Aeu-International Journal of Electronics and Communications, 64(8): 729-732.

Goodchild M F, Janelle D G. 2004. Spatially Integrated Social Science. New York: Oxford University Press.

Melloni L, Van Leeuwen S, Alink A, et al. 2012. Interaction between bottom-up saliency and top-down control: How saliency maps are created in the human brain. Cerebral Cortex, 22(12): 2943-2952.

Navalpakkam V, Itti L. 2006. An integrated model of top-down and bottom-up attention for optimizing detection speed. 2006 IEEE Computer Society Conference on Computer Vision and Pattern Recognition, 2049-2056.

第3章 高分辨率遥感影像多尺度分割

遥感图谱认知的第一阶段是"由谱聚图"，该阶段需将影像的栅格像元聚合形成矢量地块单元，将视觉上连续的栅格图像转化为多尺度（多层次）的离散对象（矢量表达），实现影像从"像元谱"到"特征谱"转换，这是从遥感光谱数据上升到图斑空间分析的关键。也就是，只有通过此阶段对遥感影像进行尺度空间上的多级划分，才能实现对地物特征的全面多级表达，为后续的遥感地物识别提供可靠的边界形态信息。多尺度分割是其中实现影像到图斑映射的典型方法之一。因此，本章将主要探讨如何通过影像分割和多尺度分析完成对图斑形态边界的精细化构建，其中，3.1 节对当前的遥感影像分割算法进行了简要综述，阐述面向对象影像分析中多尺度分割的重要性，以及常用策略，3.2 节和 3.3 节介绍两种具体的多尺度分割算法，3.4 节提出一种有硬边界约束的分割算法。

3.1 面向多尺度分析的遥感影像分割

3.1.1 遥感影像分割综述

影像分割的数学定义如下（Gonzalez and Woods, 1992），令集合 R 代表整个影像区域，对 R 的分割可看作将 R 分成 N 个满足以下五个条件的非空子集（子区域）$R_1, R_2, \cdots, R_N$：①$\bigcup_{i=1}^{N} R_i = R$；②对所有的 i 和 j，$i \neq j$，有 $R_i \cap R_j = \varnothing$；③对 $i = 1, 2, \cdots, N$，有 $p(R_i) = \text{true}$；④对 $i \neq j$，有 $p(R_i \cup R_j) = \text{false}$；⑤对 $i = 1, 2, \cdots, N$，R_i 是连通的区域。其中，$p(R_i)$ 是对集合 R_i 中元素的逻辑谓词，$\varnothing$ 代表空集。按以上定义可知，影像分割是将影像划分为互不相交的区域，达到区域内高度一致、区域间差异明显的过程（Pal N R and Pal S K, 1993）。因此，通常可以用所谓的过分割与欠分割来评估一个分割方法的准确性，其中过分割是指将一个均质斑块过度分割为许多小斑块，而欠分割则是将本应划分开的异质性较高的斑块错误地合并到了一起（这种情况也称错分割）。在实际的分割中，由于影像复杂性，过分割和欠分割往往难以同时避免，故而优良的影像分割算法往往需要在过分割和欠分割这两类错误上寻求一定的平衡。

近年来，随着高分辨率遥感技术的迅猛发展，遥感影像能呈现出更多地物细节，但地物分布与结构的复杂性也带来了严重的光谱混淆、地物相互遮挡、阴影现象、噪声干扰等问题，这也给传统基于像元的图像分析技术带来了严峻挑战。为此，面向对象的图像分析（object-based image analysis, OBIA）技术得以兴起和深入应用。与传统面向像元的分析方法不同，OBIA 进行影像分析的最小单元不再是单一像素，而是相互之间具有联系的一组像素（即对象，也可称其为基元、特征基元），并在其基础上进行特征提取与分析，最终实现整个信息提取或分类过程。OBIA 的优势在于其处理的对象从像元过渡到了对象层次，一定程度上避免了椒盐噪声效应，参与后续分析的特征数量也远较像素级方法丰富，基于对象的图像分析方式更接近人类视觉认知的思维逻辑形式，因此也更易于地学知识的融合，有效提高结果的可解释性，因而针对高分辨率遥感影像采用 OBIA 技术能够获得更好的信息提取效果（Blaschke and Hay, 2001; Benz et al., 2001; Wu et al., 2009; Bouziani et al., 2010; Yi et al., 2012; Blaschke et al., 2014）。主流 OBIA 技术往往是采用"先分割后识别"的技术框架，即先进行图像分割获取特征基元（也称对象），而后在基元基础上，进行对象的分析、识别、分类过程。因此，分割是 OBIA 的首要也是至关重要的环节，其性能极大影响后续特征提取、目标识别与分类任务的正确实施。

如上所述，由于分割环节的重要性，遥感影像分割技术研究得到极大重视。但相比于一般图像，遥感影像具有数据量大、结构复杂等特点，其分割相对更为困难。自 20 世纪 70 年代起，至今已提出上千种分割算法，其中应用于遥感影像的分割技术也有上百种之多，主要包括以下几类典型方法：①基于点的方法；②基于边缘的方法；③基于区域的方法；④基于纹理的方法；⑤混合的方法等（Pal N R and Pal S K, 1993; Schiewe, 2002; Shankar, 2007; Dey et al., 2010）。尽管学者们已发展了大量的分割算法，但目前尚无通用的分割理论，也没有适合所有遥感图像的通用分割算法。面向不同的地学应用目的，本章将遥感分割方法划分为两大类：面向目标识别的分割方法和面向 OBIA 的分割方法。

面向目标识别的分割方法常为单一尺度，多用于特定地物或典型目标的识别和提取，分割多是针对局部特征，更多地关注目标而忽略背景。从遥感影像特征提取的角度，根据分割所基于特征的不同，面向目标识别的单一尺度分割方法也可总体分为两类：利用影像区域间特性不连续性的基于线状特征的分割（即边缘提取）和利用区域内特性相似性的基于块状特征的分割（即区域分割）。图 3.1 归纳了面向目标识别的单一尺度分割常用方法。固定尺度的分割方法分割尺度单一，在实际应用中对影像的整体把握容易失准。

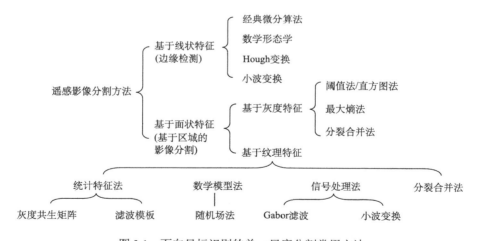

图 3.1 面向目标识别的单一尺度分割常用方法

面向 OBIA 的分割方法一般为多尺度分割方法，分割结果常常体现为多个层次，综合考虑全局特征，寻求斑块内的均质性和斑块间的异质性的平衡。理论上，单一尺度的分割也常常需要参数控制，不同的参数可以得到不同尺度的分割结果，因此广义上图 3.1

所示的单一尺度的分割方法也可以应用于多尺度分割，但这里的尺度不具有层次概念，在层次之间也没有建立层次之间的逻辑对应关系，因此这些方法不能称为严格意义上的多尺度分割方法。严格意义上的多尺度影像分割方法可充分利用像元的灰度、纹理、形状等信息，针对不同需求通过改变尺度参数做出特定调整，获得不同尺度的分割结果，以全面反映影像在不同层次上的特征，甚至也可以在层次之间建立起对应关系。图 3.2 归纳了广义上可以应用于多尺度分割的方法，但从严格意义上讲，目前最常用的面向 OBIA 的遥感影像多尺度分割方法为区域生长、均值漂移、分水岭分割等方法。需要说明的是，分形网络演化算法理论上也是一种区域生长方法，但是它和传统区域生长方法的区别在于其斑块合并过程中采用了基于形状和颜色/光谱的最大异质度合并准则。

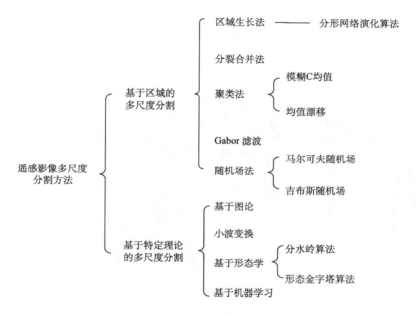

图 3.2　广义的遥感影像多尺度分割方法分类

3.1.2　影像分割的尺度问题

在地球科学研究中，尺度概念主要有两个层面的含义：一是指系统的地理范围层次（如流域等级）；二是指系统的分辨率或比例尺（如遥感空间分辨率、地图比例尺、地质年代跨度等）。而对于遥感影像而言，尺度特性表现为影像中包含了不同尺寸大小的地物目标，以及不同层次的空间结构差异。因而，遥感影像的分割必须采用不同尺度的划分，才能适用于大小各异的遥感地物。简单地以面积来考虑，如湖泊的适用尺度一般较池塘要大，农村居民点的适用尺度则常较城市小，在大尺度下一般考虑地物的整体分布或分区（如功能区）情况，而在小尺度下则能进行更精细的单元分析，两者相辅相成才能充分发挥遥感影像的作用。对于遥感地物来说，其在多个尺度上的特性变化或稳定本身就是其特征的体现，如城市内小片绿地（行道树、小区绿地等）随着尺度变大而被忽略，不透水面（道路、建筑等）则常常在大尺度下仍被考虑，地物随着尺度变大而忽略正体现了区域合并的意义，而优势地物的尺度稳定性也是影像内容解译的重要依据。由此可见，多尺度的分割方式才能真正体现遥感影像的地物特点，是 OBIA 的必然途径。

然而，由于遥感影像分割任务本身的复杂性，分割尺度参数选择和设置问题是一个棘手问题。如图 3.3 所示，在小尺度下，算法往往过分割效应明显，但欠分割少，随着尺度上升，小图斑间相互融合，过分割程度下降，但随之而来的是不断增多的由欠分割带来的错分割现象。遥感影像地物类型多样，尺度大小不一，如尺度参数选择太小，则大多数地物均过分割为细小图斑，在空间尺度上距离实际地物较远，类似于基元形状、空间关系等特征难以在后续分析中发挥显著作用，因而分割对后续分类与信息提取的帮助其实并不显著，更多地相当于去噪。但当尺度变大的时候，部分地物可能因相互融合而发生错分割，但部分可能尚处于过分割状态。因此，尺度参数设置是多尺度分割算法的重要环节，影响着欠分割、过分割及斑块边缘精度；如何建立一个合理的尺度选择与转换模型，对不同层次单元进行有效合并、转换与优化，是目前多尺度分割研究的难点问题（Yi et al., 2012）。

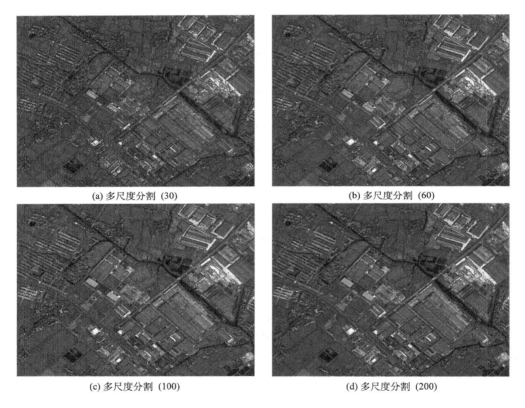

(a) 多尺度分割 (30)   (b) 多尺度分割 (60)

(c) 多尺度分割 (100)   (d) 多尺度分割 (200)

图 3.3　多尺度分割时不同尺度参数的分割结果

ZY-3 假彩色合成影像，2.1m 空间分辨率，方法为均值漂移分割，尺度参数为合并阈值参数

3.1.3　多尺度分割的策略

从计算方法的角度来看，遥感影像多尺度分割可分为基于区域和基于特定理论的两

大类方法（图 3.2）。而从分割策略或计算顺序的角度来看，影像多尺度分割中某一尺度一般依据最邻近的尺度层（其上一层或者下一层）来计算，因此又可以分为三类方法（Tzotsos and Argialas, 2006）：①自底向上分割法；②自顶向下分割法；③插值分割法。

1. 自底向上分割法

该类方法的计算流程如图 3.4 所示。采用这种类型的分割方法时，第一层分割结果（Level L1，假设尺度为 10）是基于像素层（Pixel Level）生成的。第二层分割结果（Level L2，假设尺度为 30）是在 Level L1 的基础上进行计算的，是对 Level L1 中影像对象进行合并的过程。依此类推，第三层分割结果（Level L3 假设尺度为 60）是由 Level L2 中的影像对象合并而得到的。

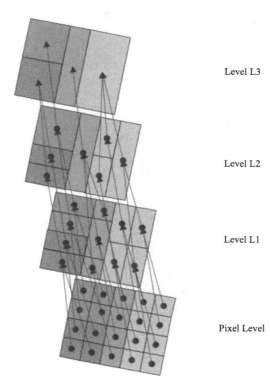

图 3.4　自底向上分割方法的分割层示意图

目前的多尺度分割算法多是以此类自底向上区域合并的方法产生基元（肖鹏峰和冯学智，2012），如 eCognition 所采用的多分辨率分割、均值漂移分割、分水岭分割等。特别是其中面向对象影像分析的商业化软件 eCognition 的多尺度分割方法基本上成了业界的标准。这款软件采用一种称为多分辨率分割（multi-resolution segmentation）的影像分割方法（其核心思想即为分形网络演化算法），该方法是一种区域增长和合并方法，是通过调整一个与分割结果——影像对象大小密切相关的尺度参数实现对影像的多尺度分割，每个尺度对应一个影像对象层次，层次间的对象具有互相依赖的父子继承关系，可对影像反映的景观层次结构进行有效的模拟表达；另外，该分割方法获得的影像对象大小是由尺度（scale）、颜色（color）、形状（shape）、紧凑度（compactness）及平滑度（smoothness）等参数共同决定的。在进行多尺度影像分割时，通常是采用异质性最小的区域合并算法，也就是从任意一个像元开始，先将单个像元合并为较小的影像对象，再将较小的影像对象合并成较大的多边形对象，使得较大的异质性不断变大，当大于由尺度值决定的阈值时，合并过程将停止。

2. 自顶向下分割法

该类方法的计算流程如图 3.5 所示。假设现有分割尺度为 30 的 Level L2，将采用自顶向下的分割方法生成分割尺度为 10 的 Level L1，则 Level L1 将基于像素层（Pixel Level）进行计算。在判断两个像素是否能够进行合并之前，首先需要确定这两个像素在 Level L2 中是否属于同一个对象，只有属于同一个对象的像素才会被考虑是否进行合并。

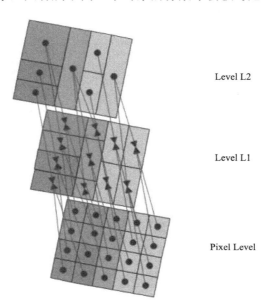

Level L2

Level L1

Pixel Level

图 3.5 自顶向下分割方法的分割层示意图

3. 插值分割法

该类方法的计算流程如图 3.6 所示。假设现有分割尺度为 60 的 Level L3 和分割尺度为 10 的 Level L1，要通过插值的方法来计算分割尺度为 30 的 Level L2。插值分割过程如下：首先，以 Level L1 中的影像对象为基础进行合并；选出符合合并条件的对象后，需要确定其在 Level L3 中是否属于同一个对象，只有满足了 Level L3 中的限制条件，才能进行对象合并；最终生成的 Level L2 会同时和 Level L1 和 L3 这上下两个分割层保持父层及子层的关系。从以上过程可以看到，插值分割法同时采用了自底向上及自顶向下分割法中的策略。

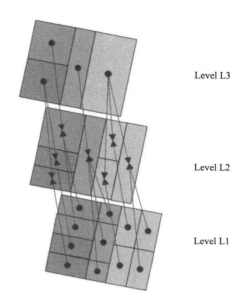

图 3.6　插值方法的分割层示意图

在上述三类基本策略基础上，目前已出现了一些效果优秀的多尺度分割改进思路。例如，从最佳尺度自动选择的角度采用分割后指标评价（Drăguţ et al., 2010；Tong et al., 2012）或分割前尺度估计（Ming et al., 2012, 2015；明冬萍等，2016）来提高分割性能，或者利用一些辅助数据如 GIS 数据库、电子地图和 LiDAR 数据来指导分割（Smith and Morton, 2010; Anders et al., 2011），或者在图像分割过程中嵌入其他信息，如利用边缘特征进行边缘和区域结合的分割算法也已出现，并证明能够提升分割正确率（Kermad and Chehd, 2002; Li et al., 2010），本章 3.4 节的方法就属于此类。

诚然，目前的技术仍有较多的局限性，主要表现为以下四方面：①在多尺度上的影像操作，增加了影像分割算法的复杂性，影响了大规模影像分割的效率；②负责影像分割的"尺度参数"的设置没有直观地连接到一个特殊的空间尺度，也没有连接到一个有关联的地物目标框架下；③即使已有一些分割尺度优选方法，但仍存在着计算量大，难以实现绝对寻优的问题，"适宜尺度"的选择一直没有最佳的定论；④影像对象的建立受分割方法的影响，不同尺度分割得到的结果大相径庭，对地物的贴合程度也有较大差异，欠分割和过分割现象无法有效避免，并很难平衡。因此，要想获得贴合地物目标的多尺度分割效果，尚有很长的路要走。本章后续几节将基于作者过往的研究基础，创新性地提出几种遥感影像分割算法，一定程度上提升影像对象划分的合理性。

3.2　基于均值漂移与区域合并的遥感影像分割方法

均值漂移分割最早是针对传统自然图像提出的一类分割方法（Comaniciu and Meer, 2002），因其实现原理简单、效率较高而被广泛应用于平滑、分割、目标跟踪等领域。它一般是通过滤波和合并两个步骤实现的（图 3.7），其中均值漂移主要是针对滤波过程而言的，其主要目的是通过寻找局部极值点形成均质区域，合并则是将这些区域扩充到合适的尺度，从而使结果满足整体分割的需求。遥感影像由于特殊的光谱信息、多变的尺度范围，直接应用传统的均值漂移分割算法往往并不太合适，因此需要对算法和流程进行相应的调整与改造，以便能生成相对更符合遥感地物表达的多尺度基元对象。

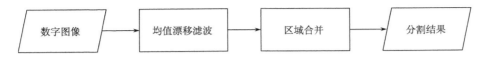

图 3.7　均值漂移多尺度影像分割过程示意图

3.2.1　针对多光谱遥感影像的均值漂移滤波

均值漂移能使特征空间中每一个点通过有效的统计迭代"漂移"到密度函数的局部极大值点，是一种通过非参数密度估计函数实现在特征空间中自动聚类的算法。该方法对先验知识要求少，可完全依靠训练数据进行任意形状密度函数的估计，且对于不同结构的数据均具有很好的适应性和稳健性。传统的特征空间由空间维（X,Y）和颜色维（R,G,B）组成，而为了使结果符合视觉习惯一般还将 RGB 颜色转换到 LUV 等其他颜色空间。然而现有的卫星数据主要以多光谱 CCD 数据为主（如国产卫星 HJ-1A/B、ZY-02C、ZY-3、GF-1 等），这些数据一般都由蓝、绿、红、近红外等波段组成（ZY-02C 没有蓝波段），而且许多较新的传感器已采用了 10 位（甚至更高）的量化级别来改进影像质量，显然在这种情况下采用颜色空间变换会造成较多信息损失。从理论上来讲，基于所有波段光谱信息的滤波才更符合实际需求。鉴于此，我们首先考虑将均值漂移算法的传统特征空间进行改造，以适应多光谱遥感影像数据。

1. 均值漂移原理

一幅图像常被表示为带有 p 维向量的二维网格，当 $p=1$ 时代表灰度图像，当 $p=3$ 时代表一般的彩色图像，而当 $p>3$ 则代表多光谱图像。统一考虑图像的空间信息和色彩（或灰度等）信息，组成一个 $p+2$ 维的向量 $x=(x_s,x_r)$，其中，x_s 表示像元网格点的坐标，x_r 表示该像元网格点上 p 维光谱特征向量。均值漂移的主要目标就是基于核函数的概率密度估计在上述向量空间中寻找局部极值点。

若样本集 $\{x_i\}_{i=1}^n$ 是依密度函数 $f(x)$ 经过 n 次独立抽样得到，则在 x 点基于核函数 $K(x)$ 和带宽矩阵 H 所得到的密度估计函数为

$$\hat{f}(x) = \frac{1}{n}\sum_{i=1}^{n} K_H(x-x_i) \tag{3.1}$$

其中，核函数满足：$K_H(x) = |H|^{-1/2} K(H^{-1/2}x)$。

在实际应用过程中，带宽矩阵 H 的选择对结果有直接影响。为了减少计算的复杂性，往往选择对角阵 $H = \mathrm{diag}[h_1^2,\cdots,h_d^2]$ 或单位矩阵的比例阵 $H = h^2 I$。其中，后者的优点是只需要指定一个大于零的带宽 h 即可，此时确定核函数带宽后，式（3.1）中的密度估计算子就可转化成一种更为常见的形式：

$$\hat{f}(x) = \frac{1}{nh^d} \sum_{i=1}^{n} K\left(\frac{x - x_i}{h}\right) \tag{3.2}$$

显然，不同的核函数，可得到不同的密度估计函数。对于具有最小平均方差（minimum mean-squared error，MISE）的 Epanehnikow 核函数：

$$K_E(x) = \begin{cases} \frac{1}{2} c_d^{-1}(d+2)(1 - \|x\|^2), & \text{if } \|x\| < 1 \\ 0, & \text{otherwise} \end{cases} \tag{3.3}$$

式中，c_d 为单位 d 维空间球的体积；相应的密度估计函数则变成：

$$\hat{f}_{h,K}(x) = \frac{c_{k,d}}{nh^d} \sum_{i=1}^{n} k\left(\left\|\frac{x - x_i}{h}\right\|^2\right) \tag{3.4}$$

对式（3.4）求导就可得到梯度估计为

$$\hat{\nabla} f(x) \equiv \nabla \hat{f}(x) = \frac{2c_{k,d}}{nh^{d+2}} \sum_{i=1}^{n} (x - x_i) k'\left(\left\|\frac{x - x_i}{h}\right\|^2\right) \tag{3.5}$$

在此定义 $g（x）=-k'（x）$，并以其构建核函数：

$$G(x) = c_{g,d} g(\|x\|^2) \tag{3.6}$$

式中，c，g，d 为相应的正则化系数。由此，式（3.5）可进一步分解为两部分，分别为

$$\hat{f}_{h,G}(x) = \frac{c_{g,d}}{nh^d} \sum_{i=1}^{n} g\left(\left\|\frac{x - x_i}{h}\right\|^2\right) \tag{3.7}$$

$$m_{h,G}(x) = \frac{\sum_{i=1}^{n} x_i g\left(\left\|\frac{x - x_i}{h}\right\|^2\right)}{\sum_{i=1}^{n} g\left(\left\|\frac{x - x_i}{h}\right\|^2\right)} - x \tag{3.8}$$

最终梯度估计变为

$$\hat{\nabla} f_{h,K}(x) = f_{h,K}(x) \frac{2c_{k,d}}{h^2 c_{g,d}} m_{h,G}(x) \tag{3.9}$$

由此，我们得到了均值漂移向量为

$$m_{h,G}(x) = \frac{1}{2} h^2 c \frac{\hat{\nabla} f_{h,K}(x)}{\hat{f}_{h,G}(x)} \tag{3.10}$$

下一步是进行均值漂移过程（图 3.8），先计算当前点的均值漂移向量 m，然后以此修改漂移窗口（即核函数 $G(x)$）。设 y_1 为初始中心，漂移轨迹为 $\{y_j\}j=1,2,\cdots$，由式（3.10）得到在 y_j 处计算下一点的方法：

$$y_{j+1} = \frac{\sum_{i=1}^{n} x_i g\left(\left\|\frac{x - x_i}{h}\right\|^2\right)}{\sum_{i=1}^{n} g\left(\left\|\frac{x - x_i}{h}\right\|^2\right)} \quad j = 1, 2, \cdots \tag{3.11}$$

式（3.10）定义的均值漂移向量正比于概率密度函数 $f(x)$ 在 x 处的梯度。可见，均值漂移具有很好的算法收敛性，其方向总是指向具有最大局部密度的地方，在密度函数极大值处，漂移量趋于零，即 $\nabla f(x)=0$，所以均值漂移算法是一种自适应快速上升算法，它可以通过计算找到最大的局部密度的位置，并向其位置"漂移"。

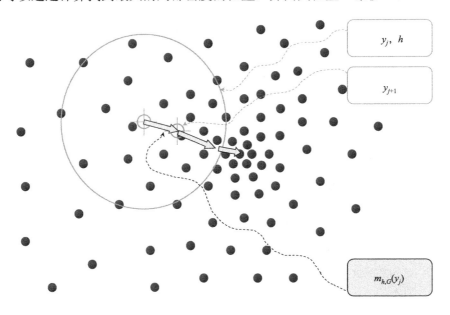

图 3.8　均值漂移过程

由上述原理可知，均值漂移本身对特征空间没有特殊要求，假设影像含有 p 个波段，当空间位置向量与颜色向量一起合为"空间-颜色"域时，特征空间维数为 $p+2$，同时每个域都需要一个带宽参数。此时，多元核函数可定义为辐射对称核和欧几里得多元核，表示为

$$K_{h_s,h_r}(x)=\frac{C}{h_s^2 h_r^p}k\left(\left\|\frac{x^s}{h_s}\right\|^2\right)k\left(\left\|\frac{x^r}{h_r}\right\|^2\right) \tag{3.12}$$

式中，x^s 为特征矢量的空间部分；x^r 为特征矢量的颜色部分；$k(x)$ 在空间和颜色域中都使用相同的核；h_s、h_r 分别为空间和颜色相关的核带宽；C 为相应的归一化常数。此时，带宽参数 (h_s,h_r) 就成为均值漂移分割过程中的重要参数。特别是对于较新的 10 位量化的传感器影像数据，像素 DN 值不再局限于 0～255，这对颜色域带宽 h_r 的确定提出了新的要求；另一方面，由于遥感影像空间分辨率变化较大，而不同地物即使在同一分辨率下也往往具有不同尺度，这也为确定空间域带宽 h_s 带来了困难。下面我们依据实验对该问题进行一定的分析和讨论。

2. 影像滤波实验与结果分析

不同空间分辨率、量化级别的影像对滤波参数 h_r 与 h_s 有不同要求，尽管有学者提出了根据影像内容自适应选择合适参数的方法（Comaniciu et al.,2001），但其在变化如此复杂的遥感影像上的适用性仍有待进一步改进。本节我们从实用性角度考虑，针对新型传感器数据预设合适参数，以此体现均值漂移算法本身在影像滤波上的优越性能。

实验选择了 10 位量化的 ZY-3 多光谱、融合影像数据及 8 位真彩色的航拍影像数据，空间分辨率分别为 5.8m、2.1m 及 0.1m，这些数据内容针对的领域及表现的形式变化较大。图 3.9~图 3.11 分别展示了均值漂移算法在不同参数下对上述影像滤波的效果。从滤波结果可以发现，随着分辨率提高，地物的精细程度也相应提高，相同地物所占据的像元数急剧增加，所要求的空间带宽也相应提高，而颜色带宽则主要跟影像的辐射分辨率相关，如 10 位量化的数据就要求更高的颜色带宽。一方面，这些影像问题仍较难通过自动选择参数加以调整，但另一方面，我们也发现均值漂移算法对带宽的敏感度较低，因此根据影像的元信息（各种分辨率、尺寸大小、幅宽等）来预设滤波参数的方法是相对可行、实用的。

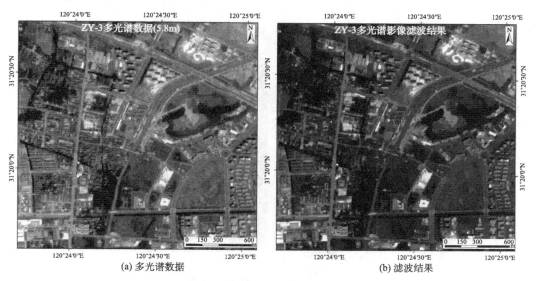

(a) 多光谱数据　　　　　　　　　　　　　(b) 滤波结果

图 3.9　多光谱数据均值漂移滤波（h_s=10，h_r=40）

(a) 融合数据　　　　　　　　　　　　　(b) 滤波结果

图 3.10　融合数据滤波（h_s=14，h_r=35）

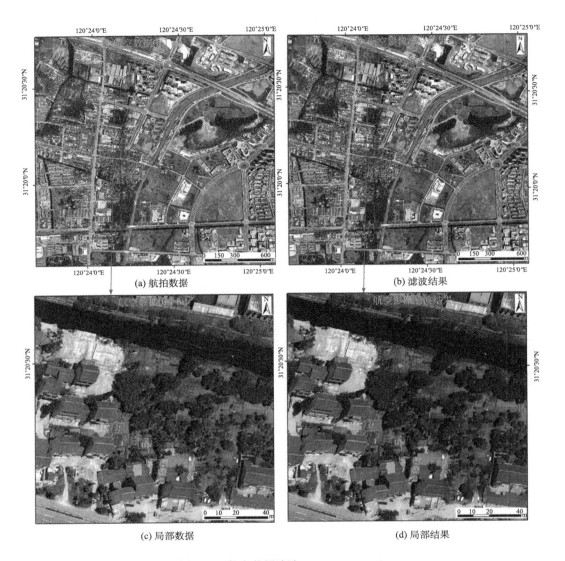

(a) 航拍数据　　　　　　　　　　　　　　　　(b) 滤波结果

(c) 局部数据　　　　　　　　　　　　　　　　(d) 局部结果

图 3.11　航空数据滤波（h_s=18，h_r=12）

3.2.2　针对多光谱遥感影像的区域合并

在采用区域合并框架下，可以简单地通过迭代合并的方式实现多尺度分割，如图 3.12 所示。因此，我们在均值漂移滤波结果的基础上，首先采用阈值合并方法得到均质区域，然后按尺度合并的方法根据指定的尺度参数 M 进行合并，将此合并结果作为多尺度结果之一待用；接着需要进一步判断是否继续合并，若继续则进入迭代过程，在将当前结果与上一相邻尺度之间建立关系以后重新进行新尺度的合并，若不继续则结束迭代过程，将当前合并结果及尺度间关系输出。

由上面流程描述可见，区域合并是影像分割中的关键问题。基于区域合并方法一般需要解决如下问题：假设有 N 个待合并元素（像素或区域）及这些元素间的距离矩阵 $D=\{d_{ij}\}$，对这些元素按照距离远近进行聚类，以使得同一类簇中的元素间距离较小而不

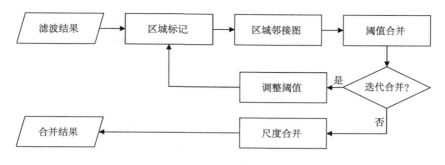

图 3.12 区域合并流程

同类簇间距离较大。用图论的方法可描述为如下：图 $G=\{V,E\}$ 中任意相邻两个节点间的无向边为 $e_{ij}=\{v_i,v_j,d_{ij}\}$，合并的目标就变为根据 d_{ij} 及合并策略不断消去节点间的边，直至区域或节点满足合并策略的要求。直接实现聚类算法的复杂度达到了 $O(N^3)$，若简单的排序 d_{ij} 则可将复杂度降到 $O(N^2*\log(N))$。在此基础上，不少学者针对实际分割提出了改进方法，如 Haris 等（1998）的方法只利用最小的 d_{ij}，即每个区域只保持一条最短的边，算法复杂度下降到了 $O(N*(h^{(2)}+q*\log(N)))$，其中，q 为迭代更新中邻接节点数的均值，而 $h^{(2)}$ 被称为"新节点的二阶邻接数"，一般被认为较小。Tilton 提出了利用并行方法进行递归层次分割来应对 N 增大时急速增加的算法复杂度（Tilton ,2005）。

另外，在实际分割中要取得好的分割效果与效率，有两个问题是无法回避的：一是合并的策略，即如何提高合并的速率；二是合并距离，即相邻区域在什么样的条件下进行区域合并。前者是为了更快地完成区域合并，后者是为了更好地完成区域合并。然而在实际影像分割中，由于区域间的邻接数量有限，距离矩阵 D 是非常稀疏的，而且不断更新区域间的邻接关系也会大大增加算法复杂性。遥感影像是反映地表现象的特殊图像，一方面要满足图像分割的一般要求，其具体分割算法无法脱离上述限制，但另一方面其也有特有的影像内容及地物关系有待挖掘与应用，专有的算法有可能改进分割效果。基于上述分析，我们认为有必要针对均值漂移分割算法的区域合并步骤进行进一步的探索分析。

1. 区域合并策略

实际上，均值漂移的滤波过程相当于初步分割，形成了大量局部均质区域，这就使得区域合并的节点不再是传统的像素，而是以小区域为主进行自底而上的区域合并，从而实现尺度间一一对应的多尺度分割层次。在区域合并过程中，由小区域的分布形成区域邻接图（region adjacency graph, RAG）。这样做有两个优点：一是保证了局部细节的完整，体现均值漂移算法的良好性能；二是简化后续合并策略，有利于较大数据的快速合并。在遥感影像的分割中，均值漂移滤波结果会形成海量的区域，这对传统的区域合并算法形成了极大挑战。本节我们主要探讨在均值漂移滤波的基础上如何针对多光谱遥感影像的分割设计较为有效的合并方法以提高合并效率，改进合并精度。

针对遥感影像分割的实际需求，我们设计的整个合并过程分为两步，如图 3.12 所示：第一步为阈值合并方法，合并标准为距离大小，具体是通过阈值实现，设计多次迭代，每次迭代中计算所有 e_{ij}，将 d_{ij} 小于阈值的边合并，这里的关键是阈值的设计；第二步为尺度合并方法，经过第一步的合并仍存在较多小区域，为了避免这种情况，强制将这些小区域合并入与其最相近的邻域，从而满足分割中对于尺度的需求。要实现上述合并策略，首先需要设计合适的数据结构，由于所有区域组成的邻接图非常稀疏，综合考虑内存使用效率和计算效率，采用区域邻接表来表示所有初始区域及其相邻关系。设总区域数为 N，估计邻接数为 c，首先遍历影像建立区域邻接表，对于区域 V_i 的所有相邻区域用以 V_i 为头节点的单链表存储，节点的数据域为此区域的标签值（用区域序数表示）。

在区域合并过程中，阈值合并是一种最优区域合并策略的简化方式，通过简单地设定阈值来减少距离比较的计算复杂度。该过程仅需对每个区域计算其与相邻区域的距离，若距离小于阈值则重新标记邻域标签，如此遍历所有区域则完成一轮合并，然后根据区域标签重新建立区域邻接表，为下一轮合并进行准备。由于合并以后区域内部均质性会发生一定改变，区域间距离也会发生较大变化，而且变化程度与阈值设置有较大关系。为了保证合并效果达到最优，我们以越相似的区域越容易合并为原则设计了迭代合并策略。在第一轮合并时设定一个较小的合并阈值，此后每一轮阈值逐渐增大，因此距离越小的相邻区域越先被合并，而随着合并过程区域间距离会逐渐增大，更大的阈值能保证合并继续进行。由此可见，阈值的设定在此步骤中是至关重要的影响因素，特别是初值的设定和迭代过程中阈值的变化程度都应重点关注。

尺度合并是为了使最小的分割区域达到应用需求而设计的，一般通过区域包含的像素数作为衡量标准。在尺度合并过程中对每个区域计算其所含像素数是否达到尺度标准，若未达到则计算其与相邻区域的距离，选择其中距离最小的邻域标签作为当前区域的新标签，遍历所有区域后即完成一轮合并。由于合并一次后仍可能有区域无法达到尺度标准，因此仍需迭代合并，直至所有区域都满足最小区域要求。

从上述区域合并策略可以看出，区域间距离事实上起到了作为合并标准的作用，故而也对合并精度起到决定性作用，特别是在多光谱遥感影像中，同物异谱与同谱异物现象普遍存在，一种合适的距离度量方法对于改进最终分割精度具有重要作用。因此，下面我们将进一步分析针对多光谱遥感数据的光谱匹配距离度量方法。

2. 基于光谱匹配距离的度量

距离度量对分割精度的影响早就为众多学者所认同，传统的合并多采用欧氏距离作为比较标准，这种度量方法计算简单、适用性高，但所取得的效果差强人意。因此有学者提出了针对数字图像的色彩空间变换方法，取得了一定的改进效果，但对于内容及形式都相对复杂的遥感影像，这些方法的改进效果往往有限。对于光谱信息丰富的遥感影像来说，充分利用其光谱信息的距离度量，则有可能取得更好的合并效果。光谱匹配是广泛应用于高光谱遥感信号解译的一种技术，通过对高光谱影像中像元光谱在每个波段的变化量与方向进行分析（童庆禧等，2006），可以定量表示像元间的光谱相似度。目前在高光谱影像中比较常用的光谱匹配技术有光谱角制图（spectral angle mapper, SAM）、光谱信息散度（spectral information divergence, SID）等（Zhang et al.,2012），而光谱相似度（spectral similarity value, SSV）还适用于多光谱影像（蔡学良和崔远来，2009）。基于核空间映射（KSSV）可进一步改进度量能力（夏列钢等，2012）具体介绍如下所述。

1）光谱角制图

光谱角制图 SAM 是将像元的 n 个波段的光谱响应作为 n 维空间的矢量，通过计算两个矢量的夹角来定量表征两个像元之间的匹配程度：

$$\theta = \arccos \frac{x \bullet y}{\|x\| \|y\|}, \quad \theta \in [0, \pi / 2] \tag{3.13}$$

从式（3.13）可以看出，θ 值与光谱矢量 x、y 的模无关，即与图像的增益系数无关，而只与两个待比较光谱的形状有关。在高光谱遥感中，余弦相似度可能比欧氏距离更能反映地物间的差异（张新乐等，2009），这是由实际地物间的光谱差异和遥感成像系统所决定的，大量试验研究已表明了 SAM 方法应用于图像分类的有效性与可靠性。

2）光谱信息散度

光谱信息散度是从信息论的角度比较两个像素/向量间的相似性（Chang, 2000），这是一种利用相关熵的全新视角，具体计算方法如下：

$$d(x, y) = D(x \| y) + D(x \| y) \tag{3.14}$$

式中，$D(x \| y) = \sum_{\lambda=1}^{n} p_\lambda \log(\frac{p_\lambda}{q_\lambda})$，$p, q$ 为概率向量，通过 $p_\lambda = x_\lambda / \sum_{i=1}^{n} x_i$ 与 $q_\lambda = y_\lambda / \sum_{i=1}^{n} y_i$ 计算。对于高光谱数据，Meer 通过实验得出，相比于 SAM、SCM，SID 能取得更高的精度（Van der Meer, 2006）。

3）光谱相似度

与光谱角不同，光谱相似度综合考虑了光谱间的形状和距离关系，一般情况下比 SAM 有效（Thenkabail et al., 2007）。具体公式如下：

$$d(x, y) = \sqrt{Ed^2 + (1 - r_{xy})^2} \tag{3.15}$$

式中，$r_{xy} = \frac{1}{n} \left[\dfrac{\sum_{i=1}^{n}(x_i - \mu_x)(y_i - \mu_y)}{\sigma_x \sigma_y} \right]$；$Ed = \sqrt{\dfrac{1}{n}\sum_{i=1}^{n}(x_i - y_i)^2}$；$\mu, \sigma$ 分别为均值和标准差。

由于 x, y 均为反射率，因此，从现有研究及实际应用情况来看，光谱相似度方法比较适用于多光谱影像（Van der Meer et al., 2001）。因此，我们主要采用光谱相似度作为多光谱影像的主要相似性度量。

4）改进核映射下的度量

对于多光谱影像来说，输入样本空间一般不超过 10 维，非线性处理能力有限，由此我们考虑采用核空间映射的方法加以改进，同时结合光谱匹配技术形成了新的相似性度量方法——KSSV（夏列钢等，2012）。

假设输入空间的样本 $x_k \in R^N (k = 1, \cdots, l)$ 被某种非线性映射 Φ 映射到某一特征空间 H 得到 $\Phi(x_1), \cdots, \Phi(x_l)$，那么 x, y 在特征空间的点积形式就可以通过 Mercer 核（Genton, 2002; Scholkopf et al., 1999）以输入空间的样本来表示：

$$K(x, y) = \Phi(x) \bullet \Phi(y) \tag{3.16}$$

代入式（3.13）可以得到特征空间中的余弦相似度表示为

$$d'_H(x,y) = \arccos \frac{\varPhi(x) \cdot \varPhi(y)}{\|\varPhi(x)\|\|\varPhi(y)\|}$$

$$= \arccos \frac{K(x,y)}{\sqrt{K(x,x)K(y,y)}}$$

（3.17）

下面讨论核映射中关键的核函数（即式（3.17）中的 $K(x,y)$）。高斯核函数是将多维空间映射至无限维空间，是一种比较常用的 Mercer 核。针对多光谱影像分类的实际需求同时参照光谱相似度方法，我们将 SSV 匹配技术引入高斯核函数得到适用于多光谱遥感影像的 KSSV 函数为

$$K(x,y) = e^{-\beta d^2(x,y)}$$

（3.18）

式中，$d(x,y)$ 为式（3.14）中 x 与 y 的 SSV 距离；β 为大于 0 的自定义参数。于是，基于 KSSV 函数的相似性度量可以表示为

$$d'_H(x,y) = \arccos K(x,y) = \arccos(\exp(-\beta d^2(x,y)))$$

（3.19）

从上述度量方法的计算可以看出，距离计算是针对向量而设计的，而一般的向量在影像中仅代表了像素，对于区域则并不一定合适。对于一个多像素构成的区域来说，一般可以构建区域内所有像素的均值向量和区域内局部极值（均值漂移点）向量两种标准代表区域向量，显然不同向量表示方法也会对合并精度造成影响。我们将在实验中进一步探讨在区域合并中合适的区域向量表示方法，具体见下一小节内容。上述这些对遥感影像更有针对性的度量方法将更有利于挖掘光谱特征的潜在差异，从而准确度量区域之间的相似性，改进区域合并精度，进而有望提高整体分割精度，下面的实验比较也证实了上述方法的可行性。

3. 不同标准合并实验与结果分析

一方面，为了比较区域合并方法在遥感影像分割中的实际作用，我们选取了 ZY-3 多光谱数据作为待分割实验数据。通过上述不同方法的应用比较，可以发现不同合并策略、距离度量对分割结果的精度影响。图 3.13 显示为几种距离度量下区域合并后的分割结果比较（局部放大）；作为参考比较，图 3.13 也展示了 eCognition 的分割结果。总体上来看，不同距离度量下结果差距较小，但相对而言 KSSV 的效果较好，所有结果中只有图 3.13（d）将圈中道路分割出来了。

另一方面，如图 3.14 所示，尽管两个结果目视差别较小，但多个细节表明了均值向量在很多情况下并非最佳选择。通过大量的类似实验发现，向量表达方式与距离度量方式具有相互关系，欧氏距离选择均值向量会有较高精度，而光谱匹配距离则更倾向于选择极值向量，而且随着迭代合并的进行，极值向量的精度会逐渐降低，这应该与区域的代表性有关。均值向量更侧重于代表整个区域，而极值向量更侧重于代表区域中的优势点，随着合并的不断进行，区域的异质性在不断变大，因此代表整个区域的均值向量更能兼顾整体，而极值向量更适合应用于均质性较高的小区域合并。

此外，通过实验还可以看到，仅通过尺度参数设置全局分割的尺度是一种比较原始的方法，不但没有考虑影像的最佳尺度，更没有将地物的合适尺度作为因素，显然这是很难满足对于分割区域有极高要求的对象化影像分析的需求的。进一步的研究思路可以

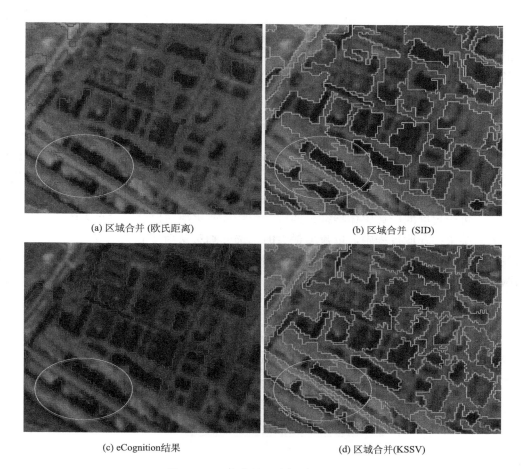

(a) 区域合并 (欧氏距离)

(b) 区域合并 (SID)

(c) eCognition结果

(d) 区域合并(KSSV)

图 3.13　距离度量对分割结果的影响

(a) 均值向量合并结果

(b) 极值向量合并结果

图 3.14　均值/极值向量分割效果比较

集中于如何修正合并策略，取消统一的尺度参数 M，而采用针对每个区域自适应调整合并指数，或者引入基于先验地物认知而调整的合并参数，使得多尺度分割真正契合地物的多尺度本质。

3.3 基于多层优选尺度的遥感影像分割方法

为了进一步改进遥感影像多尺度分割效果，本节我们进一步设计了一类基于多层优选尺度的高分辨率影像分割算法。算法流程如图 3.15 所示：首先，利用 3.2 节的均值漂移和区域分割算法对高分影像进行多尺度分割，同时计算分割对象特征；在此基础上，分别计算每一尺度的影像整体特征，通过影像特征变化率与尺度的关系来优选出多个尺度的分割结果；在此过程中，以尺度最大的优选分割对象为父节点，自上而下形成一系列多层次对象树，由此来构建影像森林；然后，计算影像对象的局部综合评价参数，分别遍历影像森林中的多层次对象树，逐个输出局部最佳影像对象；最后合并成为一个由多个尺度组成的分割结果。

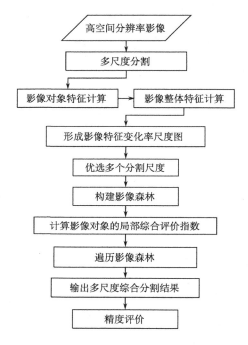

图 3.15 基于多层优选尺度的高分辨率影像分割流程

3.3.1 最优分割尺度的选择

本算法主要采用了影像分割层全局标准差的变化与尺度的关系来确定一组最优分割尺度：

$$\Delta = \frac{\mathrm{WSD}_L - \mathrm{WSD}_{L-1}}{\mathrm{WSD}_{L-1}}, \quad L > 0 \tag{3.20}$$

式中，L 为分割层；WSD 为影像全局的加权标准差，计算公式如下：

$$\begin{cases} \mathrm{WSD} = \sum_{i=1}^{m} w_i\,\mathrm{SD}_i \\ w_i = \dfrac{\mathrm{area}_i}{A} \\ \mathrm{SD}_i = \max(\mathrm{SD}_{ij}),\, j = 1, 2, \cdots, n \end{cases} \qquad (3.21)$$

式中，SD_i 为第 i 个影像对象的波段标准差；w_i 为第 i 个影像对象的面积权重；m 为在当前分割层的影像对象总数；n 为影像波段数目。通过多次试验绘制"加权标准差变化率-尺度关系图"，并从中可以选出多个最优尺度，即局部对应的峰值为相应的最优分割尺度。

3.3.2 多层次对象树的构建

假设现有影像 I 通过自底向上的分割方法获得了一组自小到大排列为 $\{S_1, S_2, S_3\}$ 的分割结果，如图 3.16 所示，且尺度 S_1, S_2, S_3 中的影像对象分别是父子包含的关系，即尺度 S_1, S_2, S_3 中的影像对象满足：

$$\begin{cases} O_{S_1} \subseteq O_{S_2} \\ O_{S_2} \subseteq O_{S_3} \end{cases} \qquad (3.22)$$

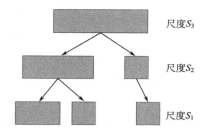

图 3.16 多层次对象树示意图

式中，O 为影像对象。以尺度最大（S_3）的分割层中的对象 $\{O_i \mid O_i \in O_{S_3}, i = 1, 2, \cdots, N_{S_3}\}$ 为根节点，N_{S_3} 为 S_3 分割层中影像对象的数目，按照尺度大小寻找尺度 S_2 的分割层中和对象 $\{O_i \mid O_i \in O_{S_3}, i = 1, 2, \cdots, N_{S_3}\}$ 相等或被包含于对象 $\{O_i \mid O_i \in O_{S_3}, i = 1, 2, \cdots, N_{S_3}\}$ 的对象 $\{O_i \mid O_i \in O_{S_2}, i = 1, 2, \cdots, N_{S_2}\}$，并加入作为其子节点；依次类推，在尺度 S_1 的分割层中寻找对象 $\{O_i \mid O_i \in O_{S_1}, i = 1, 2, \cdots, N_{S_1}\}$，并作为 S_2 层的子节点加入。由此，可由多个分割尺度的影像对象形成一棵树，我们称之为多层次对象树。如果以根节点所在层数记为第 1 层，则多层次对象树的深度和最优尺度的数目相等。以尺度最大的分割层中的对象为根节点，该层中每一个对象 $\{O_i \mid O_i \in O_{S_3}, i = 1, 2, \cdots, N_{S_3}\}$ 都可以建立其相应的多层次对象树，所有这些多层次对象树共同构成了影像森林。

3.3.3 多层次对象树的合并

从局部考虑最优分割尺度的时候，同时考虑了遥感影像本身的特性及地物的光谱特征。遥感影像本身的特性包括影像对象的同质性及异质性，理想状况下，希望分割对象的同质性越大同时异质性越小。因此，我们进一步提出一个融合了同质性及异质性的综合评价指数 ε：

$$\varepsilon = \sqrt{\dfrac{\mathrm{hm}^2 + 1/(\mathrm{ht}^2 + 1)}{2}} \qquad (3.23)$$

式中，hm 为同质性的归一化量度；ht 为异质性的归一化量度，具体计算公式如下所示：

$$hm = \frac{max(hmo) - hmo}{max(hmo) - min(hmo) + 1} \tag{3.24}$$

$$ht = \frac{max(hte) - hte}{max(hte) - min(hte) + 1} \tag{3.25}$$

式中，"max(•)"为取最大值函数；"min(•)"为取最小值函数；hmo 为同质性量度；hte 为异质性量度。在本算法中，采用像素标准差作为同质性量度，采用光谱均值之差作为异质性量度。从式（3.23）~式（3.25）可以看出，当影像对象的同质性越大，异质性越小时，ε 越大。

需要说明的是，合并时地物光谱特征中主要考虑了植被和水体这两类特征明显的地物，自底向上搜索的过程中，以最底层优选尺度为基准，给上层最优尺度加上限制条件，即上层分割对象的地物光谱特征必须和最低层优选分割尺度的光谱特征保持一致。

3.3.4 实验与结果分析

本节算法验证的实验采用如图 3.17 所示的 ZY-3 多光谱影像进行分割。实验数据的空间分辨率为 5.8m，影像大小为 3000×3000，有蓝（450~520nm）、绿（520~590nm）、红（630~690nm）和近红外（770~890nm）共 4 个波段。该实验区域的地物类别包括耕地、水体、林地，还有一大一小两个城镇分布。首先，利用 3.2 节方法对实验所用 ZY-3 影像进行分割，分割尺度范围设为 10~65，间隔设为 1；然后计算"标准差变化率-尺度"曲线，并从中得到该 ZY-3 多光谱影像的一组最优分割尺度为 19，28，31，34，41，44，51，62。由此，实验将以尺度 62 的分割对象为根节点，构建一系列深度为 8 的多层次对象树以形成影像森林。

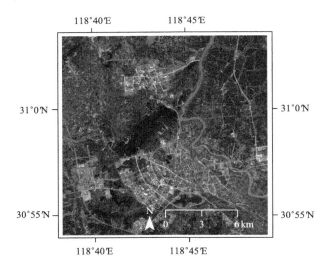

图 3.17　多层优选尺度分割算法实验所用的 ZY-3 影像

分割结果的质量通过过分割、欠分割及正常分割对象的比例来评价，即随机抽取 N 个分割对象，计算过分割（P_{OS}）、欠分割（R_{US}）及正常分割对象的比例（P_S）：

$$P_{OS} = \frac{N_{OS}}{N} \tag{3.26}$$

$$P_{US} = \frac{N_{US}}{N} \tag{3.27}$$

$$P_S = \frac{N_S}{N} \tag{3.28}$$

式中，N 为抽样的影像对象总数目；N_{OS} 为抽样中过分割影像对象的数目；N_{US} 为抽样中欠分割影像对象的数目；N_S 为抽样中正常分割影像对象的数目。

从 ZY-3 影像的分割结果中随机选择了 N=200 个影像对象来评价分割结果的质量，分别计算算法及各优选尺度分割结果的过分割、欠分割及正常分割影像对象的比例。分割结果评价如图 3.18 所示。从实验结果可得，由本节算法获得的正常分割结果比例最高，为 59.50%，其欠分割影像对象占了 27.50%，过分割影像对象占了 16.00%。在 8 个优选尺度中，尺度 19 的正常分割结果最高，为 31.00%，尺度 51 的正常分割结果最低，为 20.00%；尺度 19 的分割结果中欠分割对象的比例最低，为 7.00%，尺度 62 的分割结果中欠分割对象的比例最高，为 64.00%；尺度 19 的分割结果中过分割对象的比例最高，为 62.00%，尺度 62 的分割结果中过分割对象的比例最低，为 10.50%。另外，图 3.19 所列为 ZY-3 多光谱影像分割实验中厂房及其周围道路局部的分割结果，其中，图 3.19（a）表示算法的分割结果，图 3.19（b）~（i）分别表示尺度 62 至尺度 19 的分割结果。从目视的角度而言，图 3.19（a）不仅将厂房作为一个整体分割出来，而且能将厂房前的绿化带分割开来。

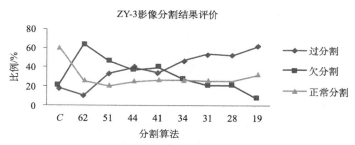

图 3.18　不同尺度分割结果和本节方法分割结果的精度比较

其中横轴表示不同的分割方法，C 表示算法的评价结果，数值 62~19 表示相应的分割尺度所对应的评价结果

由上述实验结果可知，本节提出方法得到的分割结果中正常影像对象的比例高于任一单一优选分割尺度的分割结果。这是由于算法通过构建多层次对象树，将单尺度分割结果作为树的一层节点参与计算，并采用了一个融合了同质性及异质性的综合评价指数 ε 在局部选择最优的分割影像对象。和大的单尺度分割相比，本节方法能够避免大量的欠分割影像对象；和小的单尺度分割相比，则能够避免大量的过分割影像对象。

3.3.5　方法小结

本节我们针对高分辨率影像分割中地物多尺度的问题，提出了一种基于多层优选尺度的高分辨率影像分割算法。该算法首先采用一系列规律变化的尺度对高分辨率影像进

行多尺度分割，然后通过单分割层全局标准差的变化与尺度的关系确定一组最优分割尺

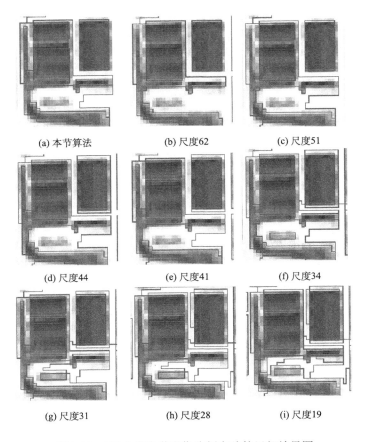

图 3.19　ZY-3 多光谱影像分割实验的局部结果图

度。在此基础上，通过各优选分割层之间的包含关系，局部建立多层次对象树，从整体上形成影像森林；通过局部同质性异质性综合评价指数的比较及父层光谱特征的限制来选取多层次对象树中的优势对象，从而获得最终的高分辨率影像分割结果。基于 ZY-3 多光谱影像的分割实验结果表明，本节算法能有效地提高正常分割影像对象的比例。另外，从算法效率角度而言，虽然算法中已经采用了空间索引等方法进行加速，但是算法的效率还有待进一步提高，在今后的工作中，我们计划将引入并行计算的方法进一步提高算法效率。

3.4　基于硬边界约束与两阶段合并的遥感影像分割方法

在影像分割过程中，对于斑块较多、边缘信息较弱的遥感影像，仅仅基于区域灰度的分割算法并不能很好地将目标与背景分离，往往存在目标粘连和欠分割的问题，一定程度上影响了后续的面向对象分类和目标识别的精度。为解决这一问题，本节我们基于分水岭分割

的基本原理，进一步提出一种基于硬边界约束与两阶段合并的遥感影像分割方法，称之为硬边界约束分割方法（hard-boundary-constrained segmentation method，HBC-SEG）。

3.4.1 方法原理

HBC-SEG 方法是一种新的多精度分割算法，属于将边缘和区域结合使用的遥感影像分割方法，其基本思想是在多精度基元合并的基础上加入边缘约束以提高分割精度（Wang and Li，2014）。为此，HBC-SEG 首先提出了硬边界比例的概念，在合并过程中利用它约束图斑生长过程。在合并判断过程中，该方法无需对边缘进行标注以形成边缘线，也无需考虑边缘是否间断和连接，这使得边缘的使用非常简易高效。此外，HBC-SEG 设计了独特的两阶段融合的多尺度基元合并策略，第一阶段用边缘约束进行基元极限增长，第二阶段无约束合并对前者进行进一步结果优化。在合并过程中，HBC-SEG 还设计了可重复合并的两两合并机制来加快合并过程并提高分割精度。

HBC-SEG 首先对遥感图像进行边缘约束的分水岭分割与边缘分配，获得初始亚基元，亚基元是进行多尺度合并的基底。在此基础上，进行边缘约束的层次化亚基元合并，直到所有基元的合并代价均超过一个较大的合并阈值，使得亚基元在边缘控制下进行极限增长，得到初始基元集合。此后，舍弃边缘约束，用一个较小的合并阈值进行第二次层次化亚基元合并，直到所有基元的合并代价均超过此较小的合并阈值，得到最终分割结果完成图像分割过程。在此步骤中，小图斑相互间合并代价较小而有更大机会相互合并形成较大斑块，为此该步实际上是一个去小图斑的过程，方法具体流程如图 3.20 所示。

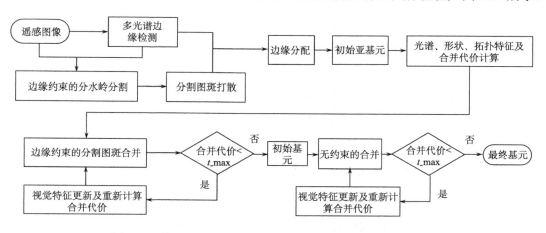

图 3.20　基于硬边界约束与两阶段合并的遥感影像分割流程图

3.4.2 算法流程

1. 边缘约束的分水岭分割

对于一幅多光谱遥感图像，首先利用 Canny 算子分别进行每个波段的边缘提取（Canny，1986）。而后，利用一个 4×4 窗口在每个边缘图像上移动（即在 x, y 方向移动步长均为 4），并统计窗口内边缘像素个数，将具有最大边缘像素数的边缘提取结果作为该区域的输出，直到图像末，得到最后的提取结果。以上处理利用了图像的原始波段信息进行边缘提取而定位准确，实现了波段间的信息互补并输出单像素边缘，准确提取了多光谱遥感图像中主要边缘信息。而后将 Canny 边缘嵌入标记分水岭算法进行图像分割，这相当于用边缘在梯度图像上建筑了高坝，故而分割边界不能跨越 Canny 边缘。分水岭分割的优点是高效，分割边界较准确，但缺点是过分割效应明显，而这往往会带来大小很不均衡的图斑。因此，HBC-SEG 利用面积阈值打散分水岭分割得到的大图斑，控制其大小不超过 32 个像素，并对图斑分配唯一编号。分配编号后的图斑被称为亚基元，作为有待合并的次一级基元。

2. 边缘信息注册

如图 3.21（a）所示，分水岭分割得到的亚基元与 Canny 边缘的关系分为 3 种。A 类边缘位于两大图斑的边界上（由于边缘提取的准确性不能保证 100%，边缘线可能存在断裂）；B 类边缘位于某个图斑块内部，围绕不同编号的较小图斑；C 类边缘则为图斑内的孤立边缘点。基于此，我们首先将 Canny 边缘重新分配到合适的亚基元中去，分配的基本思路是将边缘像素分配到和其具有最小光谱异质性的相邻亚基元。

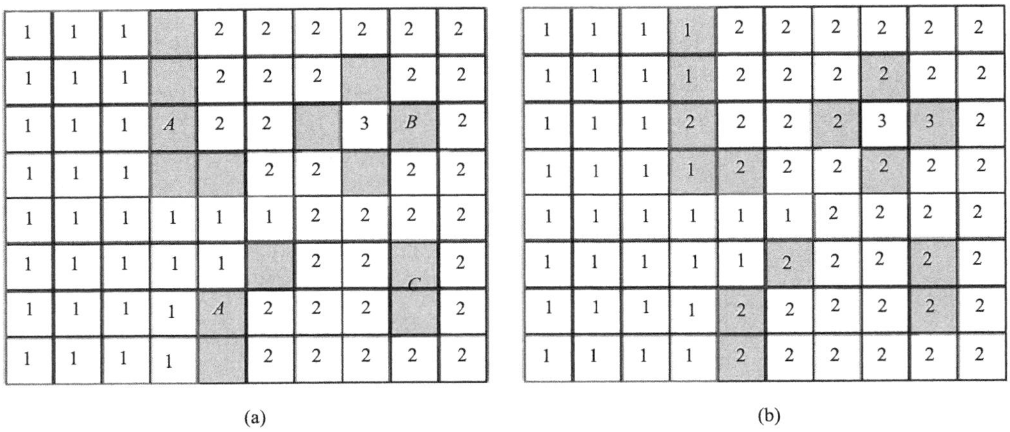

(a)   (b)

图 3.21   分水岭分割中亚基元与 Canny 边缘的关系示意图

如图 3.21（b）所示，边缘分配后，C 类边缘自然归入 2 号图斑，在后续处理中不再考虑。这将去除相当部分的虚假边缘。可以发现，所剩下的 A、B 类边缘在分配后，均属于基元的边界像素（基元的边界像素定义为其 4 领域（即上、下、左、右相邻像素）内有不同标号的像素）。而后统计基元间的公共边长 L 和 Canny 边缘像素占据的边长，称后者为"硬"边界长度 H；总边界边长的剩余部分为"软"边界长度。硬边界比例则直观定义为

$$R = H / L \tag{3.29}$$

3. 多精度基元合并

HBC-SEG 是通过对亚基元的迭代式合并完成图像分割过程。需要考虑的因素：一是

亚基元合并代价的计算方式；二是合并方式。HBC-SEG 采用了与 Baatz 和 Shäpe（2000）基本一致的合并代价准则函数。这是一套集成斑块间光谱、形状特征差异的合并代价指标，并据此进行斑块归并，实现图像分割。形状特征的使用，主要是为了使合并后的图斑形状更为规整合理。该函数由合并图斑的光谱异质性参量和形状异质性参量两部分构成：

$$f = w \times h_{\text{color}} + (1 - w) \times h_{\text{shape}} \qquad (3.30)$$

式中，$w \in [0, 1]$ 为光谱分配的权重。

光谱异质性是合并后父图斑标准差与合并前两子图斑标准差之和的差，并按面积进行加权：

$$h_{\text{color}} = \sum_c (n_{\text{merge}} \sigma_c^{\text{merge}} - (n_1 \sigma_c^1 + n_2 \sigma_c^2)) \qquad (3.31)$$

式中，c 为波段总数，以此计算多波段图像中斑块合并的光谱差异。

形状异质性是由紧致度异质性和光滑度异质性两部分加权构成：

$$h_{\text{shape}} = w_{\text{cmpct}} \times h_{\text{cmpct}} + (1 - w_{\text{cmpct}}) \times h_{\text{smooth}} \qquad (3.32)$$

其中，紧致度差异由以下公式计算：

$$h_{\text{cmpct}} = n_{\text{merge}} \cdot \frac{l_{\text{merge}}}{\sqrt{n_{\text{merge}}}} - \left(n_1 \cdot \frac{l_1}{\sqrt{n_1}} + n_2 \cdot \frac{l_2}{\sqrt{n_2}} \right) \qquad (3.33)$$

光滑度差异由以下公式计算：

$$h_{\text{smooth}} = n_{\text{merge}} \cdot \frac{l_{\text{merge}}}{b_{\text{merge}}} - \left(n_1 \cdot \frac{l_1}{b_1} + n_2 \cdot \frac{l_2}{b_2} \right) \qquad (3.34)$$

其中，l 为对象实际周长；n 为对象像元个数；b 为对象的外接矩形的周长。紧致度、光滑度所占权值由用户设定调整。

此外，采用如下的合并后样本标准差快速计算方式避免重复访问图像：

$$\sigma_{\text{merge}} = \sqrt{((n_1 - 1)\sigma_1^2 + (n_2 - 1)\sigma_2^2) / (n_{\text{merge}} - 1) + n_1 n_2 (m_1 - m_2)^2 / (n_{\text{merge}})(n_{\text{merge}} - 1)} \qquad (3.35)$$

式中，m_1，m_2 分别为两斑块的均值。

常见的图斑合并方式有：①区域增长，即从一个节点开始，深度搜索其最佳邻居，直到满足终止条件，并将其从合并队列中删除；②全局（局部）最佳配对，即搜索到全局（局部）内的最小代价对，将其合并生成新节点并重建拓扑，参与剩余合并。通过实验发现，第一类合并方式如用合并代价函数，有时会造成合并的"过分贪婪"的现象，即越合并代价越小，合并过程有时无法有效终止，造成最后的分割结果不合理。第二类合并的优点是能够保证当前合并的总是全局最小合并代价，故而是一种能够保证总合并代价最小的方式；但其显著的缺点是每次合并之后可能需要反复重新计算新节点与相邻节点间的合并代价边以更新最近邻图（nearest neighbor graph, NNG），导致计算量大、效率相对较低。为此，HBC-SEG 设计了一种两两合并、可重复合并的节点合并策略。其特点是所有节点都有公平机会合并其他节点，尽可能保证节点均匀增长。例如，依据该算法图 3.22 中的六个节点有可能被合并到一个新节点。在 HBC-SEG 中，这种牺牲全局最小合并代价的合并方式没有降低分割的视觉效果，但显著提高了算法的运行效率。

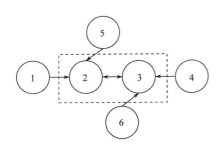

图 3.22　基元合并策略

HBC-SEG 用"尺度参数"控制合并过程。该参数起到两个作用：①两两图斑合并，不仅要合并代价最小，而且需要小于阈值，否则不进行合并；②当某次合并过程中所有图斑和其待合并邻居的合并代价均大于该尺度参数的平方，则整个合并过程结束，完成图像分割；否则，需要进行下一次迭代。HBC-SEG 的合并分为两个阶段：①边缘约束合并；②无约束合并。在第一合并阶段，将尺度参数设为一个极大值，因此第一阶段合并实际是基元在边缘约束下的极限增长。在理想边缘条件下（边缘代表了图斑的边界，且为封闭曲线），则无论图斑大小，通过第一步合并，亚基元将各自增长到完整图斑才终止。由于不能保证真实边缘均被完整提取，因此在第一合并阶段增加了一个硬边界比例阈值，即如相邻节点间的硬边界比例超出该阈值，即使合并代价小于阈值，也不能合并。这是为了保证在两个基元间的硬边界不完整的情况下，合并也能受边缘约束，防止跨边缘合并。第一步合并的缺点是可能造成部分细小图斑无法被合并。如图 3.21 中的 3 号图斑若只有 2 个像素，但由于其硬边界比例达 100%，受硬边界阈值限制，则它无法被任何其他图斑合并。HBC-SEG 的解决方法是再进行一次抛弃硬边界约束，并采用较小尺度参数约束的合并过程。由于第一次合并过程中图斑已尽可能增长，面积较大，因此它们和其他大图斑合并的代价也较大而一般不会再合并，所以第二阶段的合并起到一个合并相邻小图斑、去除大图斑内部小图斑的作用。以上两阶段合并的主要过程相同，区别仅在于是否具有硬边界约束。HBC-SEG 算法更为翔实的描述，可参见文献（Wang and Li，2014）。

3.4.3　实验与结果分析

选取了不同来源、不同分辨率、不同波段数的三组遥感影像进行了测试，并与 eCognition 的多精度分割方法进行了定性与定量的对比分析。采用的精度评价指标如下（Crevier, 2008; Carleer et al., 2005）：

$$l(i) = \arg\max_j \left| \frac{S_i^m \cap S_j^h}{S_i^m \cup S_j^h} \right| \tag{3.36}$$

$$p = \sum_{i=1}^{n_m} \frac{\left| S_i^m \cap S_{l(i)}^h \right|}{A} \tag{3.37}$$

$$r = \frac{1}{A} \sum_{i=1}^{n_m} \left| S_i^m \right| \frac{\left| S_i^m \cap S_{l(i)}^h \right|}{S_{l(i)}^h} \tag{3.38}$$

$$m_2 = \frac{1}{A} \sum_{i=1}^{n_m} \left| S_i^m \right| \frac{\left| S_i^m \cap S_{l(i)}^h \right|}{\left| S_i^m \cup S_{l(i)}^h \right|} \tag{3.39}$$

$$\text{Gen} = \frac{n_m}{n_{\text{ref}}} \tag{3.40}$$

式中，S_i^m 为分割图像的第 i 个分割段；S_j^m 为参考图的第 j 个对象；n_m 为分割数；A 为所有分割段的总区域；p 为参考图中的分割程度；Gen 为过分割或欠分割的程度；n_{ref} 为参考图中的对象数。考虑 OBIA 分割后的后续分析，相对于过分割来说，欠分割更需要避免。因此，在对比评价中，选取 p 作为主要的评价指标，r，m_2，Gen 作为辅助的评价指标。

1. 整体精度分析

为进行对比，分别采用 HBC-SEG 方法和 eCognition 的多精度分割方法进行了实验。设定 Canny 边缘提取的参数——高斯滤波标准差为 0.5，高阈值比例为 0.7，低阈值对高阈值的比例为 0.6，极大值 T_max 设置为 1000，分割尺度 Scale 分别取 10、20、30，光谱异质性参数 w 分别取 1.0、0.9、0.7、0.5，其他参数如紧致异质性 w_{cmpct} 则取 0.5，即 eCognition 的默认参数设置。另外，硬边界比例是 HBC-SEG 中非常重要的参数，它控制着边缘的保留程度。实验中设置硬边界比例 R 为 30%，即两个图斑的硬边界比例大于 30% 则不能合并。

我们选择了三个试验区进行了算法验证。首先通过目视解译获得参考分割结果，然后计算出这两种方法每个参数组合方案的分割精度，得到的评价结果见表 3.1 和表 3.2。在多尺度分割方法中，小尺度的分割会产生较少的错分割，而大尺度的分割则会产生很多的错分割。因为分割尺度对不同方法的影响方式是不同的，所以基于同一分割尺度的比较是不公平的。因此，如果平均分割段的大小相当，两种方法对比时就可能需要对不同的分割尺度进行对比。

对于试验区 1，当采用相同分割尺度时，两种方法所得到的分割图斑大小基本相当，并且 HBC-SEG 的 r、m_2 和 Gen 都比 eCognition 的要大，这说明在这一区域 HBC-SEG 的分割精度优于 eCognition。对于试验区 2，HBC-SEG 的 10 尺度和 eCognition 的 20 尺度基本相当，结论类似。对于试验区 3，当分割尺度相同时，HBC-SEG 的这些参数比 eCognition 稍小，但是 HBC-SEG 的平均分割图斑大小是 eCognition 的 2~3 倍。另外，若

表 3.1 HBC-SEG 的结果

输入		试验区															
		试验区 1 对象数量＝1537					试验区 2 对象数量＝1703					试验区 3 对象数量＝2274				
Scale	w	p	r	m_2	Gen	Aver size	p	r	m_2	Gen	Aver size	p	r	m_2	Gen	Aver size
10	1.0	0.889	0.340	0.314	3.141	62.644	0.853	0.462	0.427	1.199	100.010	0.886	0.439	0.403	1.152	240.285
	0.9	0.890	0.345	0.319	3.022	65.098	0.855	0.465	0.428	1.137	105.538	0.870	0.423	0.381	1.133	244.285
	0.7	0.888	0.350	0.323	2.648	74.295	0.851	0.474	0.435	0.999	120.048	0.880	0.358	0.326	1.104	250.685
	0.5	0.879	0.363	0.333	2.223	88.519	0.846	0.495	0.446	0.845	141.988	0.860	0.427	0.377	0.982	281.819
20	1.0	0.849	0.455	0.400	1.263	155.787	0.812	0.576	0.500	0.407	294.836	0.845	0.554	0.473	0.522	530.364
	0.9	0.857	0.492	0.434	1.187	165.689	0.814	0.572	0.493	0.385	311.465	0.821	0.531	0.425	0.522	530.364
	0.7	0.845	0.488	0.424	1.028	191.381	0.803	0.590	0.502	0.341	352.278	0.816	0.452	0.358	0.558	495.723
	0.5	0.821	0.516	0.435	0.874	224.319	0.806	0.618	0.524	0.272	440.347	0.790	0.538	0.419	0.481	576.181
30	1.0	0.809	0.550	0.458	0.749	262.712	0.771	0.657	0.536	0.211	567.558	0.829	0.610	0.514	0.330	840.080
	0.9	0.801	0.582	0.471	0.689	285.535	0.774	0.655	0.539	0.207	578.813	0.817	0.575	0.468	0.345	803.288
	0.7	0.783	0.593	0.470	0.595	330.834	0.772	0.687	0.559	0.181	663.380	0.800	0.520	0.404	0.325	853.105
	0.5	0.766	0.599	0.470	0.511	384.710	0.764	0.719	0.572	0.152	788.884	0.778	0.599	0.465	0.282	982.594

表 3.2　eCognition 的结果

输入		试验区														
		试验区 1 对象数量=1537					试验区 2 对象数量=1703					试验区 3 对象数量=2274				
Scale	w	p	r	m_2	Gen	Aver size	p	r	m_2	Gen	Aver size	p	r	m_2	Gen	Aver size
10	1.0	0.857	0.170	0.154	3.478	56.562	0.810	0.201	0.152	0.757	158.388	0.886	0.114	0.103	3.270	84.654
	0.9	0.865	0.167	0.153	3.439	57.204	0.813	0.197	0.150	0.837	143.283	0.886	0.100	0.091	3.360	82.404
	0.7	0.865	0.175	0.161	3.191	61.648	0.815	0.202	0.151	0.864	138.805	0.892	0.098	0.091	3.201	86.484
	0.5	0.861	0.189	0.172	2.797	68.739	0.794	0.204	0.144	0.846	141.791	0.883	0.103	0.094	2.882	96.072
20	1.0	0.777	0.343	0.278	1.200	163.982	0.749	0.379	0.253	0.246	487.640	0.848	0.240	0.200	1.008	274.783
	0.9	0.797	0.356	0.293	1.161	169.402	0.769	0.357	0.258	0.266	451.040	0.854	0.226	0.185	1.043	265.502
	0.7	0.806	0.384	0.317	1.066	184.492	0.778	0.395	0.277	0.262	457.094	0.868	0.263	0.223	0.997	277.555
	0.5	0.796	0.404	0.331	0.945	208.109	0.721	0.397	0.254	0.235	509.529	0.852	0.260	0.215	0.904	306.121
30	1.0	0.710	0.475	0.351	0.640	307.611	0.692	0.481	0.296	0.136	884.506	0.812	0.367	0.289	0.571	484.804
	0.9	0.729	0.489	0.361	0.631	311.734	0.731	0.475	0.314	0.143	840.827	0.835	0.333	0.265	0.594	466.316
	0.7	0.749	0.510	0.391	0.585	336.354	0.722	0.502	0.318	0.134	896.145	0.829	0.393	0.305	0.535	517.885
	0.5	0.740	0.555	0.410	0.520	377.978	0.687	0.539	0.313	0.113	1064.172	0.815	0.401	0.308	0.462	599.730

将 HBC-SEG 的 10（20）尺度的分割结果与 eCognition 的 20（30）尺度的分割结果进行对比，即相似分割图斑大小进行对比，HBC-SEG 的精度高于 eCognition。此外，若将 HBC-SEG 的 p 值固定，eCognition 的方法采用相同或稍微小一点的 p 值，则会发现在所有试验区里面 HBC-SEG 的 r 和 m_2 都比 eCognition 的要大。这一结果表明，当两种方法的欠分割错误相当时，HBC-SEG 的过分割错误更少。定量分析表明，HBC-SEG 的分割精度优于 eCognition。

2. 分割效果

三组实验的分割结果分别如图 3.23~图 3.25 所示。首先，如图 3.23 所示，采用 HBC-SEG 的多光谱边缘提取方法，该航空影像的主要边缘均被提取出来。但是，一方面边缘还是有断裂，另一方面，噪声效应明显，如在图像中的绿地、建筑物的屋顶等均出现大量的伪边缘。对比边缘提取结果和 10 尺度分割结果可知，HBC-SEG 方法自动清除了大量的伪边缘。这是由于一方面，在图斑内部的悬挂边缘被自动清除；另一方面，在基元合并的过程中，随着基元的不断增大，基元间的公共边长不断增加，而小于硬边界比例的硬边界逐步被清理，具有显著长度或形成封闭环的硬边界则被保留下来。此外，由于设置了硬边界阈值，断裂的硬边界能够自动用软边缘连接，形成封闭图斑。

从原理与步骤上讲，HBC-SEG 能显著抑制过分割。但在现实条件下，边缘提取算子得到的边缘未必能够和地块边界相对应，此外边缘概念是尺度依赖且具有模糊性的，小尺度下的边缘在大尺度下未必是有意义的边缘（如图 3.26 中的屋脊线）。因而该方法的过分割现象难以完全避免。但它相比 eCognition 的分割结果，过分割错误显著减少，这在所有实验结果中均体现得非常明显。此外，从放大图中可以看出，eCognition 的分割算法往往有一种在较大图斑边界处围绕一些细长图斑的过分割现象。而且，随着尺度增大，这些细长图斑有时会和其他地物合并，造成错分割，HBC-SEG 没有这样的过分割现象。此外，注意图 3.26 的放大图中两种方法的屋脊线、道路斑马线、草坪等地物的分割结果，可发现，eCognition 存在明显的基元边界偏移真实边缘的缺陷。不准确的边界定位其实是一种错分割，这将为后续 OBIA 带来负面影响，且较难以处理。而 HBC-SEG 中基元边缘定位比 eCognition 更为准确，这归功于将 Canny 算子所提供的准确单像素边缘嵌入了基元边界实现了对基元增长过程的有效约束。

(a) 航空影像原图(3波段，分辨率0.3 m)

(b) 多光谱边缘提取

(c) HBC-SEG 10尺度分割结果图

(d) HBC-SEG 20尺度分割结果图

(e) eCognition 10尺度分割结果图

(f) eCognition 20尺度分割结果图

图 3.23　试验区 1 分割结果图

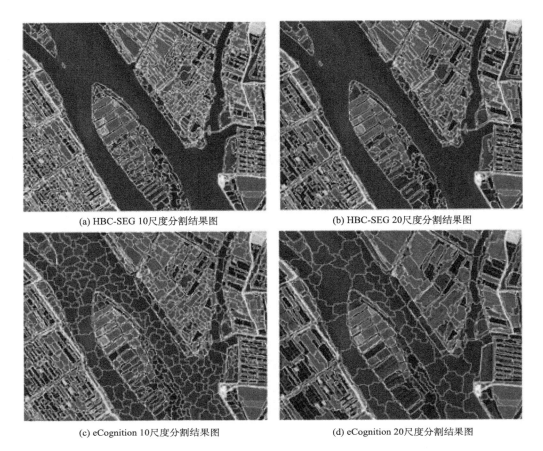

(a) HBC-SEG 10尺度分割结果图   (b) HBC-SEG 20尺度分割结果图

(c) eCognition 10尺度分割结果图   (d) eCognition 20尺度分割结果图

图 3.24　试验区 2 分割结果图

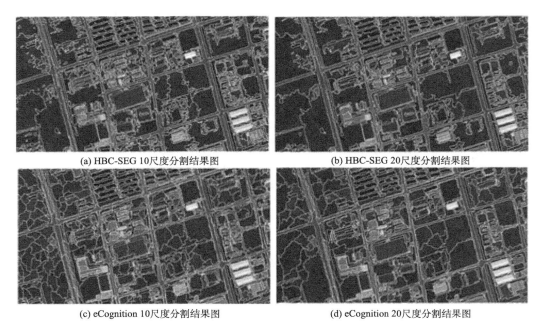

(a) HBC-SEG 10尺度分割结果图   (b) HBC-SEG 20尺度分割结果图

(c) eCognition 10尺度分割结果图   (d) eCognition 20尺度分割结果图

图 3.25　试验区 3 分割结果图

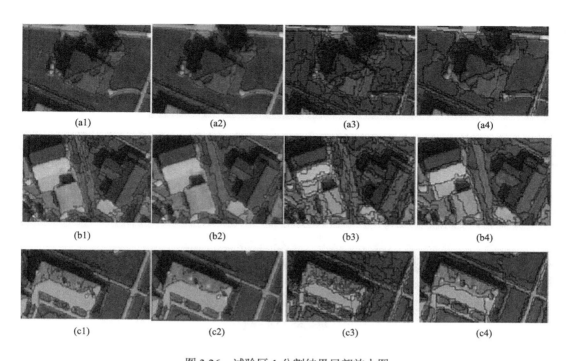

(a1)　　　　　　(a2)　　　　　　(a3)　　　　　　(a4)

(b1)　　　　　　(b2)　　　　　　(b3)　　　　　　(b4)

(c1)　　　　　　(c2)　　　　　　(c3)　　　　　　(c4)

图 3.26　试验区 1 分割结果局部放大图

编号 1 为 HBC-SEG 10 尺度；2 为 HBC-SEG 20 尺度；3 为 eCognition 10 尺度；4 为 eCognition 20 尺度

3. 尺度参数依赖性

eCognition 的尺度参数是全局唯一的，难以避免欠分割和过分割普遍共存的现象。在图 3.23（f）中，eCognition 的 20 尺度的建筑物等一方面部分出现了欠分割，另一方面尚有许多处于过分割状态。在图 3.23（c）、（d）中，当海域还属于明显过分割的时候，小尺度的堤坝实际已出现分割错误。再增加尺度，则海域基元进一步合并，但其他地物将出现明显的过度合并。由于加入了边缘约束，HBC-SEG 中斑块相互间最大程度地融合直到到达地块边界，其后，尺度再增长，斑块也不能再继续合并其他斑块，最终形成大小差异较大的基元分布格局。这将有助于在后续 OBIA 图像分析中利用空间关系，如"包含"关系，也有助于形状、纹理等特征的使用。在第一步边缘约束的增长中，基元大多已合并到位，第二步无约束增长的目的是去除和周边光谱差异较小的图斑。在实验中，使用的是 10~20 的尺度参数，均取得较好的小图斑去除效果，而且用小尺度参数做无约束融合对已充分增长的大图斑无影响或影响不大。因此，相比 eCognition，HBC-SEG 降低了对尺度参数的依赖性。

3.4.4　方法小结

HBC-SEG 特色在于用所谓硬边界约束亚基元的融合增长过程，并通过无约束增长进行分割结果的修正与完善。这使得该分割方法具有边缘精度高、过分割现象少，对尺度等参数依赖性小等优点。在分割质量上，HBC-SEG 可视为 eCognition 多精度分割方法的增强版本。但对于强纹理图像，一方面边缘提取会产生大量的虚假边缘，另一方面以光谱特征为主导的特征基元相似性计算对于纹理相似性响应不足。因此，HBC-SEG目前尚不适用于该类图像的分割，这还有待在今后研究中进一步改进和拓展。

3.5 本章小结

鉴于多尺度分割是实现遥感影像到图斑映射的典型方法之一，本章重点探讨了通过影像分割的多尺度分析来完成对对象形态边界的构建方法，并从不同角度考虑介绍分析了三种创新性的分割算法，以期实现图斑的精细化提取，用于后续的对象化遥感认知。需要说明的是，由于空间尺度问题及影像本身的复杂性，遥感影像的多尺度分割仍是一个值得进一步深入探索的难点问题。特别是，多尺度分割得到的斑块结果，通过一定的尺度转换处理和关联判断，可进一步建立多尺度特征基元的层次结构及其上下文关系，这将为后续的地块识别提供更为合理可靠的形态边界信息，但这一研究内容本书从算法层面暂不做深入探讨。

参 考 文 献

蔡学良, 崔远来. 2009. 基于异源多时相遥感数据提取灌区作物种植结构. 农业工程学报, 25(8): 124-130.

明冬萍, 周文, 汪闽. 2016. 基于谱空间统计特征的高分辨率影像分割尺度估计. 地球信息科学学报, 18(5): 622-631.

童庆禧, 张兵, 郑兰芬. 2006. 高光谱遥感——原理、技术与应用. 北京: 高等教育出版社.

夏列钢, 王卫红, 胡晓东, 等. 2012. 图像分类中基于核映射的光谱匹配度量方法. 测绘学报, 41(4): 591-596.

肖鹏峰, 冯学智. 2012. 高分辨率遥感图像分割与信息提取. 北京: 科学出版社.

张新乐, 张树文, 李颖, 等. 2009. 基于光谱角度匹配方法提取黑土边界. 光谱学与光谱分析, 29(4): 1056-1059.

Anders N S, Seijmonsbergen A C, Bouten W. 2011. Segmentation optimization and stratified object-based analysis for semi-automated geomorphological mapping. Remote Sensing of Environment, 115: 2976-2985.

Baatz M, Shäpe A. 2000. Multiresolution segmentation: An optimization approach for high quality multi-scale image segmentation. ISPRS Journal of Photogrammetry and Remote Sensing, 58(3-4): 12-23.

Benz U, Baatz M, Schreier G. 2001. Oscar-object oriented segmentation and classification of advanced radar allow automated information extraction. In Proceedings of the IEEE International Conference on Geoscience and Remote Sensing Symposium 2001 (IGARSS 2001), 4: 1913-1915.

Blaschke T, Hay G J. 2001. Object-oriented image analysis and scale-space: Theory and methods for modeling and evaluating multiscale landscape structures. International Archives of Photogrammetry and Remote Sensing (ISPRS Archives), 34(4): 22-29.

Blaschke T, Hay G J, Kelly M, et al. 2014. Geographic object-based image analysi——Towards a new paradigm. ISPRS Journal of Photogrammetry and Remote Sensing, 87 (100): 180-191.

Bouziani M, Kalifa G, He D C. 2010. Rule-based classification of a very high resolution image in an urban environment using multispectral segmentation guided by cartographic data. IEEE Transactions on

Geoscience and Remote Sensing, 48(8): 3198-3211.

Canny J F. 1986. A computational approach to edge detection. IEEE Transactionson Pattern Analysis and Machine Intelligence(PAMI), 8(6): 679-698.

Carleer P, Debeir O, Wolff E. 2005. Assessment of very high spatial resolution satellite image segmentations. Photogrammetric Engineering & Remote Sensing (PE&RS), 71(11): 1285-1294.

Chang C I. 2000. An information-theoretic approach to spectral variability, similarity, and discrimination for hyperspectral image analysis. IEEE Transactions on Information Theory, 46(5): 1927-1932.

Comaniciu D, Meer P. 2002. Mean shift: A robust approach toward feature space analysis. IEEE Transactions on Pattern Analysis and Machine Intelligence, 24(5): 603-619.

Comaniciu D, Ramesh V, Meer P. 2001. The variable bandwidth mean shift and data-driven scale selection. In Proceedings of 2001 IEEE International Conference on Computer Vision(ICCV 2001): 438-445.

Crevier D. 2008. Image segmentation algorithm development using ground truth image data sets. Computer Vision and Image Understanding, 112(2): 143-159.

Dey V, Zhang Y, Zhong M. 2010. A review on image segmentation techniques with remote sensing perspective. In Proceedings of the International Society for Photogrammetry and Remote Sensing (ISPRS10), 38: 5-7.

Drăguţ L, Tiede D, Levick S R. 2010. ESP: A tool to estimate scale parameter for multiresolution image segmentation of remotely sensed data. International Journal of Geographical Information Science, 24(6): 859-871.

Genton M G. 2002. Classes of kernels for machine learning: A statistics perspective. Journal of Machine Learning Research, 2(2): 299-312.

Gonzalez R C, Woods R E. 1992. Digital Image Processing. MA: Addison-Wesley.

Haris K, Efstratiadis S N, Maglaveras N, et al. 1998. Hybrid image segmentation using watersheds and fast region merging. IEEE Transactions on Image Processing, 7(12): 1684-1699.

Kermad C D, Chehdi K. 2002. Automatic image segmentation system through iterative edge–region co-operation. Image Vision Computation, 20(8): 541-555.

Li D, Zhang G, Wu Z, Yi L. 2010. An edge embedded marker-based watershed algorithm for high spatial resolution remote sensing image segmentation. IEEE Transactions on Image Processing, 19(10): 2781-2787.

Ming D P, Ci T Y, Cai H Y, et al. 2012. Semivariogram-based spatial bandwidth selection for remote sensing image segmentation with mean-shift algorithm. IEEE Geoscience and Remote Sensing Letters, 9(5): 813-817.

Ming D P, Li J, Wang J L, et al. 2015. Scale parameter selection by spatial statistics for GeOBIA: Using mean-shift based multi-scale segmentation as an example. ISPRS Journal of Photogrammetry and Remote Sensing, 106: 28-41.

Pal N R, Pal S K. 1993. A review on image segmentation techniques. Pattern Recognization, 26(9): 1274-1294.

Schiewe J. 2002. Segmentation of high-resolution remotely sensed data-concepts, applications and problems. International Archives of the Photogrammetry, Remote Sensing and Spatial Information Sciences, 34(4): 358-363.

Scholkopf B, Mika S, Burges C J C, et al. 1999. Input space versus feature space in kernel-based methods. IEEE Transactions on Neural Networks, 10(5): 1000-1017.

Shankar B. 2007. Novel classification and segmentation techniques with application to remotely sensed images. Transactions on Rough Sets VII: 295-380.

Smith G M, Morton R D. 2010. Real world objects in GEOBIA through the exploitation of existing digital cartography and image segmentation. Photogrammetric Engineering & Remote Sensing (PE&RS), 76(2): 163-171.

Thenkabail P S, GangadharaRao P, Biggs T, et al. 2007. Spectral matching techniques to determine historical land use/land cover (LULC) and irrigated areas using time-series AVHRR Pathfinder datasets in the Krishna river basin, India. Photogrammetric Engineering & Remote Sensing (PE&RS), 73(9): 1029-1040.

Tilton J C. 2005. Method for implementation of recursive hierarchical segmentation on parallel computers. U. S. Patent Office, Washington, DC, U. S. Pending Published Application, 09/839147.

Tong H, Maxwell T, Zhang Y, Dey V. 2012. A supervised and fuzzy-based approach to determine optimal multi-resolution image segmentation parameters. Photogrammetric Engineering & Remote Sensing (PE&RS), 78(10): 1029-1044.

Tzotsos A, Argialas D. 2006. MSEG: A generic region-based multi-scale image segmentation algorithm for remote sensing imagery. Proceedings of ASPRS 2006 Annual Conference, Reno, Nevada, May 1-5.

Van der Meer F. 2006. The effectiveness of spectral similarity measures for the analysis of hyperspectral imagery. International Journal of Applied Earth Observation and Geoinformation, 8(1): 3-17.

Van der Meer F, De J S, Bakker W. 2001. Imaging Spectrometry: Basic Principles and Prospective Applications, Chapter 2. Netherlands: Kluwer Academic Publishers.

Wang M, Li R. 2014. Segmentation of high spatial resolution remote sensing imagery based on hard-boundary constraint and two-stage merging. IEEE Transactions on Geoscience and Remote Sensing, 52(9): 5712-5725.

Wu Z, Yi L, Zhang G. 2009. Uncertainty analysis of object location in multi-source remote sensing imagery classification. International Journal of Remote Sensing, 30(20): 5473-5487.

Yi L, Zhang G, Wu Z. 2012. A scale-synthesis method for high spatial resolution remote sensing image segmentation. IEEE Transactions on Geoscience and Remote Sensing, 50(10): 4062-4070.

Zhang J, Zhu W, Wang L, et al. 2012. Evaluation of similarity measure methods for hyperspectral remote sensing data. In Proceedings of the IEEE International Conference on Geoscience and Remote Sensing Symposium(IGARSS 2012): 4138-4141.

第4章 自适应迭代的专题信息提取

遥感专题信息提取是在地学模型的基础上，建立遥感数据与专题目标的映射关系，从遥感影像中推导地物的理化或生化指标、识别目标及其空间分布的过程。遥感专题信息提取是开展遥感时空变化分析的核心环节，其对象主要可分为自然要素（如水体、植被）和人为要素（如不透水面、农田）两大类。基于遥感影像的专题制图方法一般有单波段法、多波段法、光谱指数法等。然而，这些方法大多建立在统一的模型基础之上，由于专题地物特征的区域差异性明显，即使同一地区的地物在不同时间也会呈现不同的特征，这些统一的模型应用于大范围专题地物提取在模型准确性和鲁棒性上存在一定的不足。因此，针对遥感影像多源、海量、不确定等特性，发展一套自动化的遥感专题信息提取方法显得尤为重要。

为了提高遥感专题信息提取的自动化水平，需重点研究以下几方面关键技术：一是如何融合遥感数据自身波谱特性和地物所呈现的空间关系，突破只利用单一要素进行分析的局限性；二是在提取过程中如何分层次地融入体现地物本身特征的形式化知识和与环境相关的辅助语义知识，以增强信息提取的精确程度和科学性；三是在计算过程中如何引入更多的自适应查错机制，构建迭代逼近的优化模型，来提高其对上下文环境的逐步适应能力；四是考虑到随着计算复杂度的增加和海量数据计算问题，还需要研究实现其高效能计算的相关技术。本章仍属于由谱聚图阶段的内容，主要从上述的第三点出发，通过谱的指数化提出自适应迭代的专题信息提取方法，实现自动、精确、高效的专题地块提取，应用于水体等自然要素地块的制图。

4.1 基于指数的自适应迭代方法

4.1.1 谱的指数化

指数知识模型具有计算简单，特征明显的特点，通过对遥感数据中最能反映地物特性的若干波段进行组合分析，能很好地增强该类地物在影像中的特征量，弱化其他信息，从而通过提取算法将其与背景分离。本节将基于光谱的指数分析方法分为两种类型来介绍：线性指数分析和非线性指数分析。

1. 植被指数

植被指数是最常用的线性指数之一，反映了植被状况的特征量，随植被生物量的增加而迅速增大。植物叶面在可见光红光波段有很强的吸收特性，在近红外波段有很强的反射特性，这是植被遥感监测的物理基础，通过这两个波段测值的不同组合可得到不同的植被指数。比值植被指数又称为绿度，为二通道反射率之比，能较好地反映植被覆盖度和生长状况的差异，特别适用于植被生长旺盛、具有高覆盖度的植被监测。归一化植被指数为两个通道反射率之差除以它们的和；在植被处于中、低覆盖度时，该指数随覆盖度的增加而迅速增大，当达到一定覆盖度后增长缓慢，所以适用于植被早、中期生长阶段的动态监测；蓝光、红光和近红外通道的组合可大大消除大气中气溶胶对植被指数的干扰，所组成的抗大气植被指数可大大提高植被长势监测和作物估产精度。以下介绍几种常用的植被指数。

1）比值植被指数（RVI）

RVI 的公式如下：

$$RVI = \frac{NIR}{RED} \tag{4.1}$$

式中，NIR 为近红外波段的反射率；RED 为红波段的反射率（下同）。

绿色健康植被覆盖地区的 RVI 值远大于 1，而无植被覆盖的地面（裸土、人工建筑、水体、植被枯死或严重虫害）的 RVI 值在 1 附近。植被的 RVI 值通常大于 2。当植被覆盖度较高时，RVI 对植被十分敏感；当植被覆盖度小于 50%时，这种敏感性显著降低。RVI 受大气条件影响，大气效应大大降低对植被检测的灵敏度，所以在计算前需要进行大气校正，或用反射率计算 RVI。RVI 是绿色植物的灵敏指示参数，与 LAI、叶干生物量（DM）、叶绿素含量相关性高，可用于检测和估算植物生物量。

2）归一化植被指数

归一化植被指数（normalized difference vegetation index，NDVI），又称标准化植被指数，由 Deering（1978）首先提出。NDVI 的原理是植被在近红外波段的反射率要远高于红光波段，同时背景地物如水体在近红外波段的反射率要低于红光波段。因此，可以利用近红外与红光波段反射率值进行归一化来增强植被与背景之间的差异。归一化的结果为

$$NDVI = \frac{NIR - RED}{NIR + RED} \tag{4.2}$$

NDVI 能够有效增强植被信息使其值明显大于其他地物如水体、道路、土壤等。与其他植被指数相比，NDVI 的优势在于：①适用性强，其利用的是大多数遥感影像都具备的红波段和近红外波段，这对研究长时间或基于多源数据的植被覆盖变化尤为重要；②由其构造的时序能较好地反映植被的生长状况；③能较有效消除大气的影响。

从物理机理上看，植被的叶片组织在不同波长的光能利用特性上表现出极大差异，在红光波段强烈吸收而在近红外波段强烈反射，这就为利用 NDVI 提取植被奠定了理论基础。此外由于 DN 值会因传感器不同、成像时间不同、成像条件不同而受到严重干扰，而经过定标后的反射率值要比 DN 值稳定。所以采用具备实际物理意义的大气顶层反射率来计算 NDVI，可以使得不同遥感数据、不同成像时间、不同地区下的植被像素的 NDVI 值分布在一个相对稳定的范围，这就为全局阈值选取带来了方便。

3）土壤调节植被指数（SAVI）

上述两种植被指数均受土壤背景的影响大。植被非完全覆盖时，土壤背景影响较大。叶冠背景因雨、雪、落叶、粗糙度、有机成分和土壤矿物质等因素影响使反射率呈现时空变化。当背景亮度增加时，NDVI 也系统性地增加。在中等程度的植被，如潮湿或次潮湿土地覆盖类型，NDVI 对背景的敏感最大。为了减少土壤和植被冠层背景的干扰，

土壤调节植被指数（SAVI）被提出（Huete, 1988），其公式如下：

$$SAVI = \frac{NIR - RED}{NIR + RED + L}(1 + L)$$ （4.3）

式中，L 为土壤调节参数，取值范围[0, 1]，$L=0$ 时，表示植被覆盖度为零；$L=1$ 时，表示土壤背景的影响为零，即植被覆盖度非常高，土壤背景的影响为零，这种情况只有在被树冠浓密的高大树木覆盖的地方才会出现。

2. 水体指数

水体具有独特的光谱特征，对 0.4~2.5 μm 波段的电磁波吸收明显高于绝大多数其他地物，所以反射率很低，即总辐射水平低。随着波长的增加，水体的反射从可见光到中红外波段逐渐减弱，在近红外和中红外波长范围内吸收最强，几乎无反射。因此可以利用波段间反射率的差异，以及水体与其他地物光谱反射率的不同来构建水体指数。目前对水体指数构建和应用的研究很多，以下列举几种。

1）归一化差异水体指数

受 NDVI 的启发，McFeeters（1996）提出了归一化差异水体指数（NDWI）即为其中之一。NDWI 取值范围为[-1, 1]，其中大于 0 的可以判断为水体。如前所述，用可见光波段和近红外波段的反差构成的 NDWI 可以突出影像中的水体信息。另外由于植被在近红外波段的反射率一般最强，因此采用绿光波段与近红外波段的比值可以最大程度地抑制植被的信息，从而达到突出水体信息的目的。几乎同时，Gao 亦命名了一个 NDWI（Gao, 1996），其计算公式如下：

$$NDWI_{Gao} = \frac{NIR - MIR}{NIR + MIR}$$ （4.4）

式中，MIR 为中红外波段。该指数主要利用了植物在近红外波段具有最高的反射率，而在中红外波段由于植物叶子水分的吸收作用导致反射率降低的特点。

2）改进的归一化差异水体指数

由于 NDWI 只考虑到了植被因素，却忽略了地表的另一类重要地物：土壤/建筑物。由于后者在绿光和近红外波段的波谱特征与水体几乎一致，即在绿光的反射率高于近红外波段，且有的还具有较大的反差，因此 NDWI 指数中的建筑物和土壤也呈正值，容易和水体混淆，形成噪声。显然，用 NDWI 来提取有较多建筑物背景的水体还难以达到满意的效果。从这点出发，徐涵秋提出了用中红外波段代替 NDWI 中近红外波段的改进型归一化差异水体指数（MNDWI）（徐涵秋, 2005a），其公式如下：

$$MNDWI = \frac{GREEN - MIR}{GREEN + MIR}$$ （4.5）

由于建筑物的反射率在中红外波段骤然转强，使指数减小；而水体在中红外波段的反射率依然十分低，因此替换后得出的指数值将会增大。这样一增一减，将使水体与建筑物的反差明显增强、大大降低了两者混淆的可能性。

3）混合水体指数

混合水体指数（CIWI）是从 MODIS 波段丰富的特点出发，通过分析水体的光谱和影像特征及各类水体指数的物理特性而提出的。其公式如下（公式中的波段下标表示

MODIS 的波段号）（莫伟华等，2007）：

$$CIWI = NDVI + NIR + C \qquad (4.6)$$

$$NDVI = \frac{CH_2 - CH_1}{CH_2 + CH_1} \times C \qquad (4.7)$$

$$NIR = \frac{CH_7}{CH_7} \times C \qquad (4.8)$$

式中，CH_i 为 MODIS 的 i 波段；C 为放大和平移常数，可取值为 100。CIWI 结合了归一化植被指数和 MODIS 中红外波段信息，较为有效地解决了应用 MODIS 资料进行水体遥感信息提取中裸土和城市等易混淆信息的分离问题。

3. 冰雪指数

针对 MODIS 已经有了较为成熟的雪和海冰产品，相应的冰雪提取算法也较为有效，这一算法在一定程度上亦能推广到其他 Landsat 等中高遥感数据产品中。对雪的检测基于归一化雪被指数（NDSI），以下为其公式：

$$NDSI = \frac{CH_4 - CH_6}{CH_4 + CH_6} \qquad (4.9)$$

式中，CH_i 为 MODIS 的 i 波段。一般地，用以下判别条件来识别陆地雪：

$$\begin{cases} NDSI > 0.4 \\ CH_2 > 0.11 \\ CH_4 > 0.1 \end{cases} \qquad (4.10)$$

而对海冰的探测主要是利用海冰和海水在可见光波段和近红外波段不同的波谱特性，可以用以下判别方法识别海冰：

$$\begin{cases} NDSI > 0.4 \\ CH_2 > 0.11 \\ CH_1 > 0.1 \end{cases} \qquad (4.11)$$

4. 不透水指数

除了以上几种常用的自然要素指数外，还有一种较为常见的与人工地物相关的指数，在此也一并作介绍，即城市不透水面指数。城市不透水面是指城市中由各种不透水建筑材料所覆盖的表面。目前利用遥感技术估算不透水面有许多方法，如基于 VIS（vegetation-impervious-surface-soil）模型（Ridd，1995）的一系列方法等。其中自动化程度较高的归一化差值不透水指数（NDISI）法和精度较高的混合光谱分解法较为适合本书的计算模型，前者在此介绍，后者将在非线性指数部分具体介绍。

各种不透水面建筑材料一般在热红外波段的辐射率很高，但在近红外波段的反射率却很低。根据这一共同特点，按照归一化指数的创建原理，利用二者的比值运算就可以增强这些不透水面的信息。但土壤、沙地和水体也具有类似的光谱特征，因此 NDISI 创建了复合波段比值法来构建指数，其计算公式如下：

$$NDISI = \frac{TIR-(MNDWI+NIR+MIRI)/3}{TIR+(MNDWI+NIR+MIRI)/3}$$ （4.12）

式中，TIR 和 MIRI 分别为影像的热红外和中红外波段；MNDWI 为前面所介绍的改进型归一化差异水体指数。将上式中的弱反射单元除以 3，是为了保证不透水面信息呈正值，而沙土、植被和水体信息普遍呈负值，从而可以扩大不透水面和沙土、植被、水体的反差，抑制这些背景地物的信息，增强不透水面信息。MNDWI 则是为了进一步扩大水体和不透水面的反差，消除不透水面信息中水的噪声。由于热红外波段的空间分辨率不高，虽然通过和其他较高分辨率波段进行的指数运算可在一定程度上起到融合的效果，提高其分辨率，但仍存在混合像元的问题，因此 NDISI 指数对于高分辨率的不透水面制图具有一定的局限性。

4.1.2　遥感图谱认知中的自适应计算

为了实现遥感专题信息提取的自动化、精确化、高效化，本章提出结合自适应计算技术来贯穿信息计算过程的解决方案。图谱认知是理论指导，信息计算是方法和技术体系，自适应计算则是实现手段，三者相结合，从理论到实践，在遥感图谱认知中形成系统化的专题信息提取体系。自适应计算的基本思路如下（图 4.1）：通过非线性指数模型计算获得初值，围绕图谱信息的耦合设计迭代计算模型，结合各种自适应机制，逐步融入不同层次的知识，并部署高性能计算技术，达到精确、高效的遥感专题信息自动提取的目的。在此基本思路下，它分为三个层次：第一是理论方法层面，每一种计算方法均以图谱认知为框架进行专题信息精确提取，形成"像元谱—地块图—结构图—功能谱"的基本提取路线；第二是自适应系统层面，所建立的遥感自适应计算系统应具备在可变

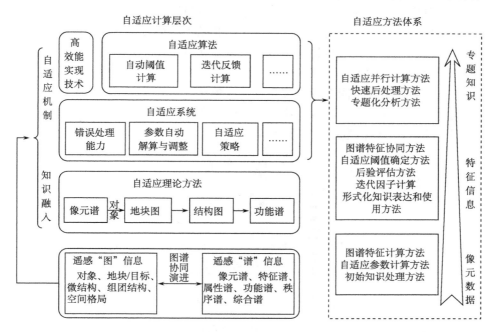

图 4.1　遥感图谱认知中的自适应计算

环境下的自我调整能力，能够进行参数的自动、可信解算，具有对错误的预/判/容/解机制；第三是自适应算法层面，通过图谱耦合迭代逼近的计算模式，逐步提取精确的地物边界或是确定光谱域的模糊阈值，并发展高效能实现技术，提高算法执行效率。在系统和算法层次，分别针对像元数据、特征信息、专题知识三种不同对象，研究不同的计算方法，建立自适应方法体系。其中针对像元数据的初步计算，主要研究的方法是图谱特征计算方法、自适应参数计算方法和初始知识处理方法等；对于特征信息，主要研究的方法是图谱特征协同方法、自适应阈值确定方法、后验评估方法、迭代因子计算、形式化知识表达和使用方法等；对于专题知识，则要研究快速后处理方法、专题化分析方法等高层次分析方法，以及对整体进行并行计算方法的研究和改造。

综合起来，自适应计算的基本特点是图谱协同、自适应机制和知识融入，具体来讲具备以下五个特征。

（1）具有对初始知识的输入机制，根据地物类型的输入自动地确定计算参数或者设定计算的初始值，作为计算过程中的模糊判断依据。

（2）具有对错误的自动适应能力和自我调整能力，根据原始输入和不断融入的知识来剔除错误，同时调整计算参数。

（3）在计算过程中能不断地自动融入逐步复杂的知识，从而指导更为精确化的计算过程。

（4）图谱协同贯穿迭代计算的始终，迭代中的单次运算和参数的调整等均以更适合的耦合图谱信息为目的。

（5）在知识、策略和规则的约束下，具有对计算结果的自我优化修正能力。

根据以上理论方法的阐述，面向自然要素提取的具体任务，本章提出遥感图谱认知中的自适应计算模型（图4.2）。该模型以自适应机制贯穿，建立"初始知识输入—迭代计算—专题结果"为基本主线的自动处理流程，并以"自适应预处理—图谱协同—后验评估—迭代更新"作为迭代计算的基本单元，以及计算过程中自适应参数调整、自适应阈值确定和自适应策略的运用，充分体现了遥感自适应计算体系的基本要素。通过专题提取计算模型，将光谱和空间上各自独立的像素单元聚合为具有实际地学意义（水体、植被或建筑物等）的地块，再将各专题进行空间组合，获得具有一定地块间耦合关系的空间结构图。图4.2对该模型中的各个环节进行说明。

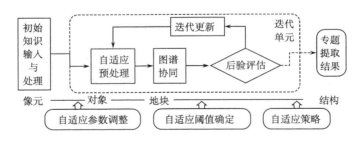

图4.2　面向专题信息提取的自适应计算模型

（1）初始知识输入与处理：初始知识是指能体现地物特征的光谱、纹理、结构、空间、属性等信息，输入该信息后，需要对其进行统计、增强和变换等运算，据此完成地物与背景的初步分离，获得地物区域。

（2）迭代单元：作为计算模型的主要部分，迭代单元从初步分离于背景的候选区域开始，经过自适应的预处理后进行图谱协同计算，将遥感图谱特征与提取算法结合，更精细地提取地块；接着由后验评估运算判断本次迭代结果的精度，并确定是否需要继续计算，若是，则需进行计算参数的调整，并将本次计算结果更新为下一次迭代计算可以接受的输入形式。

①自适应预处理：对本次迭代的处理区域进行统计，获得区域的整体特性，以此确定提取算法的计算参数。

②图谱协同计算：结合初步提取的地物区域中的遥感"图"、"谱"特征，通过自适应阈值分割算法或智能分类算法，逐区域地进行更精细的提取，获取更接近真实地物的结果。

③后验评估：根据初始输入、上一次迭代计算结果以及先验专题知识等因素，对本次迭代计算结果进行评估，并判断迭代是否终止。

④迭代更新：经过后验评估，若判断迭代继续，则需对本次迭代的计算结果进行筛选、抽取、更新等处理，使之适合作为下一次迭代计算的输入。

（3）专题提取结果生成：迭代计算结束后，要对提取结果作一些后处理，包括小斑块去除、矢量化、边界优化，以及与地物相关的特征和属性统计等，形成对象化的专题层。

（4）自适应参数调整：根据上下文环境自动地为每一次迭代计算确定参数。

（5）自适应阈值确定：在目标地物与背景分离的过程中，首先根据先验知识、模糊指标等自动地确定分割阈值，再利用模糊计算、分类统计等算法进一步将地物从背景中提取出来。

（6）自适应策略：迭代计算体现了对专题信息逐步逼近的求解过程，对于每一种自然要素需要设计符合其特点和机理的计算策略。

（7）"像元—地块—结构"的转换：以上计算流程和计算机制的目的是将遥感影像中以像素为单位的地物精确地提取出来，组成空间上聚合的地块及其组团，形成具有空间结构关联的专题层。

以上是本章提出的面向自然专题要素提取的计算模型，由于自然要素十分复杂，空间分布、内在特性各异，因此对于每一种自然要素都需要有更加具体的知识、机理和技术与之对应，形成更加细化的提取方法。

4.2 "全域–局部"分步迭代的水体专题信息提取

4.2.1 水体专题信息提取方法

在陆地表层系统的各类自然和人文要素中，水体是主要自然要素之一，具体表现为湖泊、河流、湿地等形态。利用遥感技术手段进行水体自动提取，在水环境的定量探测、水资源调查、洪水监测、水利规划评估等领域都具有重要的意义。特别是随着对地观测技术的发展，遥感数据的种类和数量空前丰富，人们对于实时、准确的遥感信息产品的需求日益迫切，这就对自动、精确的水体提取方法提出了更高的要求。由于水体和陆地对太阳辐射的反射、吸收和透射特性的不同，在遥感影像上的差异也比较明显，水陆界线相对比较清楚，因此对于水体遥感提取的研究开展较早，其应用水平也比较深入（Borton, 1989; 陆家驹和李士鸿, 1992; 乔程等, 2010）。针对水体在多光谱遥感数据上的波谱特性，许多学者提出并发展了多种水体指数，如 4.1 节介绍的归一化差异水体指数 McFeeters, 1996；Gao，1996）及其改进的指数（徐涵秋, 2005a）等，通过这些指数的计算，能较为容易地将水体与背景分离；对水体信息提取的研究大多建立在统一的模型基础上，是通过对全域影像的一体化计算，获得整体上的水体信息与背景的分离（杜云艳和周成虎, 1998; Liu and Jezek, 2004）。

    然而在实际应用中，同一幅影像上的不同水体单元，其物理化学特征各异，且其周围环境影响也各不相同，造成其成像特征并不一定能保持均衡，若采用全域的提取模型来提取所有水体单元，则很可能会造成偏差。考虑到这个问题，基于 NDWI 指数，针对多光谱遥感影像（应包含计算 NDWI 所需的近红外波段和绿波段），以自适应计算模型为架构，设计"全域—局部"分步迭代的水体提取流程，主要包括指数计算、全局分割、局部缓冲区域生成、局部分割、分步迭代计算及专题生成等，具体路线如下（图 4.3）。

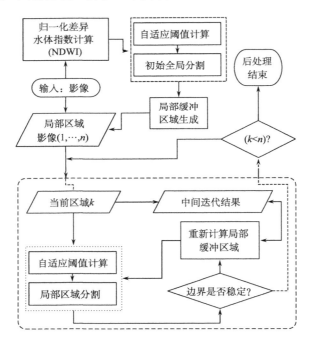

图 4.3 "全域-局部"分步迭代的水体专题信息提取方法流程图

1）指数计算

逐像素计算影像的归一化差异水体指数（NDWI），并拉伸至[0, 255]的整型区间，生成指数图层。依据水体所表现的光谱特性，计算得到的指数图层中，数值越小的像元越接近于水体，据此作为提取的初始知识输入。

2）全局分割

统计指数图层的全局直方图，先依据水体指数经验值（105 左右区间）确定分割阈值选取范围，然后依据直方图分割"最大梯度"的原则自适应地确定分割阈值，据此对整幅影像进行全局地分割。一般来说水体内部性质稳定，且与其他地物差异明显，加之先验的分割区间确定，采用传统的直方图分割即可相对准确地确定分割阈值，以此取得水体与背景的初步分离，形成二值图。从像元影像到全局二值图体现了由谱聚图过程。

3）局部缓冲区域生成

搜索"水体-背景"二值图中每个连通的水体单元，生成与之对应的缓冲区域，并裁切生成局部区域影像 $(1,\cdots,n)$，对每个局部区域影像执行迭代的二值分割计算过程。

4）局部分割

迭代计算的每一次计算都是对局部影像的自适应分割过程，分割的原理与步骤 2）所述相同，而在分割前，需要统计当前局部影像的直方图，以此计算新的分割阈值。

5）分步迭代计算

由于缓冲区中其他相似地物的影响，特别是水陆交接地带的区分比较不易，因此对于局部影像的单次分割还不能较好地提取准确的水体边界，需进行迭代计算，其中后验评估是比较关键的一步。这里采用与上一次提取结果作比较的方式，变化量小于一定的阈值（该阈值可以取绝对值，如 5 个像素；也可以取相对值，如上一次所提取水体像素个数的 0.5%等），则迭代结束，否则按照本次提取结果重新生成缓冲区域，进行下一次的局部分割，并以本次结果更新中间迭代结果。第一次迭代计算的"中间迭代结果"为全局分割结果的局部区域。用这种计算方法对 $(1,\cdots,n)$ 的每个影像区域进行局部提取计算。从全局到局部的二值分割及其分步迭代体现了图谱协同过程。

6）专题生成

迭代计算完成后，将各局部提取结果合并为单个图层，对其进行小斑块去除（可选）、矢量化、特征计算、对象生成等后处理后，形成水体专题。

本节选取北京市密云水库及周边地区作为实验区，采用 1999 年 7 月 1 日拍摄的 TM5 影像数据，图 4.4 为水体提取的效果图。其中，图 4.4（a）为影像原图（432 波段伪彩色合成）；图 4.4（b）为归一化水体指数计算结果（按照 DN 值由低到高的"蓝-黄-红"颜色对照表显示）；图 4.4（c）是对水体指数层进行全局分割的结果（蓝色为水体专题，绿色为背景）；图 4.4（d）为对全局分割结果专题层的每个独立水体单元建立缓冲区；图 4.4（e）为在每个缓冲区内进行迭代分割的计算结果；图 4.4（f）为经过后处理和矢量边界提取的水体专题图层，也是最后的提取结果。

在这个提取过程中，全局分割能够寻找出绝大部分潜在的水体地块单元；而局部的迭代计算相对准确地提取出了水体地块的边界，实现了较为有效的自动水体提取。

4.2.2 湖泊专题信息提取方法

湖泊作为一种独特的地理单元，是在陆地洼地形成的比较宽广的水域，大多分布在较为平坦的区域，湖面可认为是一个等高的水平面。在遥感影像上湖泊主要有以下特征：①湖泊单元内的像元具有光谱相似性，聚集成斑块状；②不同理化条件下的湖泊（如盐度、悬浮物、冰冻、植被）具有较大的光谱相异性；③湖泊与地表背景之间反差明显，

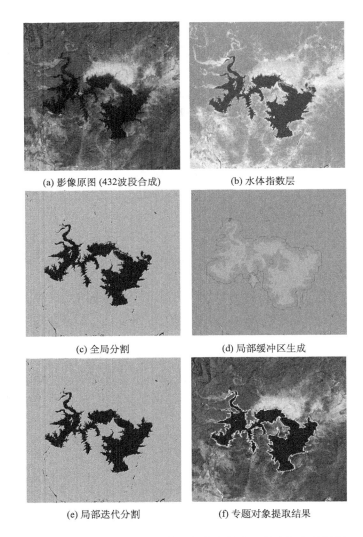

(a) 影像原图 (432波段合成)　　　　(b) 水体指数层

(c) 全局分割　　　　(d) 局部缓冲区生成

(e) 局部迭代分割　　　　(f) 专题对象提取结果

图 4.4　"全域-局部"分步迭代的水体专题信息提取效果图

边界清晰。从遥感专题信息提取的角度而言，阈值分割是利用这些特性实现湖泊快速制图的有效方法。下面将从阈值选择、阴影去除等方面探讨湖泊信息的自动化提取。

　　1. 阈值的选择

　　本节采用 McFeeters（1996）定义的归一化水体指数 NDWI，原因是该指数：①能对冰雪信息进行有效地区分；②能适用于大多数遥感数据，现有地球资源卫星都有绿波段和近红外波段，这对研究长时间序列湖泊变化尤为重要。

　　从现有的文献上看，很多学者主要是从水体提取的有效性上分析 NDWI，而没有对计算水体指数的波段值进行明确地界定，大多采用 DN 值计算 NDWI，并未深究 NDWI 数值所代表的物理意义。这里 NDWI 的计算采用波段的大气顶层反射率（top-of-atmosphere reflectance），而非 DN 值或辐射值。不同波段的辐射定标系数，以及太阳辐照度系数的不同，这使得不同卫星遥感数据由波段 DN 值计算得到的 NDWI 不具有可比性；而同一传感器波段的辐射定标参数也会受增益的影响（如 Landsat ETM+）或随着时间而变化（如超期服役的 SPOT、Landsat TM），即使在相同的大气条件下，同一地区不同时间的 NDWI 也会有较大的差别，这会影响遥感影像水体分割阈值选取的稳定性。而采用具有物理意义的大气顶层反射率计算 NDWI 则不受这些因素的影响，不同卫星数据、不同地区、不同时间的水体像元，其 NDWI 始终分布在稳定的范围内，这就为影像全域阈值的自动选取提供一种有效的途径。

为了分析如何在全域影像上进行 NDWI 阈值分割，本节选取了全球范围内 100 个代表不同形态不同类型的湖泊进行直方图统计和阈值分割，并取湖泊和与其面积相等的周围背景像元绘制频率直方图，统计背景像元与湖泊像元的均值和方差。表 4.1 为具有代表性的 15 个湖泊的 NDWI 统计结果（李均力和盛永伟，2011）。图 4.5 为青藏高原地区典型湖泊及其 NDWI 分布直方图。试验分析结果表明：①湖泊与陆地背景像元之间的反差明显，在频率直方图上呈双峰分布（图 4.5），并且陆地像元峰与湖泊像元峰分开明显，类内方差小，类间距离大，这就表明使用阈值法能实现 NDWI 中湖泊与背景信息有效的分离；②陆地像元峰值主要在–0.2 及以下，水体像元峰在 0.2 以上，水体像元的 NDWI 主要分布在[–0.1~1.0]之间。风成湖、有稀疏浮游植被的湖泊以及水体混浊的湖泊，其水体像元的 NDWI 明显偏小，但湖泊与背景像元依然可分；③不同湖泊的最佳分割阈值不

表 4.1　15 个典型湖泊的 NDWI 统计结果

源数据	纬度/ (°)	经度/ (°)	湖泊状态	位置	陆地像元均值	陆地像元方差	湖泊像元均值	湖泊像元方差	最佳分割阈值
p018r019_20010604	59.08	–72.73	冰冻湖	加拿大	–0.354	0.076	0.232	0.083	–0.02
p032r031_20020727	41.71	–102.4	风成湖	内华达州	–0.301	0.092	–0.098	0.025	–0.182
p077r017_20010601	61.08	–161.6	冰湖	阿拉斯加	–0.357	0.127	0.354	0.096	0.029
p110r078_20000505	–25.74	120.9	盐湖	澳大利亚	–0.341	0.093	0.461	0.124	0.012
p119r038_20020713	31.58	119.81	湿地湖泊	太湖	–0.293	0.078	0.188	0.144	–0.142
p139r036_20011111	35.06	90.52	半冰冻湖	青藏高原	–0.199	0.053	0.56	0.131	0.065
p140r036_20001030	35.01	88.05	混浊湖泊	青藏高原	–0.181	0.042	0.099	0.099	–0.067
p140r038_20011017	31.92	88.69	盐湖	青藏高原	–0.191	0.041	0.062	0.064	–0.083
p140r040_20001030	28.37	86.31	冰湖	青藏高原	–0.171	0.051	0.682	0.18	0.108
p142r036_20011116	34.39	85.77	冰冻湖	青藏高原	–0.178	0.051	0.313	0.091	0.039
p144r038_20011013	31.98	82.16	咸水湖	青藏高原	–0.152	0.049	0.375	0.097	0.061
p165r011_19990808	69.53	70.74	冰湖	西西伯利亚	–0.453	0.101	0.461	0.067	0.169
p174r066_20000622	–8.92	25.96	湿地湖泊	刚果	–0.402	0.116	0.294	0.081	0.007
p193r020_19990711	57.72	16.31	冰湖	斯堪的纳维亚	–0.492	0.141	0.284	0.123	–0.097
p233r087_19991210	–39.25	–72.09	淡水湖	安第斯高原	–0.588	0.098	0.353	0.082	0.047

注：纬度为正表示北纬，为负表示南纬；经度为正表示东经，为负表示西经。

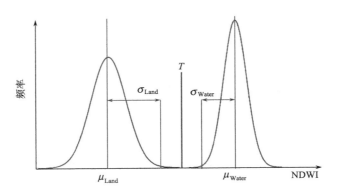

图 4.5　双峰分布直方图阈值的选择

尽相同，无法采用单一的阈值实现全域图像水体的精准分割。从表 4.1 和图 4.5 的频率直方图可以看出，湖泊的分割阈值主要分布在[-0.1~0.1]之间，大体上可以作为湖泊分割阈值的选择范围。

2. 基于 NDWI 的水体自动阈值选择

从上节 NDWI 的物理属性可以看出，湖泊与周围背景像元反差明显，并呈双峰分布。为此，我们对 NDWI 在水体分布范围内的其他特征单元（如融化的冰川、湿润的裸土、云阴影等）进行直方图分析，这些非水体像元与周围背景大多呈单峰分布或无明显峰值。由此，可建立一个湖泊阈值分割的假设条件与评判准则：水体像元与周围背景像元组成的直方图呈双峰分布，而非水体像元则呈单峰分布。在湖泊周围地物背景复杂的情况下，也可能呈多峰分布，但阈值可以在背景与水体分界的那两个峰选择。

根据上述阈值分割的思想，在 4.2.1 节的"全域-局部"分步迭代的水体提取算法（骆剑承等，2009）思想基础上，建立"全域-局部"湖泊水体自动阈值分割的方法：先根据 NDWI 的物理特性选定阈值（[-0.1,0.1]）对影像进行全域分割，获取初步的湖泊信息，然后以每个湖泊为局部分割单元，在湖泊和缓冲区组成的局部范围内，利用双峰分布准则和迭代法获取湖泊精细分割的阈值。具体步骤如下。

1）全域阈值 T_0 的选择

根据 NDWI 的物理属性，选择较小的初始阈值 T_0'（这里取-0.1）对 NDWI 图像进行初始分割，得到初步的湖泊信息，并对所有湖泊分别建立与其面积相同的缓冲区，使得参与阈值分割湖泊像元与背景像元比例大致为 1∶1；然后对缓冲区内的像元按照双峰分布准则确定全域阈值 T_0。而双峰分布的图像单元可以按照图 4.5 进行图像分割，公式如下：

$$T = \frac{\mu_{\text{Water}} \times \sigma_{\text{Land}} + \mu_{\text{Land}} \times \sigma_{\text{Water}}}{\mu_{\text{Water}} + \mu_{\text{Land}}} \tag{4.13}$$

式中，μ_{Water}、μ_{Land} 分别为水体与陆地像元的均值；σ_{Water}、σ_{Land} 分别为其方差；T 为分割阈值。

2）局部阈值的迭代计算

全域阈值分割只是确定 NDWI 图像中湖泊像元可能分布的范围，湖泊的边界不一定正确，而且全域阈值通常较小，也会有不少 NDWI 值较大的非水体像元被误判为水体。

局部阈值分割的主要步骤为：①从全域分割结果中选取一个湖泊单元，设湖泊的像元数为 N_0；②按照湖泊的边界进行缓冲区扩展，直至背景像元数与湖泊像元数大致相同；③对缓冲区区域内的像元进行直方图统计，若直方图为单峰分布，则该单元不是湖泊，转向下一个湖泊；如果符合湖泊分割的双峰分布准则，则按式（4.13）进行阈值分割，得到新的阈值 T，得到新的湖泊单元，其像元数为 N；④如果 $|N - N_0| < N_T$，则表示湖泊边界稳定，保存结果，返回①；否则设置 $T_0 = T$、$N_0 = N$，返回②；局部阈值迭代的计算过程既能实现湖泊最佳分割阈值的自动选取，也能够剔除全域分割中误判为湖泊的陆地像元。

3. 山体阴影的剔除

山体阴影与湖泊水体的光谱特征类似，其 NDWI 的域段范围也大致相同，很难在光谱上有效地区分。青藏高原地区的冰湖主要分布在喜马拉雅山、冈底斯山、念青唐古拉山这些地势陡峭的高山山脉，遥感图像中山体阴影密集，其数量远大于冰湖的数目，并在空间上与冰湖交错分布，若手工编辑工作量比较大（图 4.6）。

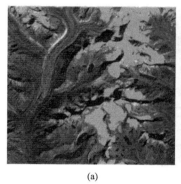 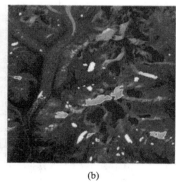 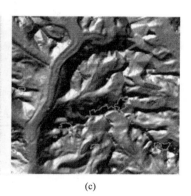

| (a) | (b) | (c) |

图 4.6　山体阴影的剔除

由于大多数湖泊分布在相对低洼、缓平的地区，湖泊单元内地形平缓，坡度几近为 0，可近似地看作是等高的水平面；而山体阴影都依附在巨大山体的山脊线的阴面，地形起伏大，地形晕渲（shaded relief）值大多为 0。因此可利用坡度和地形晕渲信息区分湖泊像元与水体像元。具体方法如下：①利用 DEM 生成坡度图，确定湖泊大体可能的分布范围；并结合遥感数据成像时的太阳高度角、方位角生成地形晕渲图，确定山体阴影的分布范围；②全域分割之前，把山体阴影像元的 NDWI 值设为空值，不再参与以后的阈值分割；③全域分割之后，利用坡度得到的湖泊可能分布的范围，剔除全域分割结果中不在湖泊可能分布范围之外的像元；④局域分割之后，对分割结果的每个湖泊地块单元内坡度均值和晕渲值均值进行统计，剔除坡度均值在湖泊分布范围之外的湖泊单元和晕渲值在山体阴影分布范围之内的湖泊地块单元。图 4.6 为山体阴影剔除的试验过程，图 4.6（b）通过 NDWI 阈值分割方法找出 NDWI 在水体分布范围内的所有像元，图 4.6（c）为叠加坡度图和地形晕渲图分离山体阴影与湖泊像元。试验表明，该方法不仅能够有效地分离湖泊和山体阴影，而且能够处理山体阴影与湖泊相连的情况，提取出阴影之外的湖泊。

4. 完整的湖泊信息自动化提取方案

综合上述技术要点，可实现复杂条件下的湖泊专题信息自动化提取。如图 4.7 所示，主要包括数据准备、全域阈值分割、局部阈值分割、后处理四个部分。

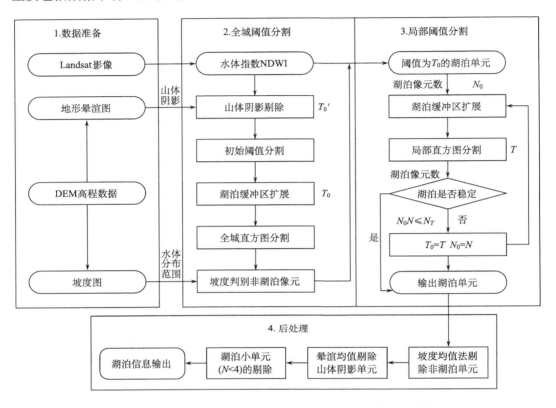

图 4.7 "全域-局部"自适应迭代的湖泊专题信息提取方法流程

1）数据预处理

获取 Landsat 遥感数据的辐射校正系数、成像时太阳角度和与遥感数据覆盖范围相同的高程数据。由 Landsat 数据生成大气顶层反射率，并计算水体指数 NDWI；由 DEM 生成地形坡度图，并结合遥感成像时的太阳角度生成地形晕渲图。从地形晕渲图中获取山体阴影；从坡度图中获取水体可能分布的范围。

2）全域阈值分割

首先把 NDWI 图中山体阴影像元值设为空，山体阴影像元在整个信息提取过程中不参与运算。然后利用初始值（这里取–0.05）进行初始分割，有初始结果的湖泊信息进行缓冲区扩充，并对缓冲区进行直方图统计，分析遥感影像全图中水体 NDWI 的最大取值范围，得到全域分割阈值 T_0。最后根据梯度图生成的水体可能分布范围与全域湖泊分割结果比较，剔除分割结果中可能范围之外的湖泊像元。在试验中发现 T_0 通常会较小，不少像元会误判为水体，需要在局部分割中剔除它们。

· 106 ·

3）局部阈值分割

对全域阈值分割的湖泊栅格信息进行标号，分别对每个湖泊单元进行局域分割处理，并按照双峰分布准则判断是否为湖泊像元，如果是则进行局部迭代运算，获取该湖泊的精确阈值，否则剔除该湖泊，处理下一个湖泊。局部阈值分割过程不仅可以确定每个湖泊的精确边界，而且也能检验全域分割的结果，剔除被误判的非湖泊单元。

4）后处理

由于 DEM 数据精度的问题，地形渲染图和坡度图不能剔除所有的山体阴影，局部分割过程完成后仍需单独对每个湖泊单元进行检验。湖泊单元是一个水平面，其坡度值会很小，而山体阴影晕渲值很大，这里通过计算湖泊单元内的像元坡度均值和晕渲图均值来剔除剩余的山体阴影单元。

5. 试验及结果分析

为了验证所提出的算法的有效性，本节使用喜马拉雅山地区定日县 ETM+数据进行（冰）湖泊信息提取试验，如图 4.8 所示。其中，Landsat 数据获取日期为 2000 年 10 月 30 日，轨道号 Path 140，Row 40，图 4.8 中截取的部分数据地处萨迦玛达国家公园，绒布冰川与孔布冰川周围分布着数量众多的冰湖。

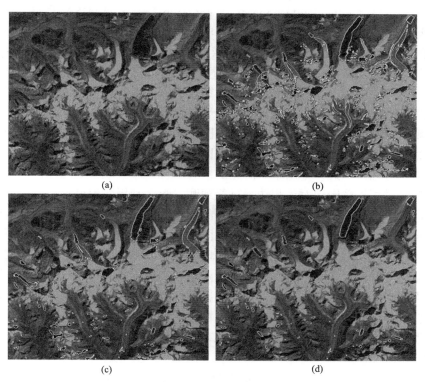

图 4.8　遥感（冰）湖泊信息提取试验结果

试验采用了 NDWI 全域阈值分割方法、"全域-局部"分步迭代方法和本节提出的湖泊信息提取方法进行冰川湖泊的信息提取。三种不同的冰湖提取方法结果表明，高山冰川地区的湖泊信息提取容易受到冰川、山体阴影的影响。从图 4.8（b）可以看出，全域阈值分割无法区分融化的冰川和山体阴影的影响，造成了冰川、阴影与湖泊相连的情形；图 4.8（c）剔除了部分冰川像元的干扰，但改进的算法在消除冰川像元的影响时又误删了部分湖泊，而山体阴影和融化的冰川由于与湖泊光谱的相似性，与湖泊像元发生混淆；本章提出的方法能够有效消除这两类地物的影响，特别是阴影与湖泊相连的情况，依然能够对两者进行有效地区分。

从算法的执行效率来看，上述自动化冰湖提取方法有效地提高了高山冰湖制图的效率。以试验所采用的定日县 Landsat ETM+数据为例，对于单景 Landsat 数据，半分钟之内就能完成湖泊的信息提取，而由于消除了大量阴影与冰川像元对信息提取的影响，编辑后处理的时间远远低于全域阈值分割与"全域-局部"分步迭代方法。由于喜马拉雅山山区巨大的地形起伏造成很多山体阴影区，其数目远大于冰川湖泊的数量，并且不少阴影单元与湖泊相连。本章提出的方法能够大大地减少手工编辑的时间，提高冰湖信息提取的效率，为大范围、高效率地湖泊信息提取提供了可能。

4.2.3 冰川专题信息提取方法

由于容易受到积雪及山体阴影的影响，在利用遥感技术提取冰川的过程中，遥感数据的时相选择、观测角度等会对冰川提取的准确度和精度造成较大影响。2002 年全球陆地冰空间监测计划（global land ice measurements from space, GLIMS）发布了由遥感技术提取的全球陆地冰川编目数据，然而用于提取新疆山区冰川的遥感数据在时间跨度上长达 30 多年，冰川边界的精度和时效性存在较大问题。目前，遥感冰川信息提取方法主要有分类法和阈值分割法。分类法适用于较小局部区域精细分类，效果较好，但算法复杂，难以推广；阈值分割法主要采用基于雪盖指数或比值图像的单一阈值提取，然而针对大区域的冰川制图，简单的阈值分割无法适用于高山冰川区域复杂多样的局部环境。

新疆地区冰川分布在地形陡峭的高山地区，受太阳入射角度的影响，部分冰川往往被山体阴影遮挡。另外由于积雪与冰川很难区分，而高山区域终年降雪，很难获取无积雪覆盖的遥感影像。因此，采用单一时相的遥感影像很难获取精确的冰川边界。采用一定时段内的多时相遥感影像对冰川边界进行观测，综合利用多角度信息以减少地形对冰川的影响，可获取某个时段内冰川的最佳边界信息。为此，这里采用一定时段内的 Landsat 多时相遥感影像提取山区冰川，通过不同太阳入射角度下的冰雪信息叠加分析，消除山体阴影和积雪对冰川信息的干扰，以获得较精确的冰川边界信息。

采用某个时段内的多期遥感数据联合确定冰川的边界，其主要思想是合理利用不同时相遥感影像成像时的不同太阳入射角度来减小山体阴影对冰川遮挡的影响，而多期遥感数据联合观测可以获取冰川上的最小积雪覆盖面积。基于以下两个假设条件。

（1）利用多时相遥感数据的多角度信息可以最大程度地减小甚至消除阴影对冰川提取的影响。

（2）采用一定时段内（2 年内）的多时相 Landsat 影像提取冰川边界时，可认为这个时间段内的冰川边界不变。

这样就可以用多时期遥感提取的冰川边界进行叠置分析，从而逼近冰川的真实边界。本章提出的多角度遥感冰川专题信息提取技术路线如图 4.9 所示，包括山体阴影提取、冰雪信息提取、多角度阴影剔除和多时相冰川边界叠置分析。

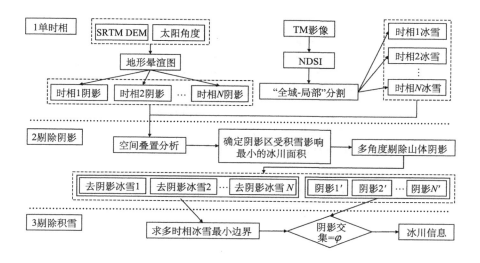

图 4.9　多角度冰川专题信息提取流程图

1. 山体阴影的提取

本节基于高程数据和遥感成像的太阳入射角度，利用朗伯特余弦定律建立山体阴影提取的物理模型，通过计算数字高程模型（digital elevation model, DEM）中的坡面法线，结合太阳角度得到朗伯特余弦定律的入射角，最终计算出山体阴影图像。本节在地形建模工具中输入 DEM 数据和对应时相的太阳角度参数，生成地形晕渲图像，通过分析得到山体阴影。

如图 4.10 所示，以天山西段托木尔峰东北部的几条冰川为例，通过 DEM（图 4.10（b））和 2011 年 09 月 13 日 Landsat TM 影像（图 4.10（a））对应的太阳角度求得该区域的地形晕渲图，提取出山体阴影（图 4.10（d）），所用 Landsat TM 影像成像时太阳方位角 147.22°，高度角 47.56°成像日期为 2011 年 9 月 13 日。图 4.10（c）是单纯利用光谱信息提取阴影区域叠加在 Landsat TM 影像上显示，可以看出，由高程数据结合卫星成像时的太阳提取的山体阴影效果较光谱信息提取的阴影好。与单纯利用遥感影像的光谱信息提取阴影相比，利用太阳角度结合 DEM 提取山体阴影能够减少因"同物异谱"或"异物同谱"造成的错分现象。

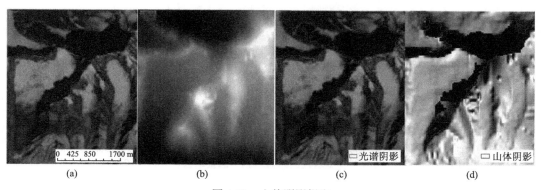

图 4.10　山体阴影提取

2. "全域-局部"分步迭代的冰雪专题信息提取

本节采用"全域-局部"分步迭代的阈值提取方法提取遥感图像上的冰雪信息，先用单一阈值对整景遥感图像进行全域阈值分割，获取初步的目标与背景信息，然后针对每个目标单元，采用分步迭代的方法对缓冲区内的目标进行精细分割。以图 4.11 为例，"全域-局部"分步迭代法提取冰雪专题信息的技术流程如下。

（1）归一化雪覆盖指数 NDSI 的提取：冰雪在短波红外波段有强吸收特性，在绿波段有强的反射特性，能很好地区分冰雪与背景信息。

（2）全域阈值分割：采用初始阈值 T_0 对 NDSI 图像进行单阈值分割，获取初步的冰雪单元。已有研究表明，当 NDSI>0.4 时，能够有效提取绝大部分的冰川和积雪。这里也采用 T_0= 0.4 进行阈值分割。由图 4.11 可知，不同形态与状态的冰川，采用单一阈值提取冰川均取得了一定的效果，明显的冰川边界均能精确地提取，部分区域的背景信息也有较大的 NDSI 值，被划分为冰川地块单元。

（3）局域阈值分割：在全域阈值分割的每个冰雪单元，计算与其面积相等的缓冲区，作为局域分割单元（图 4.11 第 2 行），并对局域单元的 NDSI 进行直方图统计，可以见到冰雪与背景的双峰分布图，通过双峰分布直方图阈值选择方法确定新的分割阈值。四个

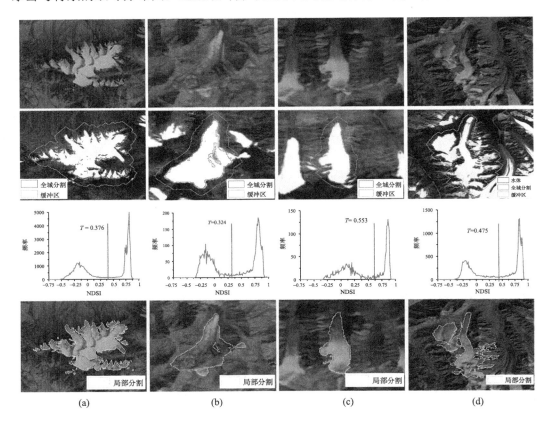

图 4.11 "全域-局部"分步迭代的冰雪专题信息提取及其 NDSI 统计直方图

冰川的最终的局部分割阈值分别为：0.376、0.324、0.553、0.475，这就使得不同类型的冰雪地块单元依据自身不同的特点实现精细的提取。

因此，针对不同形态和特征的冰川，采用不同的阈值方法提取可得到较好的效果。然而，图4.11（a）、图4.11（b）、图4.11（d）的冰雪均有阴影的遮挡，且无法获取阴影区域的冰雪边界，部分地区的山体阴影也被视为冰川。

3. 阴影区域冰雪边界提取

为了识别阴影区域内冰雪边界，这里采用一定时期内不同时相的遥感数据进行联合分析，不同时相数据对同一地区进行观测时具有不同的太阳角度，所形成的山体阴影也不同。通过对多期阴影信息的空间分析获取阴影分布最小的冰雪范围的方法如下所述。

首先，提取出多期影像受阴影影响的总和，确定多角度遥感影像总的阴影区域 $S_{\max}$：

$$S_{\max} = \bigcup_{i=1}^{N} S(i) \qquad (4.14)$$

设有 N 个时相的遥感影像用于多角度剔除山体阴影，$S(i)$ 为时相 i 影像的山体阴影区域，$i \in [1, N]$。

其次，为了使总阴影区域提取的冰川不受积雪干扰，确定总阴影区内的冰川边界。先求出时相 i 对应的总的阴影区域的冰雪为 $G_S(i)$：

$$G_S(i) = G_t(i) \bigcap S_{\max} \qquad (4.15)$$

$G_t(i)$ 为利用"'全域-局部'分步迭代的冰雪专题信息提取"的时相 i 冰雪。然后，剔除总阴影区各个时相冰川受积雪的影响，得到总阴影区的冰川 G_S：

$$G_S = \bigcap_{i=1}^{N} (G_S(i) \bigcup S(i)) \qquad (4.16)$$

最后，确定 i 时相剔除阴影后的冰雪 $G(i)$：

$$G(i) = G_t(i) \bigcup G_S \qquad (4.17)$$

式中，$G(i)$ 为时相 i 影像确定阴影区域冰川后的冰雪边界，即 $G(i)$ 剔除了山体阴影的影响。判断多角度方法能完全剔除山体阴影的条件是 $\bigcap_{i=1}^{N} S(i) = \phi$，若无法完全剔除阴影，标记未剔除阴影。

图4.12选取了4幅不同时相的Landsat数据进行阴影剔除试验，其成像日期分别为2011年2月17日、10月22日、9月29日、6月25日，其太阳高度角分别为31.20°、34.56°、42.32°、63.53°，太阳方位角分别为150.42°、157.50°、152.28°、126.81°。由此可见，试验区在春、秋、冬季的影像受山体阴影面积较大，而夏季影像的山体阴影面积最小。阴影区的面积大小跟太阳高度角呈反比。通过对4个阴影区的空间分析，可以获取山体阴影的最小范围（图4.12（d））。虽然图4.12（d）中仍有未剔除的四段阴影（图4.12（d）中的绿色部分），但阴影对冰雪提取的影响降低到最低程度。在有更理想的夏季时相数据的情况下，可以完全消除阴影的影响。

利用多角度信息确定了山体阴影区域的冰川边界，从而得到每个时相剔除山体阴影影响的冰雪信息。由于没有气象数据的辅助，无法确定单一时相遥感影像中哪些冰川边界不受积雪影响。本节求出的多时相冰雪最小边界为理想的冰川边界，在利用"阴影区域冰雪边界提取"得到时相 i 剔除阴影影响后的冰雪为 $G(i)$，则多时相冰川边界 G_{Multi} 的计算公式如下：

$$G_{\text{Multi}} = \bigcap_{i=1}^{N} G(i) \tag{4.18}$$

式中，$G(i)$ 为时相 i 影像确定阴影区域冰川边界后的冰雪边界。图 4.12 中相近时间段内各时相的冰雪分布不同，通过"阴影区域冰雪边界提取"中的方法分别剔除四个时相的山体阴影，得到对应时相完整的冰雪边界 G（1）、G（2）、G（3）、G（4），利用式（4.18）求得冰川边界 G_{Multi}（图 4.12（d）），最大程度地排除了积雪的影响。

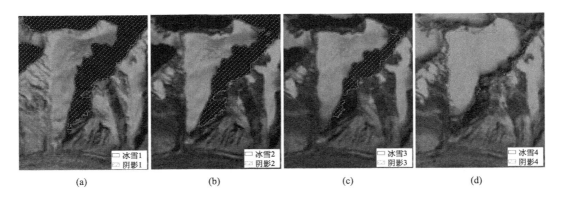

图 4.12 山体阴影剔除与冰川专题信息提取示意图

4.3 大区域湖泊遥感制图应用实践

4.3.1 面向大区域遥感专题制图的自动化策略

大区域的遥感专题信息制图是近年来遥感制图研究的热点和难点，也是制约遥感应用拓展和遥感产业化发展的主要因素。覆盖大型地区、全球等往往需要数百景乃至上万景遥感数据，而相邻遥感影像间的重叠区也较大，有大量的信息冗余，同时大区域覆盖的遥感数据还带来时相不一致、云覆盖、数据质量差等问题，综合专题制图的边界工作量很大。特别是对于全球尺度较高分辨率的遥感地表覆被分类或专题信息制图，传统的遥感数据处理及制图综合方法会严重影响制图效率和制图精度（陈军等，2014）。因此，大区域遥感专题制图的效率不仅取决于高精度自动化信息提取技术，还涉及海量遥感数据的冗余信息处理和数据质量控制等问题（图 4.13）。

对于资源卫星级别的数据而言，单景遥感数据的幅宽为 120~180km，而由于卫星轨道的设计特点，相邻轨道遥感影像的纵向重叠度随着纬度的升高而增加，开展大区域的遥感制图往往需要数百景遥感数据，如何处理相邻遥感影像间的重叠区是实现专题信息自动化处理的关键。影像镶嵌制图也涉及影像重叠区数据选择的问题，这里主要通过生

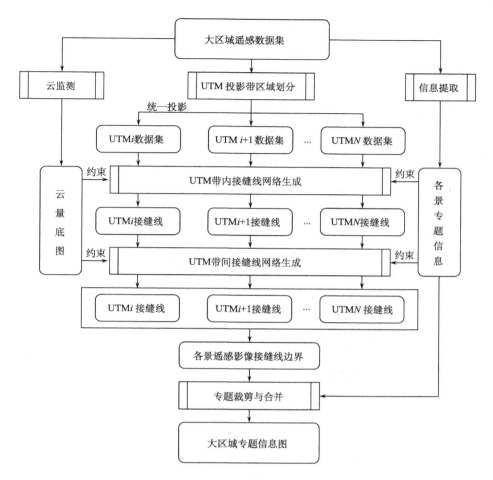

图 4.13　大区域遥感专题制图的自动化技术流程

成的影像接缝线网络来解决。接缝线网络是对各镶嵌影像的有效空间范围划分，每景影像的接缝线多边形与其他影像没有重叠或缝隙，这些多边形相互连接起来就形成影像镶嵌的接缝线网络，可消除镶嵌处理中大量的数据冗余。为此，这里也采用影像镶嵌接缝线网络的思路来实现对影像重叠区域的划分，生成影像的接缝线网络，再采用接缝线对每景影像生成的专题信息进行裁切，然后拼合裁切后的无冗余信息的专题图层得到最终制图结果。同时，为了提高接缝线网络的计算效率，还需建立区域剖分网格，以建立区域分区的并行计算策略。大区域遥感专题制图自动化技术流程的具体思路如下。

（1）大区域遥感数据的收集与区域划分。选取覆盖研究区的特定时段的 Landsat 遥感数据集，并采用横轴墨卡投影 UTM（universal transverse Mercator）的全球投影分带网格作为区域划分的依据，并对 UTM 投影网格内其他投影带的遥感数据，投影转换，使得同一 UTM 网格内的遥感数据坐标投影相同。

（2）信息提取和云监测。提取每景遥感影像的专题信息，并采用算法提取云量信息，经过简单编辑形成专题产品和云量制图产品。

（3）UTM 网格内镶嵌接缝线生成。对单个 UTM 网格内的遥感影像，首先计算其影像边界，叠加云掩膜和水体掩膜；云作为空白区，而水体掩膜不能被分割，作为相邻影像接缝线的约束条件，并采用影像镶嵌接缝线算法，相邻遥感影像生成接缝线，多景影像的接缝线拼合成接缝线网络。

（4）相邻 UTM 网格间接缝线拼合。对于相邻的 2 个 UTM 网格生成的接缝线网络，首先找出边界相交的影像，在云和水体掩膜的条件下分别按照边界相交的方向依次生成相邻两景数据的接缝线，所有的 UTM 网格的接缝线网络拼合并生产最终的接缝线网络。

（5）区域专题产品融合与编辑。根据最终生成的接缝线网络，确定每景遥感数据的有效边界范围，并对专题信息进行裁切，然后拼合裁切后的所有图层，并拼合跨区域的专题信息，最终生成拼合结果。

4.3.2 亚洲中部干旱区遥感湖泊自动化制图

本节以亚洲中部干旱区为例，分别采用 2013 年 Landsat 8 数据开展大区域湖泊自动化制图试验（图 4.14）。亚洲中部干旱区主要包括中国干旱区、中亚五国和祁连山、昆仑山、喀喇昆仑山、天山、阿尔泰山等大型山脉延伸的地理区域，总面积为 760 万 km²。亚洲中部干旱区是全球干旱区湖泊分布最为密集的地区之一。据统计，2010 年研究区湖泊总数为 30952 个，总面积为 49.67 万 km²。根据上节的技术方法，制图流程主要分为数据收集与区域划分、湖泊信息自动化提取、UTM 网格内接缝线网络自动生成、UTM 网格间接缝线拼合、区域湖泊制图与编辑 5 个步骤。

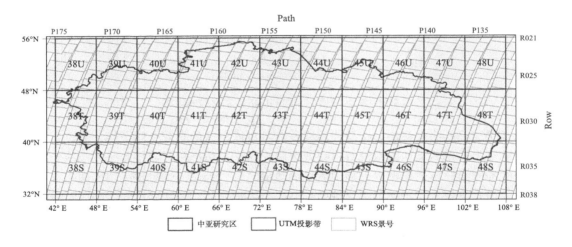

图 4.14　亚洲中部干旱区及 Landsat 8 网格划分图

1. 数据收集与区域划分

本节采用 2013 年 6~10 月的 Landsat 8 数据作为亚洲中部干旱区湖泊制图的数据源，覆盖研究区共需 479 景。图 4.14 中的每个方格代表 1 景 Landsat 数据，数据采用轨道条带进行分幅，而 Landsat 的轨道条带主要依据世界参考系统 2（world reference system-2，WRS-2）和格网参考系（grid reference system，GRS）形成的固定参考格网，并按照轨道号对纵向条带 Path 和横向景 Row 进行编码与组织，每景 Landsat 影像覆盖的范围约 3.2

万 km², 在经度和纬度方向上跨度约 1.5°。这种数据组织方式使得单景 Landsat 数据大小适中, 适合影像浏览和管理, 降低单景影像处理的计算强度; 然而也带来了大量数据冗余, 相邻影像的空间重叠度超过 30%, 最大超过 90%。图 4.14 中研究区 479 景数据总覆盖面积为 1519.20 万 km², 约为研究区总面积的 1 倍。因此, 为了提高大区域专题制图的效率, 就需要处理相邻影像的冗余信息, 划分每景 Landsat 的有效边界范围。

大区域数据的运算还需要海量数据的计算效率问题, 需要对大的区域划分为面积适中的小区域, 这里采用通用横轴墨卡托 UTM 投影格网系统 (图 4.14) 对研究区进行区域网格划分, 使得每个网格内的遥感数据量适中。UTM 投影采用横轴等角割椭圆柱面投影, 大多地球资源卫星数据如 Landsat、SPOT、CBERS、HJ1A/1B 等都采用这种投影系统。UTM 投影网格就是把 80°S、84°N 的地球表面划分为经度 6°、纬度 8°的格网系统, 在纵向经度上, 从 180°经线将投影带编为 1~60, 每个投影带在纬度方向上划分为 C 至 X 的 20 个网格。每个网格用投影带号与字母组合标记, 网格内包含 30~40 景 Landsat 8 数据。这样就能够将大区域划分为较小的 UTM 格网, 每个格网内的 Landsat 数据量不大, 可以作为一个单元开展运算, 从而减少了算法的复杂度, 提高运算效率。

2. 湖泊信息自动化提取

大区域遥感自动制图需要实现专题信息的自动化提取, 这里采用 4.2 节中的方法提取湖泊水体信息, 先采用 NDWI 对 Landsat 影像进行全域阈值分割, 得到初始湖泊水体单元与背景信息; 然后针对每个初始水体单元, 在与之面积相等的缓冲区内采用分割迭代的方法确定最佳分割阈值, 实现对每个湖泊边界的精准提取。同时, 利用 DEM 分析地形因素对湖泊提取的影响, 降低阈值分割过程中阴影和水体误判的情况, 从而提高湖泊识别的精度 (图 4.15)。

图 4.15 "全域–局部"分步迭代的湖泊专题信息自动提取示意图

3. UTM 网格内的接缝线网络自动生成

在大区域遥感制图过程中, 首先按照 UTM 网格将其划分为若干较小的区域, 每次参与运算的影像数量适中, 能有效地提高算法效率。对于每个 UTM 网格, 需计算每景影像在最终的湖泊信息制图中的有效制图范围, 而确定有效制图范围就是如何对多景影像进行空间划分的问题。对于遥感制图而言，每景遥感数据的有效制图范围内的遥感影像质量最好，且不能有云、阴影等干扰性因素。这里采用影像镶嵌中接缝线自动生成的思路，具体如下。

（1）图层边界和约束线的生成。构建每景影像带云掩膜的边界范围，云掩膜可从Landsat 8 质量控制图层中获取，湖泊图层来生成的 2010 年亚洲中部干旱区湖泊制图（李均力等，2013），并作为接缝线生成的约束条件（图 4.16（b）），使得每景遥感影像的有效制图边界不能穿越湖泊。

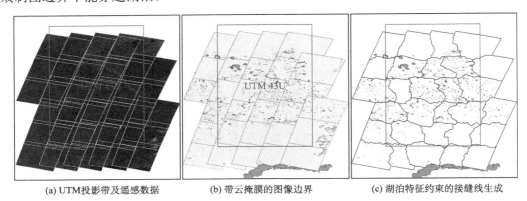

(a) UTM投影带及遥感数据　　　(b) 带云掩膜的图像边界　　　(c) 湖泊特征约束的接缝线生成

图 4.16　UTM 网格内接缝线网络生成

（2）UTM 网格初始接缝线的生成。首先按照轨道号依次计算相邻两景数据的重叠区，并基于 Voronoi 图方法（潘俊等，2009）计算重叠影像的分割线，每一段分割线连接起来就构成了初始接缝线网络。

（3）接缝线优化。根据相邻两影像重叠区色彩差异，沿分割线寻找色彩差异最小像素并连接成新的接缝线，同时，加入湖泊图层作为约束，当单个湖泊目标在重叠区范围内，新生成的接缝线需避开穿过湖泊；当湖泊目标过大，越过重叠区范围时，接缝线不用避开湖泊。

4. UTM 网格间的接缝线网络自动生成

在每个 UTM 网格接缝线生成后，还需按照 UTM 网格的顺序连接这些接缝线，确定UTM 网格边缘图像的接缝线。首先找出每个接缝线网格的相邻的遥感影像，确定其重叠区域，然后按照接缝线方法生成从上至下（或从左至右）的接缝线。接缝线的生成方法与上节相同，当所有的 UTM 网格的接缝线网络拼合起来就形成整个大区域的接缝线网络（图 4.17）。

5. 基于大区域接缝线网络的湖泊制图

在所有 UTM 网格接缝线网络拼合并后，拼合后的接缝线网络如图 4.18 所示。从图4.18 可以看出，接缝线网络有效地划分了区域内各景遥感影像无重叠的有效制图区域，除了里海、咸海、巴尔喀什湖、伊塞克湖、斋桑泊、艾达尔湖等少数大型湖泊以外，所有的湖泊都位于单景 Landsat 数据的有效制图区内。区域制图经过图层裁切、投影转换和矢量图层拼合（沈占锋等，2015），拼合投影后的所有湖泊图层，并更新跨景、跨带的大型湖泊的面积信息。然后对拼合结果进行人工检查，改正少量遗漏或边界错误的湖泊矢量信息，最终得到制图的结果。2013 年 Landsat 8 区域湖泊制图结果（图 4.18）表明，2013 年夏秋季节的中亚全区域湖泊数量为 31045 个，总面积为 49.32 万 km²。与 2010 年制图结果（李均力等，2013）相比，湖泊总面积的减小主要归结为咸海面积的持续萎缩，山区新的小型冰湖和高原冻土湖数量虽然继续处于增加的趋势，然而面积增量不及陆地大型湖泊面积减小的速度。

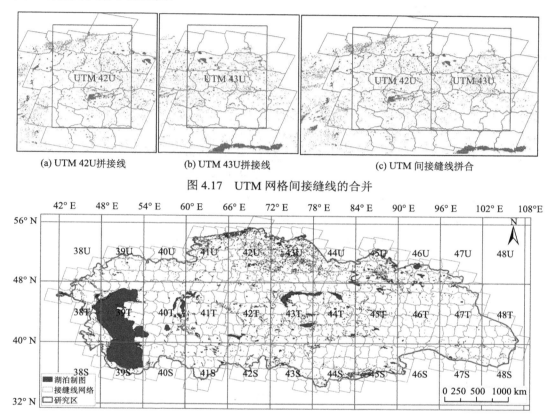

图 4.17　UTM 网格间接缝线的合并

图 4.18　基于接缝线裁切的大区域湖泊制图

与 2010 年常规的大区域湖泊制图方法（李均力等，2013）相比，本节提出的自动化制图策略大大地提高了制图的计算效率和自动化程度。2010 年的 Landsat 湖泊制图方法是先对各景 Landsat 数据进行湖泊自动制图，然后对相邻影像重叠区的湖泊信息进行手工筛选和拼合，删除冗余的湖泊信息，以及受云量、阴影遮挡等残缺的湖泊目标。因此，湖泊制图时间主要消耗在人工检查与编辑的阶段，特别是重叠区湖泊信息处理前后消耗了 3 人次 2 个月的工作量。新方法主要是解决重叠区湖泊信息的自动取舍问题，湖泊制图时间仅仅在信息提取、接缝线网络和后期检查上面，2013 年湖泊制图所耗费的时间仅 4～6 个小时。一方面，在影像数据预处理阶段就确定了每景遥感数据在信息提取过程中的有效制图区域，剔除了大区域遥感制图中的冗余信息，因此能大大减少湖泊后期制图的编辑工作量，提高了信息制图的自动化程度；另一方面，各景遥感数据的有效制图区域科学地划定了重叠区湖泊数据来源的唯一性，绝大多数中小型湖泊边界仅从单景遥感数据中提取，而不会从多景数据中拼合而成，保证了湖泊边界的制图精度。

4.4 "全域-局部"分步迭代的专题信息提取方法推广

4.4.1 植被专题信息提取

植被是生态环境的重要因子，也是反映区域生态环境质量的重要指标之一。植被在遥感影像中表现出独特的光谱特征，特别是绿色植物在近红外波段的高反射特性和在可见光红光范围内的低反射特征，成为构建植被指数的理论基础，因此也成为了较早的遥感研究对象之一。植被指数是将遥感地物光谱资料经数学方法处理得到反映植被状况的特征量，也是植被信息提取的重要基础之一。在原始遥感数据基础上，通过地物波谱特征计算其植被指数，获得对植被的定量化信息增强。植被指数包括了比值植被指数（RVI）、归一化差异植被指数（NDVI）、差值植被指数（DVI）、绿度植被指数（GVI）、垂直植被指数（PVI）等，还有一些根据不同传感器、高光谱数据等具体情况改进的植被指数。其中，NDVI 是应用最为广泛的指数之一（Wang et al.，2005），可简单且较为准确地检测植被生长状态、植被覆盖度和消除部分辐射误差等，因此本节将用其作为初始知识输入开展自适应计算过程。进一步地，改进分步迭代方法进行植被提取，具体步骤如图 4.19 所示。

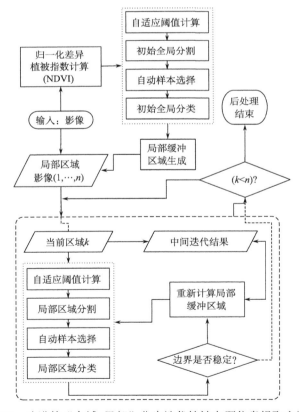

图 4.19 改进的"全域-局部"分步迭代植被专题信息提取方法流程

（1）指数计算。逐像素计算影像归一化差异植被指数（NDVI），并拉伸至[0, 255]的整型区间，生成指数图层，其中数值越小的像元越接近于植被，据此作为提取的初始知识输入。

（2）全局分割。采用直方图分割方法进行全局分割，依据植被指数经验值（60 左右区间）作为分割阈值选取范围进行自适应的阈值选取，也可根据提取目标的环境和分布等条件选择相应的初始分割阈值区间。

（3）全局分类。分割完成后采用 Bayes 分类器对影像进行自动的监督分类，首先以分割后的二值图作为类型标准随机地选取样本点，样本点包括两种类型：植被和非植被；然后从原始影像中提取与样本点对应的像素的各个波段值，每个样本形成一个多维的向量，以此作为 Bayes 的先验概率计算依据；最后是依据 Bayes 决策模型对影像的每个像元进行类型的判断，完成分类。

（4）局部缓冲区域生成。搜索"植被-背景"全局分类图中每个连通的植被单元，形成与之对应的缓冲区域，并裁切生成局部区域影像（1,…,*n*），对每个局部区域影像执行迭代的"分割-分类"计算过程。

（5）局部分割与分类。迭代计算的每一次计算都是对局部影像的自适应"分割-分类"过程，分割的原理与步骤（2）和步骤（3）所述相同。

（6）分步迭代计算、专题生成。该步骤与 4.2 节中的分步迭代计算和专题生成原理相同。

图 4.20 为选取的某个实验区提取效果图。其中，图 4.20（a）为归一化植被指数计算结果（按照指数值由低到高的"绿—灰—深灰"伪彩色显示）；图 4.20（b）是对植被指数层进行全域分割的结果，其中绿色为植被专题，蓝色为背景；图 4.20（c）是在图 4.20（b）的基础上进行全局分类的结果，根据更多维的波段信息来发现分割时未被准确区分的植被区域；对全局分类结果中每个空间上独立（非连通域）的植被区域生成缓冲区，即得到了图 4.20（d）；进一步在每个缓冲区内进行迭代的"分割-分类"过程，形成图 4.20（e）；最后对图 4.20（e）进行后处理和矢量边界提取，形成如图 4.20（f）所示的植被提取结果。由于植被等地物的分割阈值相较水体来说较难确定，因此该方法采用了基于高维波段的分类过程，将类型的最终裁定交由分类器，判定依据也从指数层提升到了更多的特征波段，从而提高了提取的可靠性。

4.4.2 不透水层专题信息提取

在遥感影像上，不透水面所对应的城市地表具有复杂异质性，像元内（特别是 Landsat TM/ETM+等中分辨率影像）往往包含不同的地表覆面类型，致使混合像元效应明显而难以构建适用性高的指数模型（徐涵秋，2005b；徐涵秋，2008），再加之建筑物与树冠的阴影及干燥的土壤等均造成了较大的光谱混淆，成为影响不透水面提取精度与实用化的瓶颈问题。在以往包括亚像元级在内的研究普遍存在将城郊地区的干燥土壤等自然覆盖划为不透水面类别而引起高估的问题（Homer et al., 2004），这里先进行"像元级"的不透水面（impervious surface area, ISA）提取，力求在像元尺度上最大程度消除混淆，在此基础上进行"亚像元级"的不透水面覆盖率（impervious surface percentage, ISP）计算。在通用的"全域-局部"遥感信息分步提取模型的基础上，着重于分析"局部"特征

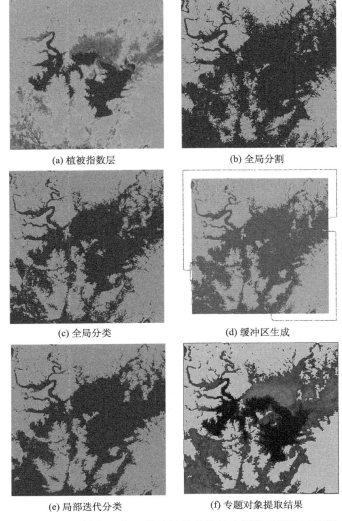

(a) 植被指数层   (b) 全局分割

(c) 全局分类   (d) 缓冲区生成

(e) 局部迭代分类   (f) 专题对象提取结果

图 4.20   "全域–局部"分步迭代的植被专题信息提取过程图

的融入，在"全域"分类结果基础上引入多类型的"局部"光谱/空间信息用于光谱混淆像元的分类，通过空间信息辅助或替代由于大气效应、地形影响及传感器故障造成的光谱信息不稳定，建立针对不透水面的"全域–局部"提取模型，实现"像元级"ISA 的高精度提取。

"全域–局部"分步迭代的不透水面专题信息提取包含多个分类过程（图 4.21），首先通过"全局"前分类器在整个影像范围内提取具有较高精度的部分分类结果，并在部分分类结果基础上提取和整合局部的空间特征作为新的中间特征知识，最后通过"局部"后分类器提取出在全局上剩余的未分类像元的类别。对于中分辨率遥感影像（Landsat TM/ETM+/CBERS/ASTER 等）输入的 ISA 提取计算过程包括：①全域信息提取。首先通过测试样本调整"全域"分类器模型（由训练样本学习得到）以满足一定的全域精度阈值的输出，将精度阈值所对应的 ISA 与非 ISA 两种类型的后验概率作为概率阈值将影像划分为三类（ISA、非 ISA 及未分类像元）。②全域结果修正。在"全域"部分分类结果上提取"全域"ISA 与未分类像元在不同大小的"局部"作用范围内的特征信息并引入下一级分类器，其中考虑的特征包括空间关系特征、空间纹理特征、空间形态特征。其中，空间关系特征为"未分类"的像元与其临近 ISA 和非 ISA 像元的空间关系（如空间距离等）；空间纹理特征是以每个"未分类"像元为中心（且包含"已分类"像元）的局部作用范围内的纹理统计特征（包括均值、方差、对比度、能量场及同质度等指标）；空间形态特征是以"未分类"像元为中心进行方向性特征检测而得到特定形态和方向性特征（如线状特征等）。③局部信息提取。在各个局部对象的空间作用范围（固定范围或自适应范围）内调整局部光谱特征与空间特征的权重比例，并可考虑引入先验知识作为复合特征来用于未分类像元的信息提取，最后对 ISA 提取结果进行细节修正和信息优化。

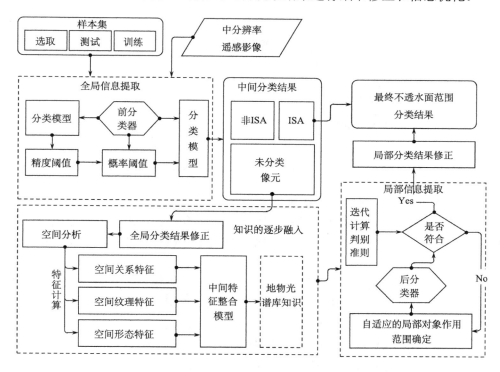

图 4.21 "全域–局部"分步迭代的不透水面专题信息提取

1. 全域信息提取

全域信息提取的目标一方面在于获得影像 ISA 像元与背景的初步分离；另一方面在于生成全域部分分类结果作为后续分类的特征输入。因此，需要选择支持连续后验概率输出的分类器（如决策树、SVM 等）作为前分类器，进而通过设定精度阈值保证全局 ISA 提取结果达到一定的精度标准。精度阈值的确定由测试样本的分类精度决定，而不同的精度阈值水平对应了不同的全域分类像元比例与精度。较大比例的全局已分类像元（较低的精度阈值）即可以为后续局部分类提供更多的空间上下文信息，但是相对较低的精度阈值亦会给局部特征计算引入不确定的误差因素进而影响局部分类精度；而过高精度的全域阈值亦会致使部分分类结果中包含的"已分类"像元所能够提供的空间信息不足。因此在研究中将通过测试多精度阈值来得到最优的全局分类比例（Luo and Mountrakis, 2010; Mountrakis and Luo, 2011）。基于精度阈值的全局分类方法技术路线如图 4.22 所示。

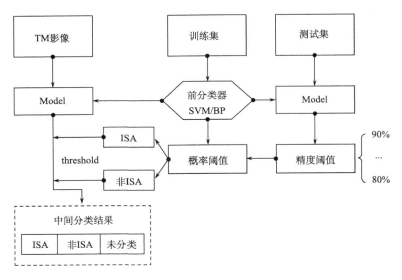

图 4.22　基于精度阈值的全局分类方法技术路线图

首先，将参考样本划分为训练集与测试集两部分。通过训练样本训练分类器并完成分类器优化后得到最佳的全域分类模型，利用全域模型对测试集进行分类并得到对应的测试精度（如 90%）；分类模型输出对应了"ISA"与"非 ISA"两个节点，节点输出为连续的分类概率值（0~1），每个像元将被划分为概率较大的节点所对应的类型。第二步，全局分类的目的是得到具有较高分类精度的部分分类结果，因此应指定全域精度阈值大于测试精度，如 92%，则仅有满足精度阈值（92%）的像元被分类。具体方式是将测试样本分类结果满足精度阈值（92%）的分类器模型输出节点的概率值（如 ISA 为 0.76；非 ISA 为 0.8）作为概率阈值，即对应的 ISA 概率大于 0.76 的像元将划为 ISA 类别，非 ISA 大于 0.8 的将划为非 ISA 类别，这样即保证了全局分类的精度均达到了测试水平（92%）；如两个节点均达到概率阈值则由概率较大的输出决定类别，两个节点输出均不满足概率阈值的像元划为"未分类"像元由后分类器进一步处理。

因此，获取部分分类结果的关键在于需要选择支持连续概率输出的分类器作为全域分类器，如支持向量机（SVM）、BP 神经网络等。本书选择 SVM 作为全域分类器，SVM 是一种适用于小样本和高维特征，并具有很好泛化能力的分类方法，其基本原理是通过非线性变换将输入空间变换到一个高维空间，然后在这个新空间中求取最优线性分类面（Chapelle et al., 2002）。在指定全局精度阈值后通过概率输出的 SVM 前分类器，经全域信息提取后将输入遥感影像分为三部分：ISA、非 ISA 与未分类。

2. 全域结果修正

经过全域前分类后，遥感影像被分为三类：ISA、非 ISA 与未分类。本步骤通过引入基于空间关系的判别准则对"全局"分类结果进行修正，进一步地修正全域提取结果，也提高了"局部"特征计算的可靠性。应该注意的是，非 ISA 类型在影像上往往表现为相对均一的类型（如林地、农田、草地等），非 ISA 的临近像元均表现出相似的光谱特征，因此根据全域部分分类结果中的非 ISA 像元及其临近局部像元的分类提供空间上下文信息，通过空间语义关系构建主成分滤波器对非 ISA 像元进行修正，在一定大小的掩膜内：①对于未分类像元，若临近的其他像元均为非 ISA 类型，将此像元由未分类类型转为非 ISA 类型；②对于非 ISA 像元，若临近的其他像元均为未分类类型，将此像元由非 ISA 类型转为未分类类型。在整个全局部分分类结果上逐像元地应用掩膜进行修正，但修正中并没有对 ISA 像元进行修正，这是因为均质 ISA 范围相对更小且位置不确定。对全域分类结果进行修正后其空间分布的表现更为合理，可以对剩余未分类像元分类提供更充分可靠的信息。此外，对于全域结果的修正也可以应用于对于最终 ISA 提取结果的修正。

3. 局部信息提取

在"全域-局部"ISA 提取框架内，其中间步骤可以得到全局部分分类结果：ISA、非 ISA 和"未分类"，其中"未分类"的像元将逐步在后续步骤中进行提取。最后通过局部信息提取完成对剩余"未分类"像元的类别划分，因为剩余的"未分类"像元是属于在前两步计算中无法很好处理的混淆像元，其分类难度更大并且很大程度决定了影像的整体提取精度。其提取思路是利用对"已分类"像元信息的统计，构建"局部"特征作为下级分类的输入，通过高级知识逐级融入来提高分类精度。对于局部信息提取，可根据不同的提取情景来选择不同局部特征与局部分类器，在精度相对较高的全局部分结果中提取和融入局部信息来辅助 ISA 信息的提取，本节主要介绍基于局部空间关系特征可调节的最小距离分类器，针对局部空间纹理特征的后分类器，以及针对空间形态特征的后分类器，并选用可调节的最小距离分类器作为局部后分类器进行实验。

本节以中分辨率的多光谱遥感影像作为实验数据，选择一景 Landsat TM5 影像（空间分辨率为 30m）进行 ISA 提取实验，影像位于美国东部的里士满城市区域（Path15，Row34），大小为 3500 像元×3500 像元，获取时间为 2007 年 4 月 21 日（图 4.23（a））。实验选用除热红外以外的其他 6 个波段（蓝、绿、红、近红和两个中红外波段）并将影像 DN 值定标为 TOA 反射率，因为大气效应对于不透水面提取影响不大（Song et al.，2001），故没有对影像进行大气纠正处理。实验采用 NLCD2006 的不透水面产品（Xian and Homer，2010）对模型提取结果进行精度测试与评价（图 4.23（b））。同样，NLCD 的不透水面产品是基于 TM/ETM 影像生成的，产品精度在 90%左右（Homer et al.，2007；Greenfield et al.，2009），并且，实验所选用的 TM 影像即是对应 NLCD2006 产品的基准影像，因此 NLCD 产品能够有效地对 TM5 影像提取的不透水面信息进行验证。选取影像对应区域的 NLCD2006 不透水面产品作为实验的样本数据。区域内包含了不同强度的不透水面覆盖类型，对于 ISA 提取实验与精度检验具有较好的代表性，保证样本能够代表不同强度的 ISA 覆盖（ISP 值为 0~100），通过分层抽样的方式在整个影像范围内（不包含测试集范围）选择 5000 个 ISA 样本（其中 ISP>50 和 ISP<50 的样本各占 50%）和 4000 个非 ISA 样本用于训练分类模型，并划选了其中两个具有代表性的子区域（图 4.23（c）、（d）；图 4.23（a）中蓝框以内区域）作为测试区域用于检验模型的分类精度。因为 ISA 提取并非最终的不透水面信息，而将作为进一步计算亚像元 ISP 信息的空间掩膜，故实验中接受包含 ISP 为 0 值 ISA 的像元。

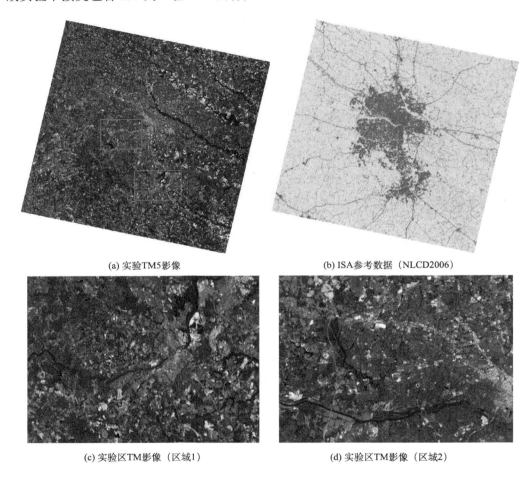

(a) 实验TM5影像　　　　　　　　　　　　　　(b) ISA参考数据（NLCD2006）

(c) 实验区TM影像（区域1）　　　　　　　　　　(d) 实验区TM影像（区域2）

图 4.23　不透水面专题信息提取实验数据与研究区

实验分步应用"全域"前分类、滤波器修正及"局部"后分类的"全域-局部"ISA 提取模型，并通过对应的测试集检验分类精度，详尽给出了每步分类的结果与精度，并通过与单一 SVM 分类器的提取结果进行对比以说明本模型的精度改进。针对"未分类"像元，采用 3×3 大小的主成分滤波器对前分类器生成的部分分类结果进行提取。经本步在测试集中共将 2864 个"非分类像元"指定为"非 ISA"像元，这部分像元提取的总体精度为 89.28%，而对应由 SVM 模型提取的精度为 88.15%。经过主成分滤波器的提取，测试集中已分类像元的总体精度提高为 84.69%，Kappa 系数为 69.34。

"局部"后分类器采用 ADMC 分类器整合像元临近的局部区域内"已分类"像元的空间和光谱信息来对上两步中剩余的"未分类"像元进行 ISA 提取。ADMC 分类器以欧氏距离作为局部空间/光谱距离的量度,并将"未分类"像元划分为综合距离更小的类别。实验分别采用了固定范围和自适应范围的两种方式来定义以"未分类"像元为中心的局部作用区域,其中固定范围为3×3、5×5、7×7…21×21 10种大小;自适应范围为临近区域内的已分类的像元个数从10~350(以20递增)。

表4.2给出了"全域-局部"分步迭代方法及单一SVM分类方法的整体提取精度全域的进一步对比。其中"全域-局部"分步迭代方法的先分类器与单一SVM分类方法完全相同,"局部"后分类器为最佳局部范围的ADMC分类器。全域精度统计结果表明"全域-局部"分步迭代方法通过在全域部分分类影像中提取与整合局部空间信息全域提高了ISA的提取精度(较单一SVM模型提高约1.5%),并且其中较大比例(约82%)的样本是由相同SVM分类方法进行提取的全域,因此认为"全域-局部"模型具有较大的精度改进。

表4.2 "全域-局部"分步迭代方法与单一SVM分类器整体精度对比

分类精度	"局部"后分类器		单一SVM
	固定掩膜范围	自适应掩膜范围	
不透水面:			
制图精度	83.31	83.33	77.90
用户精度	82.71	82.73	84.02
非不透水面:			
制图精度	82.09	82.12	84.02
用户精度	82.71	82.74	78.91
总体精度	82.71	82.73	81.31
Kappa系数	64.40	64.45	63.02

对于测试影像的ISA提取结果和对应参考集如图4.24、图4.25所示。其中,图4.24(c)、图4.25(c)为单一SVM模型提取结果,图4.24(d)、图4.25(d)为"全域-局部"模型(自适应局部范围,已分类像元数目为350,空间权重因子为0.7);图4.24(b)、图4.25(b)为"全域-局部"模型在精度阈值85%、86%所对应的部分分类结果,其中全域蓝色区域为"未分类"像元。参考ISA标准影像(图4.24(a)、图4.25(a)),单一SVM模型分类结果在非ISA区域(如道路两侧)存在较大的误分类(图4.24(c)、图4.25(c)),其中大多数的噪声是由于将裸露土壤误分为ISA而造成的,而本模型较好地解决这一不透水面信息提取研究中的难点:因较多的光谱混淆而难以区分裸土与ISA。而分步模型则通过引入局部空间信息而减少了很多此类的误分像元(图4.24(d)、图4.25(d))。但仍不完善的是,提取结果丢失了部分的道路信息(可以考虑进一步由基于形态因子的后分类器获取,或使用专题道路数据来代替),在ISA与非ISA交界区域存在一定程度的ISA高估,这类误分可能是由于交界处的像元具有较相似的光谱特征所致。尽管尚存在诸如此类的误分情况,但从总体上看,"全域-局部"模型较好地解决裸土与ISA的混淆从而可以得到在空间形态上更为完善的ISA提取结果,较大程度地提高了ISA的提取精度,并且适当的ISA高估将更利于后续亚像元级的处理。

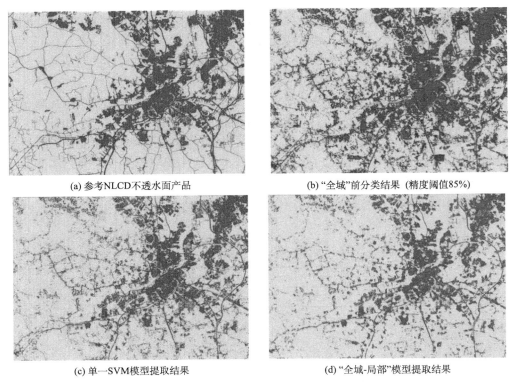

(a) 参考NLCD不透水面产品

(b) "全域"前分类结果（精度阈值85%）

(c) 单一SVM模型提取结果

(d) "全域-局部"模型提取结果

图 4.24 "全域–局部"分步迭代的不透水面专题提取结果（调节最小距离后分类器，测试区 1）

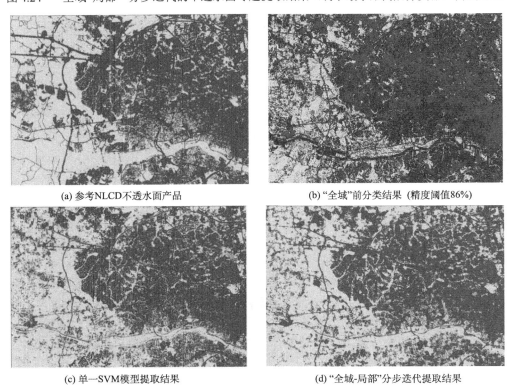

(a) 参考NLCD不透水面产品

(b) "全域"前分类结果（精度阈值86%）

(c) 单一SVM模型提取结果

(d) "全域-局部"分步迭代提取结果

图 4.25 "全域–局部"分步迭代的不透水面专题提取结果（调节最小距离后分类器，测试区 2）

4.5 本 章 小 结

本章针对复杂多变、类型各异的专题信息提取问题，提出了"全域-局部"分步迭代的精确提取模型，并以水体、湖泊、冰川、植被和不透水面地块信息提取为实验，将指数计算、全域分割、全域分类、局部分割分类等计算过程有机地结合起来，通过迭代计算方法实现了专题地类边界的逐步优化区分，获得了高精度的信息提取结果。从整个方法体系中可以看出，从全域到局部的逐渐转换过程中，除了指数这一从专题信息机理中总结得到的基础知识作为基本输入，其他均是在之后每一步骤中通过各类信息的自动融合所实现，不需要进行任何样本采集、参数输入或其他人工干预工作，从而初步达到了自动化信息提取的目标。

本章所描述的算法和试验中，为了说明整个"全域-局部"转换模型的有效性，在每一步骤都采用了简洁或经典的计算工具，如 NDWI 计算、阈值分割、SVM 分类等。事实上这些可以用更为合理、更有针对性、更加有效的算法替代，可进一步提高整个方法体系的自动化程度和信息提取精度。另外，除了面向水体、植被和不透水面等信息的提取外，该方法也可以进一步推广到荒漠、湿地等专题信息的精确提取，是图谱协同环节的一类重要方法，值得在今后研究工作中逐步深入。

参 考 文 献

陈军, 陈晋, 廖安平, 等. 2014. 全球 30m 地表覆盖遥感制图的总体技术. 测绘学报, 43(6): 551-557.

杜云艳, 周成虎. 1998. 水体的遥感信息自动提取方法研究. 遥感学报, 2(4): 264-269.

李均力, 盛永伟. 2011. 青藏高原内陆湖泊变化的遥感制图. 湖泊科学, 23(3): 311-320.

李均力, 包安明, 胡汝骥, 等. 2013. 亚洲中部干旱区湖泊的地域分异性研究. 干旱区研究, 30(6): 961-970.

廖安平, 陈利军, 陈军, 等. 2014. 全球陆表水体高分辨率遥感制图. 中国科学(地球科学), 44: 1634-1645.

陆家驹, 李士鸿. 1992. TM 资料水体识别技术的改进. 遥感学报, 7(1): 17-23.

骆剑承, 盛永伟, 沈占峰, 等. 2009. 分步迭代的多光谱遥感水体信息高精度自动提取. 遥感学报, 13(4): 610-615.

莫伟华, 孙涵, 钟仕全, 等. 2007. MODIS 水体指数模型(CIWI)研究以及应用. 遥感信息, 93: 16-21.

潘俊, 王密, 李德仁. 2009. 基于顾及重叠的面Voronoi图的接缝线网络生成方法. 武汉大学学报(信息科学版), 34(5): 518-521.

乔程, 骆剑承, 盛永伟, 等. 2010. 青藏高原湖泊古今变化的遥感分析——以达则错为例. 湖泊科学, 22(1): 98-102.

沈占锋, 李均力, 夏列钢, 等. 2015. 批量遥感影像湖泊提取后的矢量拼接策略问题. 武汉大学学报(信息科学版), 40(4): 444-451.

徐涵秋. 2005a. 利用改进的归一化差异水体指数(MNDWI)提取水体信息的研究. 遥感学报, 29(5): 589-595.

徐涵秋. 2005b. 基于谱间特征和归一化指数分析的城市建筑用地信息提取. 地理研究, 2: 311-320.

徐涵秋. 2008. 一种快速提取不透水面的新型遥感指数. 武汉大学学报(信息科学版), 33(11): 1150-1153.

Borton I J. 1989. Monitoring floods with AVHRR. Remote Sensing of Environment, 30(1): 89-94.

Chapelle O, Vapnik V, Bousquet O, et al. 2002. Choosing multiple parameters for support vector machines. Machine Learning, 46(1): 131-159.

Deering D W. 1978. Rangeland reflectance characteristics measured by air craft and spacecraft sensors. PhD dissertation, College Station, TX, Texas A&M University.

Gao B C. 1996. NDWI——A normalized difference water index for remote sensing of vegetation liquid water from space. Remote Sensing of Environment, 58(3): 257-266.

Greenfield E, Nowak D J, Walton J T, et al. 2009. Assessment of 2001 NLCD percent tree and impervious cover estimates. Photogrammetric Engineering and Remote Sensing, 75(11): 1279-1286.

Homer C, Dewitz J, Fry J, et al. 2007. Completion of the 2001 National land cover database for the conterminous United States. Photogrammetric Engineering and Remote Sensing, 73(4): 337-341.

Homer C, Huang C, Yang L, et al. 2004. Development of a 2001 National land-cover database for the United States. Photogrammetry and Remote Sensing, 70(7): 829-840.

Huete A R. 1988. A soil-adjusted vegetation index(SAVI). Remote Sensing of Environment, 25: 295-309.

Liu H, Jezek K C. 2004. Automated extraction of coastline from satellite imagery by integrating canny edge detection and locally adaptive thresholding methods. International Journal of Remote Sensing, 25(5): 937-958.

Luo L, Mountrakis G. 2010. Integrating intermediate inputs from partially classified images within a hybrid classification framework: An impervious surface estimation example. Remote Sensing of Environment, 114(6): 1220-1229.

McFeeters S K. 1996. The use of normalized difference water index (NDWI) in the delineation of open water features. International Journal of Remote Sensing, 17(7): 1425-1432.

Mountrakis G, Luo L. 2011. Enhancing and replacing spectral information with intermediate structural inputs: A case study on impervious surface detection. Remote Sensing of Environment, 115(5): 1162-1170.

Ouma Y O, Tateishi R. 2006. A water index for rapid mapping of shoreline changes of Five East African Rift Valley Lakes: An empirical analysis using Landsat TM and ETM+ data. International Journal of Remote Sensing, 27(15): 3153-3181

Ridd M K. 1995. Exploring a V-I-S (vegetation-imervioussurface-soil) model for urban ecosystem analysis through remote-sensing-comparative anatomy for cities. International Journal of Remote Sensing, 16(12): 2165-2185.

Song C, Woodcock C E, Seto K C, et al. 2001. Classification and change detection using Landsat TM data: When and How to correct atmospheric effects. Remote Sensing of Environment, 75(2): 230-244.

Wang L, Sousa W P, Gong P, et al. 2005. Comparison of IKONOS and QuickBird images for mapping mangrove species on the Caribbean coast of Panama. Remote Sensing of Environment, 91(3–4): 432-440.

Xian G, Homer C. 2010. Updating the 2001 National land cover database impervious surface products to 2006 using Landsat imagery change detection methods. Remote Sensing of Environment, 114(8): 1676-1686.

第 5 章　土地利用地块生成及其分类

随着高空间/高时间分辨率遥感数据的普及，传统面向像素或对象的解译方法面临诸多局限，一般计算或解译方法均针对瞬时、单分辨率图像设计而成，但在多分辨率多时相大数据协同分析上就显得捉襟见肘（李德仁等，2014）。以国产民用卫星数据为例，环境一号卫星搭载的两颗光学小卫星（HJ-1A、HJ-1B），其组网数据能达到 2 天的高时间分辨率；2011~2012 年相继发射的资源一号 02C 和资源三号卫星，其影像空间分辨率已达到米级，2014 年发射的高分二号卫星更是将空间分辨率提高到亚米级；以农业为主应用方向的高分一号卫星同时兼具 2m 高空间分辨率和 16m/4 天的高时间分辨率对地观测能力。高分数据的普及一方面提供了丰富的信息来源，另一方面也对信息提取方法提出了更高要求。从应用需求来看，许多地理信息应用已不仅仅满足于对当前地表情况的了解，而是更趋向于认知地表的演变过程、分析变化原因、预测发展趋势，也就是从单纯的"了解现状"转向"理解过程"（周成虎，2015），客观上对多源数据综合与信息提取能力提出了更高要求。

尤其是当前已经进入空间大数据时代，亟需一种空间数据协同分析方法来挖掘数据的最大价值，以满足更多的应用需求。这种方法应该具有如下特点：首先分析对象是以遥感数据为主的多源空间数据，各种类型数据以空间位置为纽带相互印证（Weng, 2012）；其次分析手段是基于多源数据同化的协同分析，以空间实体为基本单元将不同传感器的观测数据协同起来是对地理本质的探索（Blaschke et al., 2011）；最后分析结果应全方位描述地表动态变化过程，多源协同分析使得过程监测成为可能，因此分析结果也应从时空多尺度上尽量反映地表的真实状况（Goodchild, 2013）。要实现上述过程，首先应从高分辨率影像上提取空间实体，并建立空间实体与实际地理单元之间的关系，以空间实体为基本单元进行数据协同和过程反演才具有地学意义和应用价值。

以高空间分辨率影像为参考底图，从影像本身像元波谱呈现出的视觉特征出发，将非结构化的成像单元聚合粒化为结构化的地块。前面第 2 章已经对地块进行了定义，本章主要介绍如何以"地块"为基本单元构建基于高分影像的土地利用地块生产及解译方法体系。具体来说，首先从理论体系上建立以地块为基本单元的存储、分类及解译方法体系，在此基础上对计算机高效自动解译的技术要点及人机交互精细解译的一般流程进行梳理，最后介绍地块信息产品的几种生产模式。在图谱认知理论体系中，本章内容仍属于由谱聚图阶段，重点探讨如何通过图谱特征分析、人机交互解译等方式完成像元⇨对象⇨地块的转化，实现地块级土地利用图的生成与解译。

5.1　高分地块解译方法体系

高分遥感数据从视觉上更接近真实地表，近年来随着成像技术提升而发展迅猛，应用领域也越来越广，但从高分影像中提取、解译信息仍然复杂到难以脱离人工参与（Ma et al., 2015）。因此有必要对地块解译方法体系进行梳理，从定义出发结合应用综合考虑解译中的实际问题，系统化地加以分析并研究应对之法。在前期利用大规模国产高分数据进行信息提取研究的基础上，我们总结并规划了基于地块开展遥感信息提取及应用的一般流程，具体如图 5.1 所示。

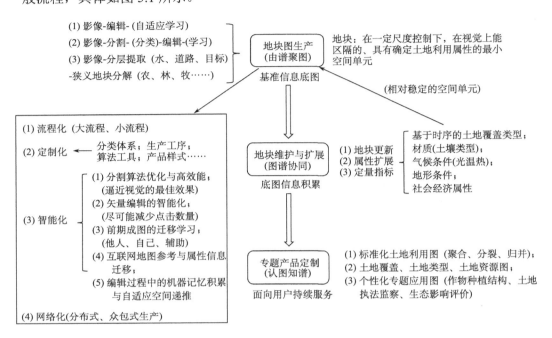

图 5.1　高分地块认知及应用过程

以国产卫星影像数据为例：首先，以米级/亚米级高分（ZY-3、GF-1、GF-2 等）融合影像作为空间参考，基于人机交互计算环境对地块进行智能化生产，得到一张反映土地利用现状的信息底图（地块图）；进而，以地块为基本单元，融入高时间（GF-1-WFV、HJ-1）、高光谱（GF-5）、多极化（GF-3）的多时空维观测数据及背景资料进行多粒度特征计算，实现对信息底图中地块属性的扩展和定量指标反演，并伴随观测数据的积累持续对地块图谱特征进行更新和维护；应用出口以用户需求为牵引，按需定制并推送专题信息产品，如依据不同行业分类标准通过聚合、归并生成土地利用专题产品，或通过作物物候分析形成分区域的种植结构信息产品等。在建立并完善生产线流程的基础上，进一步将迁移学习及自适应计算融入生产过程中，促使生产线向定制化、智能化和网络化方向发展。

以地块为基本单元的信息底图是构建高分地块解译方法体系的基础，因此 5.1.1 节从地块的基本概念出发，分别介绍地块分级编码体系、类别体系、解译方法等，并由此引出计算机自动分类与人机交互相结合的地块生产技术体系。

5.1.1　地块定义

在高空间分辨率影像上，地物的形状和边界信息相较中低分辨率影像有了极大增强，传统面向对象的分析方法由此产生（Blaschke et al., 2014），这也为遥感"图分析"提供了新的突破口。随着研究的深入，特别是与后续遥感应用结合起来，我们发现单纯的图分析越来越难以满足需求。地物的形状或边界与其属性密不可分（Laliberte and Rango, 2009），在定义上将两者融合便顺理成章，这就引出了从对象向地块的概念延伸。

如前文所述，地块是指在一定空间尺度约束下，视觉上能理解的、具有确定功能属性的最小空间单元。我们可以从以下三个层面来更好地理解地块的概念。首先，地块本身具有尺度性，无论边界还是类型都是在一定尺度下相对稳定，因此地块生产与影像分辨率密切相关。特别是在高空间分辨率影像上，视觉可感知的信息与真实地表越来越接近，传统以线状标识的道路、水系都可以地块（面状要素）的形式表达，由此生成的地块可与土地利用分类体系中的各种地理实体对应起来。随着影像空间分辨率的提高，像元纯净度将明显提升，地块精度也能得到明显改进，但数据量与工作难度也会随之大大增加。

其次，地块所对应的地理实体应边界明显且一致性良好，在一段时间内土地利用方式稳定。边界在生产中起分界、隔离的作用，因此边界稳定是地块得以划分的前提。广义上来讲，所有地表面状区域都可以地块表示；但狭义来看，地理实体除了在人工干预下有确定的边界或形状（如道路、建筑区、耕地、园地、人工林等），或者有天然稳定的边界（如湖泊、河流等），还有一类如天然林地、草地、荒漠等，它们没有明显的边界，即使目视解译也难以将边界准确划分出来，这并不满足地块划分的前提。本书采用广义地块的概念，以视觉可感知为标准，将所有地物一视同仁以地块标识，在设计生产流程和分级编码体系时再对这些地块加以区分。

最后，地块属性极其丰富，除了基本的土地利用类型这一属性外，后续基于遥感影像的特征计算结果，以及融入遥感之外的多源数据，都可以属性的方式落实到每个地块上，于是包容多维属性且支持属性扩展是地块后续应用的关键。此外，不同应用部门采用的分类标准不一样，同一地块在不同标准体系下对应不同的属性值，如何建立唯一地块在多种标准下的转换规则也是我们要关注的重点问题。

5.1.2 地块分级编码体系

地块编码是对地块进行空间位置标识、计算和处理的过程，以地块为最小地理单元进行位置标识有利于保持地块研究跨时间和空间的稳定性，是后续计算与处理的基础。由于地块完全基于高分遥感影像生成，一旦地块边界确定后其位置标识随即可以确定，关键在于如何确定边界及唯一编码规则（Broome and Meixler, 1990），在确定编码规则前首先需要对地块边界进行简单分析。受影像尺度、成像过程、相邻地块的变化等影响，边界在影像上的可见性不尽相同，我们按照边界在时空上的稳定程度将其划分为硬边界与软边界两类。硬边界指道路、水系、固定田埂等明显、稳定的边界，在高分影像上一般以面状要素来表示。软边界多指地块与地块之间的界线，一般只能以线来表示，受环境影响变化的可能性较大。由此我们可以将地块编码分成三级结构，如图 5.2 所示，每级编码作为地块的一个属性存储。地块编码结构具体介绍如下。

县域地块组团地块

图 5.2 地块编码结构示意

第一级以县域边界作为基础框架，代码由 9 位数字构成，前三位为国家代码（中国以 086 固定表示），后六位采用 6 位邮政编码作为县域代码，在地块属性表中，县域字段名用"PostCode"表示。

第二级以硬边界（道路、河流等过渡区）分割所形成的地块组团整体作为二级区块，以十进制数值构成的字符串表示，数值由 FID + 1 的规则进行编号，编号不足 6 位的，前面用 0 补齐。在属性表中，"地块组团"字段名用"GroupID"表示。另外，对于分割地块组团的道路、水系等，其本身也属于地块组团的一部分，要遵循"地块组团"的编码规则但也要与其他类别加以区分，如道路的"GroupID"值由 2 位字母码和 4 位数值码构成。各特殊类别的编码规则见表 5.1 所示。

表 5.1 特殊编码规则

类别	2 位字母标识码	4 位数值标识码	例如
道路	Rd	0000	Rd0000
水系	Wt	0000	Wt0000
其他过渡带	Tb	0000	Tb0000
天然植被区	Nv	0000	Nv0000
人工植被区	Av	0000	Av0000
人工建筑区	Bd	0000	Bd0000
其他区域	Ot	0000	Ot0000

第三级以软边界分隔开的最小地块单元作为三级区块，以十进制数值构成的字符串表示，数值由 FID + 1 的规则进行编号，编号不足 6 位的，前面用 0 补齐。在属性表里，"地块"字段名用"ID"表示。

综上，每个地块的唯一编码由 21 位数字构成的字符串表示，分别为国家代码（086）+县域代码（PostCode）+地块组团的编码（GroupID）+地块的编码（FID）构成，即 086+PostCode+ GroupID+[ID]。分级编码作为地块的必需属性字段，可用于唯一标识。

5.1.3 地块类别体系

遥感数据极大地改变了人们对土地研究和应用方式，地块作为最小的空间认知单元提取自遥感影像又与实际地理实体相对应，因此在抽象数据与实际地物之间架起了沟通的桥梁，以往对土地资源、类型、覆盖、利用的研究和应用都可落实到地块上（正因为自然分界、人为利用才分割形成地块）。以地块为基本单元建立土地利用分类体系，既可从根本上满足土地类别区分的需求，还可有效延伸至其他各种应用中。由于不同应用部门对土地覆盖/土地利用的关注重点有所差异，导致不同部门建立的土地利用分类体系差距较大。考虑各类地理实体边界的特点和形态，我们将地表覆盖类型大致分为四类。

第一类是在人工干预下有规则且稳定的硬边界，一般可用来区隔地块组团，如土地利用类型中的建筑物、道路等。

第二类是自然形成的有天然稳定且清晰的硬边界，一般指水域，如湖泊、河流等。

第三类是在人工干预下有规则且清晰的软边界，如耕地、园地、人工林地、设施农业用地等，受耕种方式、物候条件、国家调控等因素影响，边界可能会有局部变更。

第四类是天然形成的没有确定且清晰的边界，如野生林、野生草地、荒漠等，即使目视解译也难以将其边界准确标识出来。

上述分类主要是根据地块边界的状态和稳定程度来划分，便于针对各自特点设计人机交互的解译方法。在与各应用部门的分类体系相结合的时候，针对某一土地利用类型如草地，包括人工草地和天然草地，解译时就要根据上述类别体系采用不同的方法分别进行地块生产，并通过属性加以区分。另外，在以地块为基本单元的解译体系下，由于最小单元的稳定，同一地块可以从不同角度标定其属性。以同一片草地（地块）为例（图5.3），从覆盖角度可以认为是中覆盖度草地，从利用角度可以认为是天然草场，从类型角度可以认为是高寒草甸，从植被角度可以认为是针茅草地，这些不同类别其实是从不同角度描述同一地块，依据就是地块在地形、气候、植被生长、人为利用等各方面的属性状态。从不同角度对同一地块进行描述可扩展地块的多维属性，存储并探索属性之间的关联及转换关系，有助于发掘地块之间，以及不同分类体系之间隐含的特征，以适应不同的应用场景，满足多样化的应用需求。

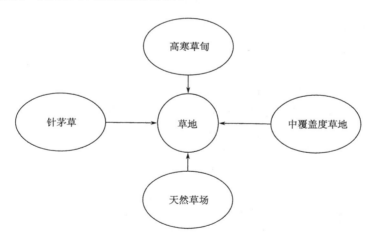

图 5.3　草地多角度类别示例

5.1.4　地块解译方法

地块具有边界和属性双重特点，综合考虑边界与属性才有可能取得较好的解译效果，现有计算机自动解译方法一般都单独针对边界（分割）或属性（分类），分开处理的结果是每一方面都难以研究透彻，后续融合也易出现问题，因此有必要研究图谱协同（边界与属性）的解译方法。另一方面，尽管机器学习算法有了较大改进，但当前来看终究还是难以适应复杂的地表覆盖，更何况多源多时相的叠加，目前实用化的解译方法还是难以脱离人工判读参与。参考5.1.3节地块类别体系，对遥感认知及应用过程中的解译方法进行梳理，设计了人机交互的地块解译方法体系（图5.4）。

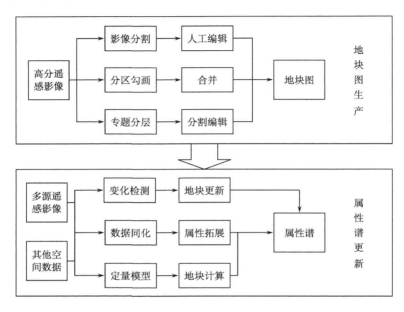

图 5.4 地块解译方法体系

　　地块解译包括两个过程，地块图生产及属性谱更新，分别对应了地块的边界和属性。地块图生产过程又可根据类别体系分为三种方式。第一种是针对天然形成的没有确定且清晰的边界的地类，首先采用图像分割算法生成多个斑块，后期加入人工编辑，对同类地块合并，不同类地块切割，使得边界趋于精确和稳定。属性赋值过程也可考虑通过计算机自动分类来实现，在设计分类算法的时候融入地形地貌等背景特征，有助于提高计算机自动分类的精度。第二种是针对有规则、稳定边界的人工地类，考虑以目视解译为主，计算机自动解译为辅。如果有辅助数据作支撑，也可先经过简单的配准、掩膜，再对掩膜后的地类进行目视解译。以道路为例，在高分辨率影像上表现为极长的条带状，易与沿路的建筑物混杂在一起，光谱值相近，难以区分。在没有其他来源道路相关数据辅助的情况下，从影像出发设计计算机自动识别算法很难满足精度要求，人工目视解译可以综合利用道路等宽且边界规则的特点，参考与周围地物的空间关系来精确识别。有辅助数据的情况下，如道路导航数据，可以通过矢量转换、配准等将道路快速识别出来，并作为硬边界辅助其他地类识别。第三种是针对自然形成的有天然稳定且清晰边界的地类（主要指水体），考虑到水体特殊的光谱特征，通过计算水体指数便可将区域内大部分水体提取出来，后期通过人工编辑提高地块边界与实际水体匹配的精度。在同一幅影像上，不同地方的水体反射率会有差异，设定同一个阈值来区分水体和非水体难免造成错分和漏分，因此还可以考虑以人机交互的方式针对不同区域选择不同阈值，再由计算机执行分割操作，可大大提高水体识别的精度，降低后期人工编辑的工作量。

地块属性赋值是伴随地块图生产过程进行的，以人工赋值方式为主，计算机可提供属性字段计算，以及属性格式刷等功能来提高赋值的效率。属性谱更新，考虑如何在前一步地块图基础上更新和扩展属性表，主要包括以下三个方面：一是随着影像的更新地块边界和属性发生变化的，需要进行更新，可适当引入多时相变化检测技术对变化地块快速更新；二是同化多源空间数据，以地块为基本单元计算每个地块的特征，特征值以地块属性的方式存储，实现对属性表的扩展；三是建立定量计算模型，以地块为单位反演其内部的各种量化指标，挖掘地块内隐含属性，并扩展属性表。

由上述地块解译方法可以看出，背景知识及多源数据融入对地块的生成及属性扩展具有重要的意义。目视解译可以很好地利用人的经验知识和综合分析能力，但不适合大规模生产工作；计算机可以完成复杂的大数据量计算，在多特征提取和多源数据融合分析方面具有独特的优势，因目前缺乏较好的模型来模拟人对地表认知的过程，所以计算机解译的精度一直受人诟病。人机交互的生产模式是综合考虑生产效率和解译精度的情况下最有效可行的方式，后续随着解译模型越来越智能，计算机主动计算的比例将越来越大，生产效率和产品精度都将得到极大提高。

5.2 地块高效生成技术

5.2.1 地块生成及更新

地块作为最小认知单元，其生成方法可以自底向上合并，也可以自顶而下划分，从编码方法来看，划分能保证地块唯一且相互独立，但人工知识参与较多；合并能保持局部一致，但难以把握全局趋势。在设计地块生成方法时考虑将自顶向下的全局知识融入自底向上的合并过程中，从效率和精度两方面改进地块生成技术。影像分割是地块自动化生成中的关键技术，如前面章节所述，当前各种分割技术多以非监督方法为主，在地块这一富含语义的概念下，知识对边界的确定具有重要的指导意义，由此亟需进行融入类型知识的地块生成技术研究（Witharana and Civco, 2014）。按照地块定义，根据不同区域不同类型将待分割区进行区分，有针对性地设定参数与要求精度，必要时需要对局部区域进行人工修改，从而提高地块生成的整体精度。

在这种要求下本节提出了以专题地物提取结合影像分割的一般化方法提高地块生成精度，根据地块实际特点及其定义，不同类别对地块边界的精细程度要求不尽相同，因此有必要根据不同专题类别设定相应的地块分界标准（Yi et al., 2012），特别是线状地物（河流、道路、过渡带等）贯穿较大影像区域，既对地表进行切割又是重要的过渡区，也是影响地块分割的重要误差点。在地块生成的实际方法中采用了专题地物支持的分层分割，如图 5.5 所示。

首先基于高分影像提取线状专题地物；然后对高分影像进行边缘提取，部分与专题地物（道路等稳定地物）吻合的边缘可作为稳定边界将地表切分为很多地块组团，其他可作为易变边界用于后续计算边缘强度（Chen et al., 2012）；最后在影像分割中加入边缘强度与地块组团类型两种参数，在传统区域合并的基础上进行两步改进：一是计算区域多时相光谱特征并建立相似性度量以支持后续合并；二是引入边缘强度以控制合并过程。有

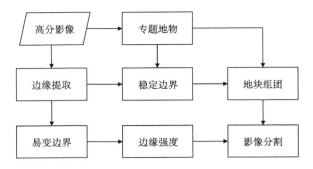

图 5.5　地块分层分割流程示意

$$\begin{cases} d(x,y) = \max_i \sqrt{\sum_{\lambda=1}^{n} (x_{i\lambda} - y_{i\lambda})^2} \\ \text{merge if } d < t_1 \,\&\, l < t_2 \end{cases} \quad (5.1)$$

式中，d 为区域 x 和 y 的多时相最大相似性；i 为时相；λ 为波段，距离以最简单的欧氏距离表示；l 为边界指数，t_1、t_2 分别为合并阈值，于是区域合并就要满足相似性上和边界上的两个条件，从而能确保区域合并总体上的合理性。

在生成地块的基础上，维护更新是一贯且长期的工作，因此从设计上就要求更新方法逻辑清晰、实施快捷，从后续应用考虑，将地块更新分为边界更新、编码更新两方面。

虽然地块定义为一段时间内稳定的地理单元，但随着时间推移，各种自然或人为因素会不断对地块施加影响，从而改变地块边界及属性。由于地理时空相关性，总体上这些变化还是有迹可循的，这也为利用算法发现变化提供了可能，但同时也不能忽视地物随时间正常变化所形成的干扰，所以在地块边界更新中主要采用了如图 5.6 所示的变化监测算法结合人工解译完成。

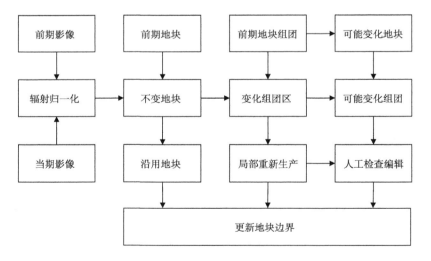

图 5.6　地块边界更新流程

如图 5.6 所示，与前期地块图相比确定属于未变化的区域，直接沿用其中不变地块的边界，对于剩余肯定变化及可能变化的区域在地块组团的支持下继续细分，对于组团发生变化的区域应安排重新生产，而对于组团边界不变但内部地块有可能变化的区域则通过人工编辑完成。按此过程将整体监测区域分为不变、变化、可能变化三类，针对这三类区域分别采用不同的边界更新策略，最终更新为完整的地块边界。

地块编码与地块一一对应，地块边界更新时其编码也必须相应有所调整，在原有边界上的更新主要可归结为多边形切割、合并、重塑等操作，相应的需要形成编码更新规则。由于地块编码的分级结构，其更新也分为两个阶段，首先对地块组团进行编码更新，主要针对图 5.6 中变化组团区，一般来讲这个更新的量相对较小；其次对地块组团内编码进行更新，整体上按照编码继承原则，对合并、重塑的地块按覆盖比例继承前期地块编码，对于切割形成的新地块在继承的同时继续分配新编码，保证组团内所有地块的编码唯一性。

5.2.2　地块多特征计算

遥感地块的多特征是相对于传统像元级影像分析而言的，单个像素所能提取的特征有限，既难以反映像元内各可能地物组成的情况，也难以代表其所在斑块的综合地物特性，相比之下地块的特征不但来源丰富，而且形式多样，既能帮助确定地块内部的地物属性，又能辅助规范地块边界的准确划分，可以为目标识别、地物分类提供更多的依据。计算机辅助下的特征提取，应遵循简单到复杂的原则分别提取，然后按需耦合分析，最终为认知服务，本节具体说明地块的多特征提取、分析方法。

具体来说，光谱与形状是地块最直观的表现形式，在光谱上，每个像素都代表一种地表反射特征，但是其表现的是像元范围内的综合地物，而且经常受到各种干扰，而地块单元内的多像素统计减少了噪声影响，一般更能代表其整体特性，如地块光谱均值与标准差就能反映地块内整体光谱特征及均质程度。在形状上，地块拥有像素所不具备的边缘、形态、空间关系等特征，这些特征在高分辨率影像上尤为明显，受到越来越多的重视，如形状因子对于区分河流跟湖泊有重要作用，空间相邻关系对于判断地物阴影的作用也较为显著。尽管这些特征很大程度上改进了地块分析方法，但是当影像越来越精细，单景影像所拍摄的区域有限，更由于地物目标的多变，以及环境背景的复杂，此时凭单景影像本身所蕴含的特征已不足以支持高精度分析的需求，于是多时相影像协同、地域背景知识融入显得尤为重要，更多的相关特征有待挖掘。目前来看，这种相关性主要体现在时间与空间上。时间上，地物的变化具有一定规律和连续性（灾害等突变过程同样遵循变化规律），地块在时序上的演变正是这种特性的直接表现；空间上，地块的地理属性使其天然具有了耦合地学信息的能力，因此地块除了影像、时相特征外还可以具有地形、气候等特征。表 5.2 列举了上述特征的类型及主要表现形式。

表 5.2　遥感地块的主要特征

特征类型	主要来源	特征类型	主要表现形式	适用性
光谱特征	栅格影像	谱	反射率、指数	高
空间特征	栅格影像	图	距离、面积、方位	高

特征类型	主要来源	特征类型	主要表现形式	适用性
纹理特征	栅格影像	图	概率	中
时相特征	时序影像	谱	差值、比值	高
地形特征	地形数据	图	高度、角度	中
气候特征	统计数据	谱	温度、湿度	低

在目视解译中，影像特征是基本解译标志，背景知识是解译经验的形象表示，多源数据则是参考资料，对于一个高要求的解译任务来说，这三者是缺一不可的，它们的基本关系如图 5.7 所示，背景知识对特征分析、样本选择甚至分类模型构建都有指导作用，而多源数据在解译过程中一般通过特征计算提取更丰富的地块特征。由此可见，特征提取是整个地块解译的基础步骤，关乎解译任务的成败。

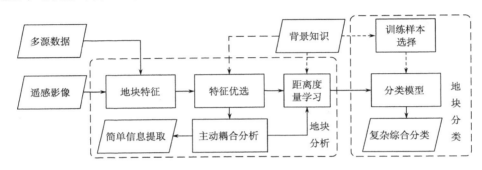

图 5.7 地块解译过程中的特征

根据遥感图谱认知理论，机器解译在流程上还需遵循目视解译规律，但在知识应用的程度上会有较大欠缺，尽管能提取更多更精确的地块特征，但优选并分析这些特征依然是计算机的弱项，如何根据地域、地类有的放矢地进行特征优选、分析与应用是解译中面临的主要难题。在本书的方法体系中，根据计算机的特点选择了如下策略：在特征提取时尽量做到多而全，在效率允许的前提下默认把各种可能的特征都加以计算；在特征分析之前主动对上述特征进行筛选，主要参考地域及地类等背景知识而来（对于机理简单的专题信息提取应用，主要特征甚至可以预先指定）；最后对优选特征进行图谱耦合分析，从而形成对遥感地块的初步认知。

从流程上来看，特征提取是地块分析的基础，特征分析则是特征集范畴内的变换方法，通过距离度量学习可以为后续分类认知奠定基础，而通过主动耦合分析甚至可以实现部分地物信息的解译，这也是遥感信息图谱分析的集中体现，因此遥感地块分析的关键点在于提取与分析，以下分别详述。

遥感地块的特征提取遵循从简单到复杂的规律，较简单的像素值等特征是图像数据的基本要素，复杂一点的地块特征是图谱认知的基本单元，更复杂的地类关系等特征则是知识推理的基本依据，这些特征表现形式不一、适用程度不一，但自动解译过程要求尽量不预设条件，因此在特征提取阶段需要尽可能全面地计算所有特征，以满足后期多种分析需求。图 5.8 按提取来源及方式列举了部分地块特征，具体计算方式将在后续介绍。

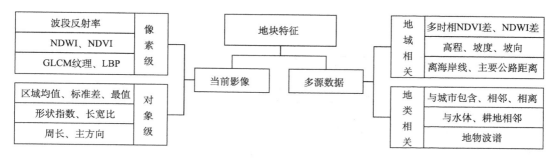

图 5.8　部分地块特征

根据计算方法的不同，当前影像上的特征计算可以分为像素级和对象级两类，像素级特征针对单个像素或其邻域计算，结果表现为对应像素的特征向量，类似反射率等；对象级特征针对区域对象或其关联对象计算，结果表现为对应区域的特征向量，类似区域面积等，这两类特征分别反映了地块内部或区域在某一数据上的表现。基于多源数据的计算可以分为地域相关特征和地类相关特征两类：地域相关特征根据地块的地理位置计算相关区域的辅助特征；地类相关特征根据当前或相关地块的地类属性计算辅助特征，类似地物波谱特征等。这两类特征均可根据需要成为地块的特征属性。

1. 简单影像特征提取

像素蕴含了遥感影像的基本光谱特征，是地物光谱反射率的直接体现，也是各种光谱特征计算的基础。这些特征是地物在影像中的直观表现，对于判别大多数地物具有直接效果。在数据准备充分的情况下，像素特征提取相对来说比较简单，但在面向对象分析方法中，所有像素特征最终都以对象属性形式表达，因此一般通过对象区域范围取均值和标准差实现。

随着影像空间分辨率越来越高，通常光谱平均值、方差等特征不足以完整反映地物，而形状特征则越来越显示其不可忽视的辅助甚至主导作用（Fauvel et al., 2012），是当前解决"异物同谱"及"同物异谱"等现象的有效手段。对于特定的独立地块，一般需要计算其区域和轮廓相关的特征，区域是针对地块所涵盖的所有像素位置，如面积、长宽等，而轮廓则特指地块的边缘，如傅里叶描述子等。

表 5.3 列举了较常用的部分影像特征，它们的共同点就是以当前影像为基准进行计算，也正因如此，这些特征具有较高的普遍性，能满足一般影像分析的要求。

表 5.3　部分影响特征

特征类型	特征名称	特征计算公式	说明
光谱特征	均值	$\mu_l = \dfrac{1}{n}\sum\limits_{i=0}^{n} p_{l,i}$	$p_{l,i}$ 为像元值，n 为像元个数，l 为波段
	标准差	$\sigma_l = \sqrt{\dfrac{1}{n-1}\sum\limits_{i=0}^{n}(p_{l,i}-\mu)^2}$	$p_{l,i}$ 为像元值，n 为像元个数，l 为波段，μ 为均值
	最大像元值	$p_{l\,\max} = \max(p_{l,i}), i=0,\cdots,n$	$p_{l,i}$ 为像元值，n 为像元个数，l 为波段
	最小像元值	$p_{l\,\min} = \min(p_{l,i}), i=0,\cdots,n$	$p_{l,i}$ 为像元值，n 为像元个数，l 为波段

特征类型	特征名称	特征计算公式	说明
光谱特征	NDWI	$NDVI = \dfrac{GREEN - NIR}{GREEN + NIR}$	Green 为绿波段；NIR 为近红外波段
	NDVI	$NDVI = \dfrac{NIR - RED}{NIR + RED}$	NIR 为近红外波段；RED 为红波段
形状特征	面积	$Area = \sum\limits_{i=0}^{n} a_i$	a_i 为第 i 个像元的面积；n 为像元个数
	周长	$P_e = \sum\limits_{i=0}^{n} per\, i_i$	$peri_i$ 为第 i 个边的长度；n 为边数
	形状指数	$Shin = \dfrac{P_e}{4\sqrt{Area}}$	P_e 为周长；Area 为面积；Shin 取值范围为 $[1,\infty]$，当对象为正方形的时，$Shin = 1$
	主方向	$MainDir = \dfrac{180°}{\pi} \arctan(\text{var}\, XY, \lambda - \text{var}\, Y) + 90°$	地块空间分布的协方差矩阵两个特征值中较大的那个特征值相对应的特征向量的主要方向，λ 为特征值，$\text{var}\, X$ 和 $\text{var}\, Y$ 分别为 X、Y 的方差
	长宽比	$\lambda = \lambda_1 / \lambda_2$	λ_1 为方差矩阵特征值的较大值，λ_2 为方差矩阵特征值的较小值
	长度	$length = \sqrt{Area \times \lambda}$	Area 为面积；λ 为长宽比
	宽度	$width = \sqrt{Area / \lambda}$	Area 为面积；λ 为长宽比
纹理特征	同质性	$Homogeneity = \sum\limits_{i,j=0}^{N-1} \dfrac{P_{i,j}}{1+(i-j)^2}$	$P_{i,j}$ 为归一化灰度共生矩阵 GLCM 的值；i、j 为 GLCM 的行列值；N 为 GLCM 行或列的数目；$\mu_i = \sum\limits_{i,j=0}^{N-1} P_{i,j} \times i$；$\mu_j = \sum\limits_{i,j=0}^{N-1} P_{i,j} \times j$；$\sigma_i^2 = \sum\limits_{i,j=0}^{N-1} P_{i,j} \times (i-\mu_i)^2$；$\sigma_j^2 = \sum\limits_{i,j=0}^{N-1} P_{i,j} \times (i-\mu_j)^2$
	对比度	$Contrast = \sum\limits_{i,j=0}^{N-1} P_{i,j}(i-j)$	
	相异性	$Dissimilarity = \sum\limits_{i,j=0}^{N-1} P_{i,j} \left| i-j \right|$	
	熵	$Entropy = \sum\limits_{i,j=0}^{N-1} P_{i,j}(-\ln P_{i,j})$	
	角二阶矩	$A2m = \sum\limits_{i,j=0}^{N-1} (P_{i,j})^2$	
	相关性	$Correlation = \sum\limits_{i,j=0}^{N-1} \dfrac{P_{i,j}(i-\mu_i)(j-\mu_j)}{\sqrt{\sigma_i^2 \sigma_j^2}}$	

2. 复杂多源特征提取

此处所讲的复杂不在于特征提取算法的复杂，而在于特征超越影像本身，其来源或应用方法是复杂的，一般需要地理匹配来关联地域相关特征，或需要地类知识来关联类别相关特征。时相特征要求多个数据位于同一区域且匹配准确，地形特征要求辅助高程数据与影像数据匹配准确，空间关系更是在地物识别的基础上进行分析，波谱特征基于地物波谱库数据建立，需配合地物类别应用。表 5.4 列举了部分多源特征，它们的计算都需要外部数据辅助，因此不仅能反映影像本身的特点，而且更多的能与影像所在地域、所体现地物相联系，这些特征针对性强，能满足专业的地块分析需求。

表 5.4　部分多源特征

特征类型	特征名称	特征计算	说明
时相特征	NDVI 差	$\Delta NDVI = NDVI_1 - NDVI_2$	任意两个时相植被指数差异
	NDWI 差	$\Delta NDWI = NDWI_1 - NDWI_2$	任意两个时相水体指数差异
地形特征	高程均值	$h = \dfrac{1}{n}\sum\limits_{i=0}^{n} h_i$	h_i 为像元高程值，n 为像元个数
	坡度	$slope = \dfrac{\Delta h}{d}$	Δh 为高程差，d 为水平距离
	坡向	$aspect = \arctan\left(\dfrac{\Delta h}{d}\right)$	
空间关系	与海岸线距离	l_{coast}	地块中心点到矢量海岸线距离
	与城市距离	$d_{city} = \Delta d - r_{city}$	Δd 为地块中心与最近的城市中心距离，r_{city} 为城市半径，结果小于零为包含其中
	城郊率	$ratio = d_{city} / r_{city}$	d_{city} 为与城市距离，r_{city} 为城市半径
	与河流距离	l_{river}	地块中心到河流脊线距离
	相邻边界	$Border\ To = \sum\limits_{u \in O_d(u)} b(u,v)$	描述相邻地块之间共同边界长度的计算公式，也是地块复杂特征之一，为地块 u 和 v 共同边界的长度
	相对边界比例	$ReBorder\ To = \dfrac{\sum\limits_{u \in O_d(u)} b(u,v)}{P_e(v)}$	$b(u,v)$ 为地块 u 和 v 共同边界的长度，$P_e(v)$ 为地块 v 的边界总长度
波谱特征	模拟波段反射率	$L_i = \displaystyle\int_{\lambda_1}^{\lambda_2} L(\lambda) r(\lambda)\,\mathrm{d}\lambda$	$L(\lambda)$ 为地物的实测波谱反射率，$r(\lambda)$ 为波段响应函数，λ_1 和 λ_2 为该波段的上下波长边界

通过上述方法可以提取地块丰富的图谱特征，但这些特征直接应用的效果是难以保证的，如光谱特征是遥感影像的固有特征，从多光谱到高光谱，其特征维数可以从几维到上百维，但波段之间相关性较大，往往仅有少数几维光谱特征与某一地类判定有关，而其他特征的加入反而会造成干扰，这也是特征优选对于高光谱分类的重要性所在。空间特征是遥感影像不可或缺的特征，地物分布、变化一般符合地学规律，这也是目视解译能够降低"同谱异物"和"同物异谱"干扰的主要原因，然而空间特征表现形式多样，能直接用于影像分类的空间特征较难提取；地形特征是地物的特有属性，很多地学现象的发生或地物的出现与所在地高程、坡度、坡向等密切相关，另外，地物所在区域的光照、降水等气候特征同样对地物分布有重要影响，然而这些特征在小区域尺度上的作用机理模糊，往往难以一概而论，而且经常只对特定地物有效。在地块多特征计算完成后，通过采集样块作为训练样本，并借助最大似然、支撑向量机（Sesnie et al., 2010）、神经网络、决策树、随机森林（Breiman, 2001）、集成学习（Benediktsson et al., 2007）等监督

分类器进行分类规则的学习，对地块类别进行判别，从而完成地块的计算机（粗）分类解译过程。

5.3 人机交互精细解译

地块信息解译的精度主要从两方面来评价：一是地块的边界是否准确；二是地块的类别属性是否准确。在上一节计算机解译技术支持下这两方面尽管已有较大提升，但计算机解译方法的可靠性及精度还是无法与人工解译相媲美。综合考虑效率与精度两方面的需求，设计上采用人机交互的生产终端（PLA）来辅助计算机更好地完成地块解译。结合地块的定义，生产终端主要实现三个功能：图形编辑、属性编辑和质量检查。图形编辑主要实现地块边界的提取，属性编辑实现地块属性表的更新与扩展，质量检查是保证地块成果的准确，为后续分析和应用提供精确的数据支持。下面分别对这些功能进行简单介绍。

5.3.1 图形编辑

地块是以面状矢量要素来表示的，所以图形编辑应针对面状要素展开，具体包括新建、分割、合并、重塑、节点编辑等基本功能。新建要素是直接沿着参考影像上地物的边界进行追踪，最终形成闭合的面；生成的地块与影像上地物边界不吻合，需要对边界进行调整，可通过编辑节点，或重塑要素工具实现边界微调；对于地块组团，其内部包含多种地类需要细分，可通过分割要素工具实现；同类地物被分割成相邻的几个地块，可通过合并要素工具将其变成一个地块。通过这些基本功能，便可实现地块边界的提取，但生产效率较低。为了提高生产效率，可以加入一些辅助的智能化工具，如生成平行线的工具，在提取道路、沟渠，以及平行的耕地地块时非常有用。此外，考虑到真实地理实体之间存在复杂多样的空间关系，映射到地块单元上，就是要维护好地块之间的拓扑关系，主要体现在地块内部不能自相交，相邻地块之间不能重叠，在有重叠和交叉的情况下，要设置好优先级顺序，确保优先级高的地类的连续性。这就要求在地块编辑过程中，计算机要实时进行拓扑检查，有错误的地块不予生成，提示错误原因并返回编辑之前的状态；编辑结束之后还要对相邻地块之间进行拓扑检查，提示错误节点位置供生产人员修改。后期在有辅助数据融入的情况下（如道路导航数据），还应考虑矢量之间的计算和拓扑关系的维持。

5.3.2 属性编辑

属性编辑主要用于修改和扩展地块属性表，由逐一赋值到批量赋值，可通过三种方式来实现。第一种是人工编辑属性表，包括添加属性字段、输入属性值等；第二种可通过属性表的字段计算器功能来实现对单一字段的批量赋值；第三种是预先参照分类体系设计分类表，对每个类别设置渲染样式并通过可视化界面展示出来，生产人员可直观地选择相应的类别，用类似"属性格式刷"的工具对同类地块的多个属性统一赋值。第三种方式最直观也最高效，关键在于设计合理的可视化渲染方案，主要通过设置类别的颜色、标注、透明度等来实现。

类别颜色是对分类结果的直接展示，适用于小比例尺下对某一类地块的快速定位和修改。生产人员可按要求预先定义分类表及类别渲染样式并保存在 XML 文件中，使用时加载到生产终端。支持生产人员自定义渲染样式、保存自定义符号等。

类别标注是对分类结果的间接展示，可以在不覆盖原始影像的同时提示当前斑块类别，适合在大比例尺下对图斑进行逐个检查和修改。类别标注需与类别颜色配合使用，当采用标注方式提示类别时，填充颜色以透明或半透明为宜，可以清楚地看到矢量层下影像的表现，辅助解译。

修改类别主要包括属性表检查、错误图斑定位和属性修正三个步骤，前两个步骤可通过功能设计与辅助计算来提高工作效率。首先在检查属性过程中加入自动分幅功能，在当前矢量编辑界面以固定大小（如 2km×2km）展示影像及分类结果，提高渲染效率；同时由后台计算类型可信度，提示生产人员重点检查可信度较低的地块。其次实际生产中经常碰到比较破碎的斑块，影响批量选中的效率。对此可将局部区域内相似度较高且类型相同的地块在一定程度上进行关联（通过后台长计算与临时短计算结合），按照生产人员的操作习惯快速将相关的地块同时选中，便于进行批量属性赋值。在赋值时通过"属性格式刷"功能可以快速实现修改，采用分屏联动可提高类别的展示效果，同时也能加载地形地貌、空间统计等辅助数据来提高类型判别正确率。

5.3.3　质量检查

质量检查是人机交互生产的重要组成部分，根据地块信息生产及最终质量控制的要求，设计了如下信息产品质量评价体系与检查流程。

1.　质量评价体系

各质量元素、质量子元素及检查项如表 5.5 所示。在实际应用中可根据技术设计、成果类型等具体情况进行扩充和调整。

表 5.5　质量评价体系

质量元素	质量子元素	检查项	检查内容	适用成果
完整性	信息成果完整性	成果数量	检查信息提取成果数量是否对应，是否与下达任务数量、影像矢量框数量一致	矢量成果
		成果命名	各信息提取成果命名是否正确，是否按照生产流程执行	矢量成果
	附件成果完整性	成果报告	各类报告是否齐全，报告填写是否完整，正确，问题影像是否表述清晰；如有因质量不合格等原因未提交的影像，应在报告中写明	报告文件
		成果矢量框	有无提交成果对应的矢量框，数量与成果是否一致	矢量成果
		问题区域框	有无提交存在问题区域的矢量框，标明各种问题具体的位置	矢量成果

质量元素	质量子元素	检查项	检查内容	适用成果
逻辑一致性	格式一致性	数据归档	检查数据文件存储、组织是否符合要求	全部成果
		数据格式	检查数据文件格式是否符合要求	全部成果
		数据文件	检查数据是否存在文件缺失、多余、数据无法读取的情况	全部成果
		文件命名	检查文件名称是否符合要求	全部成果
	拓扑一致性	重合、重复、相接、连续、闭合、打断	检查不重合、重复、未相接（悬挂）、要素不连续、要素未闭合、要素未打断错误个数	矢量成果
空间参考系	大地基准	坐标系统	检查坐标系统是否符合要求	矢量成果
	高程基准	高程基准	检查高程基准是否符合要求	矢量成果
	地图投影	投影参数	检查地图投影各参数是否符合要求	矢量成果
位置精度	平面精度	几何位移	检查要素与正射影像数据成果套合位置超限的个数；检查覆盖分类与国情要素数据套合位置超限的个数	矢量成果
		矢量接边	检查要素几何位置接边超限的个数	矢量成果
属性精度	分类正确性	分类代码	与影像成果、解译样本、凋绘资料等比对检查	矢量成果
	属性正确性	属性值	检查属性值错漏	影像成果

2. 质量检查流程

信息产品质量检查流程如图 5.9 所示，主要分三个阶段：信息生产小组内部自查或互查、质检组常规检查验收及质检组项目级检查验收。

质检过程中除了设计常规的分幅浏览、分屏标注等功能外，计算的参与也必不可少，其中首先是对地块信息产品的形式检查，自动统计错误类型并生成错误报告，主要包括文件命名、格式、完整性、元信息、拓扑等一系列标准，这些计算一般批量集中处理再区别对待；其次在检查过程中需要更多短计算的参与，如智能化标注相似错误、自动提取错误类型等。

5.4 地块信息产品生产模式

前文已经分析过，目前的技术条件无法实现地块的全自动生产，在大量人工参与的情况下，势必引来生产模式的迭代发展和更新。在信息化与大数据计算背景下，传统大量依靠人工目视解译的作坊式生产模式逐渐消失，拥有更高效率的流程化生产模式已经建立完善，智能化生产模式也在被探索开发中。未来随着计算机越来越智能，人的角色将从生产主力转变为质检员，不需要具备专业的知识和丰富的经验便可完成生产任务，轻量级的外包使得分布式生产成为可能。当计算机分析能力足够强大，网络所触及的地方都可成为数据的来源时，最终生产模式将以网络化众包的方式来实现。本节主要探讨流程化、智能化及大规模众包三种生产模式下如何部署生产任务。

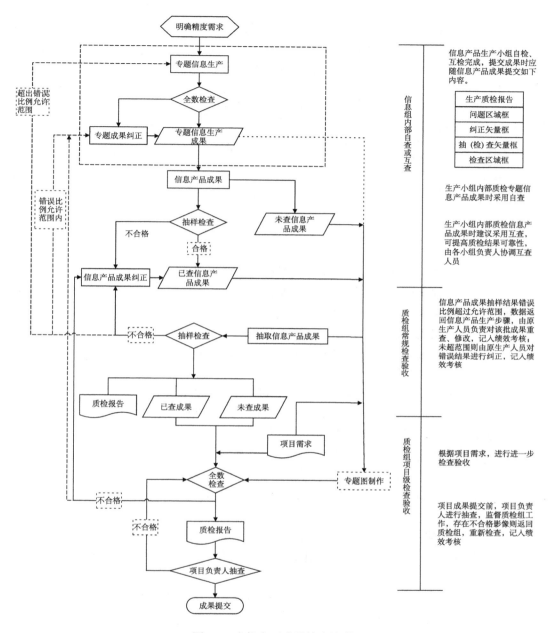

图 5.9　人机交互成果检查流程

5.4.1　工序化流程生产

将整个生产过程分为多道工序，所有工序以生产线形式流转。每个工序对应输入输出以及操作步骤，制定详细的生产规范和标准体系，确保多人协同情况下的数据质量，提高生产效率。这是当前已经较为完善的生产模式，也有大量工业生产流水线可供参考借鉴。本书以第三次农普调查为例介绍流程化生产模式。

如图 5.10 所示，整个流程主要包括：数据准备、掩膜采集、作业分发、地块细化、成果合并及产品质检工序。这些工序在输入输出上有前后依赖关系，因此生产线以串行流水线的形式协同多人共同生产。在作业分发阶段设计了作业区、任务池，此处可组织多人并行生产，提高生产效率。下面逐一对流程各个节点进行说明。

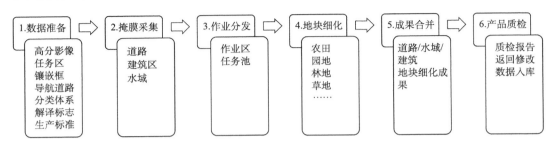

图 5.10　第三次农普调查生产方案

（1）数据准备。从下达任务开始，前端任务组织者带领生产人员确定任务区分类体系及解译标志，制定详细的数据生产规范及标准体系；同时在大数据管理平台支持下选择任务区高分参考影像，为保证数据有效且完整覆盖任务区，一般需要叠加起来进行一定的云影检查，在数据缺失的情况下还需寻找替代数据；在多景影像重叠区需要进行镶嵌线生成并按土地覆盖生产的接缝要求进行一定编辑；查找任务区内导航道路数据，缺失情况下可用网络地图做参考。

（2）掩膜采集。主要包括道路、建筑区和水体三大类掩膜。依前文所述，道路类似一个城市的骨架，可以作为硬边界将任务区分成多个地块组团；水体类似，也可以作为硬边界辅助划分地块组团；建筑物以功能区的方式提取出来，建筑功能区内部配套的绿化、道路、公共建筑等设施，均作为功能区的一部分进行掩膜，不再做详细划分。

（3）作业分发。将上述掩膜数据从总任务区中分别擦除，其优先级顺序为建筑区>道路>水体。擦除之后变成多个地块组团，每个地块组团作为一个作业区存放在任务池中，分发给生产人员。

（4）地块细化。在地块组团的基础上，进一步细分农田、园地、设施农业用地、林地、草地等类型。此阶段也遵循由粗到细分层提取的原则，先将大类区分开来，再逐个做细化。

（5）成果合并。将第（2）步生成的三大类掩膜数据，与第（4）步生成的地块细化结果进行合并，得到任务区农普调查地块图。

（6）产品质检。依据生产规范及标准进行检查，主要包括拓扑检查、碎斑检查、属性表完备性检查、属性类别检查等，生成质检报告，质检合格，则产品入库；不合格，返回生产人员修改。

上述流程构成稳定生产线后即可定型为专门的生产工艺，类似的生产任务（如土地覆盖、土地利用、专题信息等）均可通过相同的生产工艺完成。工序化的组织方式对生产工艺有严格要求，首先必须明确整条生产线需要生产什么产品，同时每一步生产的输入输出及标准也需明确。每一步的任务得以标准化，不论是机器执行还是人工操作，最终才有可能保证产品的标准化和可靠性。在此标准化工序的基础上，如何进一步发挥机器的计算、存储能力以提高生产效率，这就是后续智能生产模式所需考虑的问题。

5.4.2 半自动智能生产

智能生产以生产环境为主要标志，将生产人员从繁杂的数据准备中解放出来而只关心交互效率，所有数据组织、计算执行的工作都以程序化形式在生产环境中完成。回顾流程生产模式中的工序，可以发现有很大一部分时间耗费在数据准备、筛选中，一方面影响工作效率，另一方面人为因素也容易产生误差，因此智能生产首先要建立半自动化的生产环境，使数据、作业组织完全对生产人员透明，其次要将繁重的人机交互过程进一步简化，大量加入智能计算辅助，下面以土地利用生产为例进行简单介绍。

如图 5.11 所示，土地利用生产过程由生产终端和数据中心配合完成，由地块图开始，各类空间数据通过特征提取扩展地块的属性，对地块多角度地描述决定了其可按相应的土地利用标准分类，在此列举两种方法：一种是在已有土地利用成果基础上对地块进行自动更新，保留成果中部分类别并提取其中的类别规律，实现对地块图的大部分类别更新，最后经人工检查与修改形成产品；另一种是按土地利用标准在地块图上针对需细分的类别进行局部采样，如草地需按一定标准细分时，则选定相关样本与特征进行分类，并根据结果对分类规则进行人工调整以提高精度，最后也要通过人工检查与修改才能作为产品。在此过程中，人机交互终端在数据中心数据、计算服务的支持下仅负责简单的操作，而数据在生产流程间自动流转，计算过程也尽量智能化并提高效率。

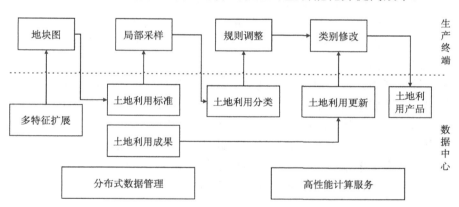

图 5.11　土地利用生产过程

生产环境一般部署在局域网环境内，如图 5.12 所示。数据中心主要实现分布式影像、矢量数据管理、高性能计算，以及人员任务汇总，分布式的生产终端主要部署人机交互生产工具用于解译，每个工序都按需配备一定的质检员检查生产质量，同时有过程监控软件对项目任务、人员配置进行监控与调整，所有这些软硬件的配合才能保证信息生产的效率和产品的精度。

上述生产环境具有良好的扩展性。首先，生产规模可以通过增加生产终端、扩展数据中心、增加生产人员等得以扩大，项目任务、人员管理基本由后台数据库实时统计，过程监控能及时发现生产压力并适当调整，以应对项目任务的变化。其次由于生产工序趋于标准化，生产人员与生产工具可以根据要求进行灵活定制，从而使得人员、工具的扩充更加简单。最后数据中心可以根据生产任务的增加而扩充，当生产规模扩大到多区域互联网时，数据中心仍能保证数据生产的一致性及任务与人员的有效组织。

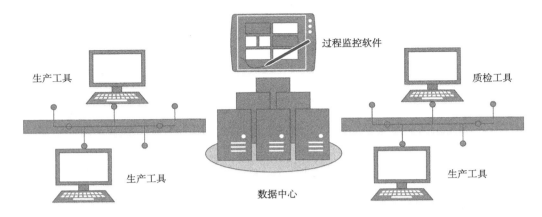

图 5.12 半自动生产环境

5.4.3 大规模众包生产

众包生产以互联网参与为主要标志，在数据中心及交互软件的支持下，多地域、多终端进行地块生产与核查，实现效率与精度颠覆性提升。地理信息的时空分布特点决定了地块信息生产难以集中时间集中地点完成，随着地理空间持续的、广泛的变化，理想条件下的信息生产也应该全覆盖快速更新，在这种变革下地理信息的生产、管理、应用都将产生颠覆性变化。

众包信息生产的关键是建立时空基准，其中，基于卫星遥感数据生产的数据底图是基础，各类空间数据以此为基准进行同化，甚至更多来自用户的非空间数据也可通过标注底图而空间化，从而使大数据中心真正有效组织时空基准化的数据。在数据底图基础上，地块构成的信息底图得以不断更新，由此数据才能真正实用化，首先各类地理信息可以通过互联网进行采集加工，经过一定审核与信息底图匹配可以从多维视角丰富地理信息，由此提供的空间信息服务将大大拓展应用面，使遥感数据与信息真正服务于大众（图 5.13）。

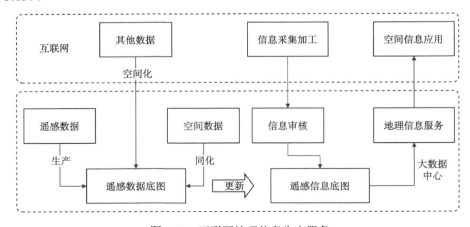

图 5.13 互联网地理信息生产服务

众包生产环境以大数据中心为核心支持多终端多区域协同生产，中心存储并维护基准底图，互联网端承担大部分的信息采集加工功能，不同区域的信息经过审核后源源不断地汇入中心并被统一时空基准。数据中心的建设及维护也需要专门组织，除了进行主动生产维护底图外，还需管理各种数据，开发基于地理空间大数据的示范应用，当然这些信息也可以为大众服务，这就形成了全民参与的地理信息生产、应用环境，真正发挥空间信息的基础作用（图5.14）。

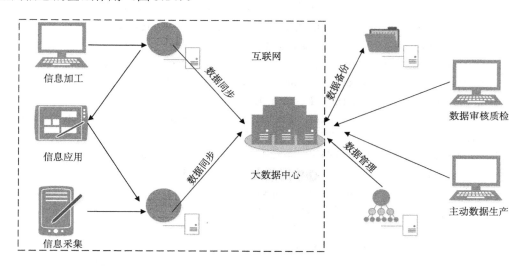

图 5.14　众包生产环境

5.5　本 章 小 结

人类对地球进行着全方位、多平台、多视角的监测，使得对地观测大数据呈现出时空全覆盖、规模化快速更新、多态表达及高密度价值等特点。因此，在高分数据时代，由于地块概念的引入，其吻合真实土地利用单元的特点使得土地利用的生产及更新方式随之变化，解译单元从像素、对象转变为相对稳定的地块，解译过程从图像特征判别转变为地块多源多时相特征的综合判别，流程上也更多地引入自动化、智能化工具辅助人机交互。伴随这些变化，地块级土地利用的基础信息底图功能得以更多体现，不但能支持后续的图谱耦合分析及应用，辅助各类专题信息的提取，而且能承载不断积累的各种信息，融会贯通形成对地块的深层次认知。另外，对地观测大数据的结构认知是促进其深入应用的关键，深度学习等技术的兴起为对地观测大数据的结构认知及处理提供了技术支撑。对地观测大数据具有低、中、高多层次的特征，从底层的视觉特征到高层的语义表达之间往往存在鸿沟，而深度学习正是通过对低层特征的多层抽象获得其中的高层结构信息，因此其思路有望用于对地观测大数据结构和地物类型属性的深度认知，是未来发展的趋势。

参 考 文 献

李德仁, 张良培, 夏桂松, 等 2014. 遥感大数据自动分析与数据挖掘. 测绘学报, 43(12): 1211-1216.

周成虎. 2015. 全空间地理信息系统展望. 地理科学进展, 34(2): 129-131.

Benediktsson J, Chanussot J, Fauvel M, et al. 2007. Multiple classifier systems in remote sensing: From basics to recent developments. In: Haindl M, Kittler J, Roli F. Berlin: Springer Heidelberg, 4472: 501-512.

Blaschke T, Hay G J, Kelly M, et al. 2014. Geographic object-based image analysis—Towards a new paradigm. ISPRS Journal of Photogrammetry and Remote Sensing, 87: 180-191.

Blaschke T, Hay G J, Weng Q, et al. 2011. Collective sensing: Integrating geospatial technologies to understand urban systems—An overview. Remote Sensing, 3(8): 1743-1776.

Breiman L. 2001. Random forests. Machine Learning, 45(1): 5-32.

Broome F R, Meixler D B. 1990. The TIGER data base structure. Cartography and Geographic Information Systems, 17(1): 39-47.

Chen J, Li J, Pan D, et al. 2012. Edge-guided multiscale segmentation of satellite multispectral imagery. IEEE Transactions on Geoscience and Remote Sensing, 50(11): 4513-4520.

Fauvel M, Chanussot J, Benediktsson J A. 2012. A spatial-spectral kernel-based approach for the classification of remote-sensing images. Pattern Recognition, 45(1): 381-392.

Giacinto G, Roli F, Bruzzone L. 2000. Combination of neural and statistical algorithms for supervised classification of remote-sensing images. Pattern Recognition Letters, 21(5): 385-397.

Goodchild M F. 2013. Prospects for a space–time GIS: Space–time integration in geography and GIScience. Annals of the Association of American Geographers, 103(5): 1072-1077.

Laliberte A S, Rango A. 2009. Texture and scale in object-based analysis of subdecimeter resolution Unmanned Aerial Vehicle (UAV) imagery. IEEE Transactions on Geoscience and Remote Sensing, 47(3): 761-770.

Ma Y, Wu H, Wang L, et al. 2015. Remote sensing big data computing: Challenges and opportunities. Future Generation Computer Systems, 51: 47-60.

Madzarov G, Gjorgjevikj D, Chorbev I. 2009. A multi-class SVM classifier utilizing binary decision tree. Informatica, 33(2): 233-241.

Saffari A, Godec M, Pock T, et al. 2010. Online multi-class lpboost. Computer Vision & Pattern Recognition, 238 (6) : 3570-3577

Sesnie S E, Finegan B, Gessler P E, et al. 2010. The multispectral separability of Costa Rican rainforest types with support vector machines and Random Forest decision trees. International Journal of Remote Sensing, 31(11): 2885-2909.

Weng Q. 2012. Remote sensing of impervious surfaces in the urban areas: Requirements, methods, and trends. Remote Sensing of Environment, 117: 34-49.

Witharana C, Civco D L. 2014. Optimizing multi-resolution segmentation scale using empirical methods: Exploring the sensitivity of the supervised discrepancy measure Euclidean distance 2 (ED2). ISPRS Journal of Photogrammetry and Remote Sensing, 87: 108-121.

Yi L, Zhang G, Wu Z. 2012. A scale-synthesis method for high spatial resolution remote sensing image segmentation. IEEE Transactions on Geoscience and Remote Sensing, 50(10): 4062-4070.

第6章 时空协同的土地覆盖类型识别

从对地物属性认知的角度来看，在对遥感大数据结构认知的基础上，结合从其中获得的定量化、精准化目标参量来认知地物属性并计算其指标是对遥感数据深入应用的核心任务。地物属性指标与其空间结构之间存在天然的对应关系，然而，由于对地观测的瞬时性和时空分辨率的矛盾性，当前的基于遥感数据的指标反演还难以同时兼顾空间精细结构和时间连续动态两方面，从而导致"时空多变要素"反演难题与指标可验证性差的问题。兼顾属性精度与几何精度的时空协同反演是促进遥感大数据深入应用的主要切入点。

遥感图谱认知的第二阶段是"图谱协同"，该阶段位于遥感图谱认知方法中"自底向上分层抽象"的中部，是将遥感地块认知为实际地物（具有明确形态和土地覆盖类型）的主要依据。本章主要探讨在高空间分辨率的地块形态基础上，如何协同高时间分辨率的中分遥感数据来实现地块上作物种植等土地覆盖类型的解译。

6.1 中分时序数据的处理与重建

6.1.1 中分时序数据高精度几何校正

影像间在空间上的严格匹配是时序影像后继分析和应用的基本前提。卫星影像在成像过程中，受到透视投影、摄影轴倾斜、地球曲率及地形起伏等诸多因素影响，会导致不同程度的几何变形失真（Toutin, 2004; Rocchini and Di Rita, 2005），需通过几何校正使影像具有一致的空间投影坐标。物理模型能够获得很高的几何精度，然而对于大多数卫星影像而言，其轨道星历参数和传感器参数通常无法获取，因此大多采用经验模型进行校正。目前应用较为广泛的经验模型主要有多项式模型及有理函数模型。一般而言，有理函数模型可达到较高精度，但对控制点要求较高且计算复杂；多项式模型计算简便，在平坦小区域可获得合适的精度（朱述龙等, 2004），然而对于环境一号等宽刈幅影像，倾斜观测和传感器姿态变化导致的地形和定位误差在非星下点的影像区域往往难以得到有效纠正。针对现有经验模型在宽刈幅影像几何纠正方面的局限性，本节以 HJ 星系统级产品为例，对其成像过程及几何形变进行分析，在此基础上，将局部地形形变与整体定向误差分离，提出针对不同误差类型分步解算的几何校正方法。通过成像模拟手段消除主要由地形起伏和地球曲率产生的局部几何畸变，结合多项式模型消除全局的定向误差，从而达到几何校正的目的。

1. HJ-1 系统级产品几何形变分析

遥感影像几何畸变的来源大致分为两类：第一类来源于被观测方的误差，主要是地球曲率、地形起伏等因素造成的投影畸变；第二类来源于观测方，包括传感器姿态变化、平台姿态变化、传感器成像系统误差等（Toutin, 2004）。根据影像成像及几何处理过程中的坐标变换关系，不同类型畸变误差出自以下环节。

1）成像过程中的误差

成像过程分为两个阶段。一是真实地面坐标经传感器投影后的地面物方坐标到投影物方坐标的变换，第一类投影畸变主要来自该过程：

$$(X_0, Y_0) = G(X, Y) \tag{6.1}$$

式中，X，Y 为真实地面坐标；X_0，Y_0 为投影影像的物方坐标；函数 G 为地面-传感器间的投影变换关系函数。

二是投影影像物方到像方的坐标变换，即由大地坐标系到传感器坐标系之间的变换，最常用的变换模型为共线方程：

$$(x, y) = T(X_0, Y_0) \tag{6.2}$$

式中，X_0，Y_0 为投影影像的物方坐标；x，y 为传感器坐标；T 为共线方程组。

2）定向过程中的误差

系统级校正根据卫星轨道参数及传感器内方位元素的先验校验值，解算共线方程，并与地球椭球面相交进行初始定向，得到初始地理参考（图 6.1）。由于传感器姿态的不稳定，以及先验星历参数与卫星真实运行参数存在一定偏差，因此第二类误差主要为像方坐标到物方坐标关系换算时产生的定向误差（图 6.1）：

$$(X_1, Y_1) = T'^{-1}(x, y) \tag{6.3}$$

式中，X_1，Y_1 为投影影像的物方坐标；x，y 为传感器坐标；T'^{-1} 为共线方程逆变换函数。

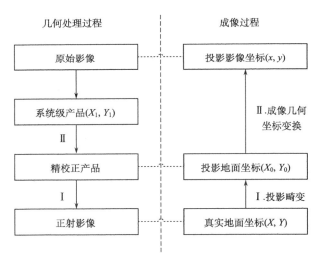

图 6.1　影像成像形变分析图

2. 地形校正与影像配准相结合的误差分步处理

HJ 星系统级产品中的几何形变包括全局定向误差及局部地形形变，根据上述形变产生过程的分析，精校正产品可以看作真实地面按照传感器的成像几何关系投影至虚拟水平面的投影影像，因此，可通过模拟投影过程将地形形变与定向误差分步处理：①首先将基准影像及 DEM 高程数据提供的真实地面坐标以传感器成像几何关系进行地形投影变换，形成投影影像；②此时系统级产品与投影影像间只存在全局的定向误差，可用多项式模型将系统级产品配准至投影影像上；③最后对配准影像进行步骤①投影过程的逆变换，生成几何校正产品。处理流程如图 6.2 所示。

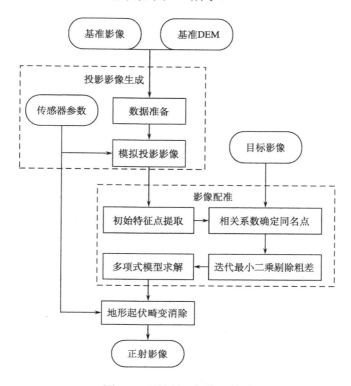

图 6.2　环境星几何校正算法

1）数据准备

根据目标影像的地理范围裁剪出相同范围的基准影像及 DEM 影像，并将基准影像与 DEM 影像重采样至与目标影像分辨率相同。

2）投影影像生成

建立传感器投影的几何模型，将基准影像及 DEM 共同提供的真实地面坐标投影到模拟水平面上形成模拟投影影像。对于线阵 CCD，考虑地形形变及地球曲率的投影关系如图 6.3、图 6.4 所示。

图 6.4 中线阵 CCD 垂直轨道方向，S 为目标地物与星下点间距，h 为地物高程，Alt 为传感器高度，dS 地形起伏造成的投影畸变，R_e 为地球半径。dS 求解公式如下，其中，z'，s，d，dd 均可由传感器高度与距星下点距离计算得出：

$$dS = R_e \times \left(z' - s - d - dd \right) \tag{6.4}$$

模拟投影过程中首先将像素坐标转化至轨道方向及垂直轨道方向，轨道方向可由影像南北方向中点连线确定。然后根据上述几何关系对各像元查找高程值，计算出地形形变，在基准影像上 S 点向外侧添加 dS 的投影偏移量生成投影影像。环境星由于其 CCD 相互交叉倾斜排放，故 CCD1 与 CCD2 的投影偏移量计算方式相同，方向相反。

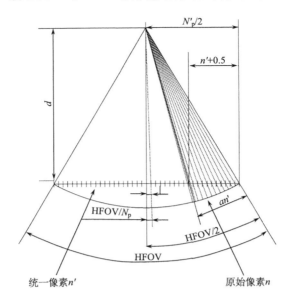

图 6.3 环境星倾斜观测变形示意图

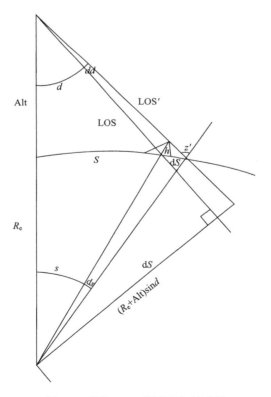

图 6.4 线阵 CCD 投影几何关系图

3）影像配准

A. 投影影像的 Harris 特征点选取

采用 Harris 算子（Harris and Stephens, 1988）进行特征点的提取，为使特征点在影像上均匀分布，将影像分为 $N \times N$ 的影像块分别进行提取，获得局部最优 Harris 特征点。其处理过程表示如下：

$$M = G\left(\tilde{S}\right) \otimes \begin{bmatrix} g_x^2 & g_x g_y \\ g_x g_y & g_y^2 \end{bmatrix} \tag{6.5}$$

$$I = \det(M) - k \cdot \mathrm{tr}^2(M), k = 0.04 \tag{6.6}$$

B. 迭代最小二乘剔除粗差

为减少同名点的误匹配，采用迭代最小二乘法对所有控制点对进行平差，循环剔除残差最大的控制点对，直至控制点的整体平差满足预设精度，确定最优控制点集，进而解算多项式模型。二元多项式几何校正模型如下式所示：

$$X = L_1(x, y) = \sum_{i=0}^{n} \sum_{j=0}^{n-i} a_{ij} x^i y^j \tag{6.7}$$

$$Y = L_2(x, y) = \sum_{i=0}^{n} \sum_{j=0}^{n-i} b_{ij} x^i y^j \tag{6.8}$$

式中，(X, Y) 为变换后的坐标；(x, y) 为原始坐标；a_{ij}, b_{ij} 为各次幂的系数；n 为多项式次数。

C. 地形形变消除

该过程为投影影像模拟的逆过程，根据待生成几何影像上的坐标位置查找相应的偏移值，并在重定向影像中确定相应位置，消除配准影像中的局部地形形变。

3. HJ 影像几何校正效果

本节以 Landsat TM5 拼接影像作为基准影像，结合 SRTM-DEM 提供的高程信息，对 2010 年天山地区的 HJ 星系统级产品进行几何校正试验。该区高程范围 0~4000 m，地形起伏剧烈，影像边缘处（距星下点 360 km）的地形畸变在垂直轨道方向可达 1800 m（约为 60 个像素）。校正时将影像划分为 30×30 个子块进行控制点提取，相关系数阈值 T 设为 0.8。由于地形形变模拟与地形形变解算为互逆过程，因此整个方法的精度可用配准中的控制点平差残差作为精度衡量。从影像中选取 100 个控制点，对控制点进行平差，然后随机选取部分检查点，代入配准过程中计算的二次多项式模型，生成精度评定表。由表 6.1、表 6.2 可见，本书所提方法可以达到不超过 1 个像元的校正精度。

表 6.1 几何结果精度控制点点平差结果表 （单位：像元）

原始 X	原始 Y	校正后 X	校正后 Y	Δx	Δy	RMS
9272	2663	9256	2729	0.0508457	−0.1786	0.185696
10251	2628	10234	2695	−0.169991	−0.101682	0.198081
2405	3072	2392	3132	0.383715	0.203923	0.434537
2866	2956	2853	3016	0.437974	−0.571789	0.720252
3491	2987	3477	3048	−0.523573	0.212379	0.565007

原始 X	原始 Y	校正后 X	校正后 Y	Δx	Δy	RMS
3836	2910	3823	2972	0.55258	0.661838	0.862191
6625	3135	6611	3197	0.277677	−0.0450131	0.281301
8155	3104	8139	3167	−0.915042	−0.219567	0.941016
9610	2962	9594	3027	0.142603	0.0531416	0.152183
10272	2944	10255	3010	−0.32623	0.471645	0.573476

表 6.2　几何结果精度检查点平差结果表　　　　（单位：像元）

原始 X	原始 Y	校正后 X	校正后 Y	Δx	Δy	RMS
13338	3036	13318	3104	−0.368319	0.504243	0.624435
13792	3076	13772	3144	0.136078	0.329498	0.356491
14395	3116	14374	3184	−0.154678	0.0247384	0.156643
15084	3113	15063	3181	0.734592	−0.586869	0.940234
2954	3491	2941	3549	0.2397	−0.2797	0.368359
3525	3382	3512	3442	0.325163	0.944117	0.998543
3955	3497	3942	3556	0.335354	0.199444	0.39018
6546	3591	6532	3650	0.0331188	−0.922868	0.923462
7697	3360	7682	3421	−0.302647	−0.710513	0.772285
10751	3041	10734	3107	0.0261394	0.588403	0.588983

　　作为对比，基于 ENVI 提供的自动配准工具提取特征点，在不做地形模拟投影条件下直接采用二次多项式模型进行几何校正，并采用上述相同方法进行精度计算。两种方法的控制点残差在 x，y 方向的分布如图 6.5 所示，可以看出，常规多项式模型在 x 方向上误差较大，说明对于 HJ 星幅宽较大的情况下，地形起伏造成的影响随之增大，常规多项式模型对于局部的地形形变误差无法有效拟合；而本书模型在 x、y 方向上的平差精度均能达到 1 个像元左右，对地形起伏单独模拟并校正的方式能够有效剔除地形起伏造成的误差。经计算，本书方法的均方根误差 RMS=0.586 像元，传统配准方法的均方根误差 RMS=5.327 像元。

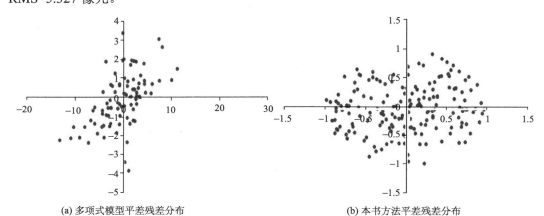

(a) 多项式模型平差残差分布　　　　　　　　　(b) 本书方法平差残差分布

图 6.5　控制点平差后残差分布图

图 6.6 为两种方法的校正效果，在地形起伏剧烈的区域，多项式模型在 x 方向存在较明显的偏差，本书的几何校正方法能够有效处理地形起伏的形变，整体校正精度能够达到亚像素级，优于传统的多项式模型。

(a) 传统多项式模型校正效果   (b) 本书提出方法的校正效果

图 6.6   几何纠正效果图

6.1.2   多源多时相数据辐射归一化

1. 多源遥感影像中的辐射畸变

遥感影像获取受传感器本身、光照、大气、地形等因素的影响，导致不同影像上相同地物的光谱特征存在很大差异，因此在利用多源或多时相遥感影像进行变化检测或地物信息提取之前，需要对影像进行辐射归一化处理，控制和减少由于光照条件、大气效应、传感器响应等差异造成的地表景观的"伪变化"，保留真实的地表变化信息（张友水等，2006；余晓敏和邹勤，2012；Li and Xu，2009）。

辐射归一化分为绝对辐射归一化和相对辐射归一化两种，后者由于不需要大气同步观测资料和计算相对简便的优势而得到广泛应用。现有的相对辐射归一化方法大体上又可分为两类：基于分布的相对归一化方法和基于像元对的相对辐射归一化方法。一般来说，基于分布的相对归一化如直方图匹配、平均值-标准偏差归一化法等通过对影像的线性拉伸使两影像的灰度值具有相似的灰度分布，具有计算简单的优点，但该方法容易造成原始光谱特征的扭曲，不利于后续的应用。基于像元对的方法从两影像的重叠区域内选取伪不变特征点（pseudo invariant features, PIFs），以 PIFs 的灰度变化作为辐射变化量度，建立影像间灰度的回归关系对目标影像进行处理，该类方法可以得到两影像间较为准确的灰度映射关系，因而在准确选取 PIFs 的前提下可以得到更好的校正效果（Du et al.，2002; Biday et al., 2010; Nelson et al., 2005）。迄今为止，许多学者对基于 PIFs 的相对辐射归一化方法展开了较多研究，并形成了许多方法，如自动散点控制回归（ASCR）（Elvidge et al., 1995）、改进的自动散点控制回归（IASCR）（余晓敏和陈云浩，2007）、多元变化检测变换法，以及迭代重新加权多元变化检测变换法（Canty et al., 2004; Canty and Nielsen, 2008）、迭代加权最小二乘回归法（Zhang et al., 2008）等，在满足一定条件下，这些方法可以取得较好的归一化效果。

然而，目前的辐射归一化方法研究和应用中，大多采用相同传感器的不同时相遥感影像，对多源、多时相传感器数据研究较少；即使对不同传感器数据进行辐射归一化时也很少考虑传感器自身的辐射差异，或将这种差异性与光照、大气条件等外界因子看作是一个综合因素，与影像灰度值存在线性函数关系，对所有地类造成同等的影响。对于定量化遥感分析和应用而言，这种忽略不同传感器间的辐射差异或对其做全局线性假设有可能带来较大误差。吴荣华（2010）研究了光谱响应函数对高精度交叉定标的影响，研究表明光谱响应差异是影响定标结果的重要因素，利用多源遥感数据做动态变化分析时必须考虑不同传感器光谱响应的影响，结果还表明，不同传感器光谱响应差异的影响还依赖于下垫面的类型。魏宏伟（2013）在 HJ-1A 卫星不同 CCD 数据比对及归一化研究中也进一步证实，即使同卫星系列的不同传感器也存在较大的辐射差异，并针对植被类型进行光谱归一化，获得了较理想的 NDVI 一致性效果。Tjishchenko（2008）研究了光谱响应差异对 NOAA 和 MODIS 等中分卫星的影响，结果表明在大气和地表反射近似相同的条件下，NDVI 的偏差与光谱响应函数（SRF）密切相关。汪小钦等（2011）、叶炜和江洪（2011）等在基于光谱归一化的 LAI 遥感估算相关研究中，采用以光谱响应函数为基准对不同传感器相似波段进行光谱归一化，结果均表明基于光谱响应函数的光谱归一化校正，可以较好地消除传感器的差异，减少多源传感器带来的误差。由此可见，多源、多时相遥感数据的辐射归一化必须考虑传感器自身的辐射差异，对其进行光谱归一化处理。

随着国产遥感数据源的不断丰富及遥感应用的拓展，尤其是基于遥感时间序列分析应用的广泛开展，对多源、多时相遥感数据的协同利用，以及遥感信息的定量化提取提出了日益迫切的需求。对于具有高观测频度的多源时间序列影像而言，在考虑多源影像间的光谱、辐射和几何分辨率差异的同时，有效提高辐射归一化的精度和自动化水平是满足其应用需求的关键所在。目前的辐射归一化方法大多集中于对同源和有限时相的数据进行研究，且自动化程度较低，鲜有针对多源时序数据辐射归一化的方法研究，有鉴于此，本书提出了基于分类的传感器辐射校正与基于 NDVI 差值直方图和类别约束相结合的相对辐射归一化方法，以期达到对多源时序影像的高精度、半自动化处理，为多源时间序列影像的协同利用提供方法借鉴。

2. 多源多时相辐射归一化方法

一般情况下，导致多源、多时相影像灰度值变化的因素可表示为

$$F = f(E_1, E_2, E_3, E_4) \tag{6.9}$$

式中，E_1 为植被等自然地物的季相变化；E_2 为传感器差异引起的变化，与传感器类型和地表覆被有关；E_3 为光照、大气等外界因素引起的变化，对所有像元均产生影响，可通过线性方程来描述；E_4 为云/影遮挡等引起的随机性灰度突变。辐射归一化的目的是消除或减轻影像间 E_2 和 E_3 造成的灰度差异，同时保留地物的真实变化 E_1。此外，如何避免 E_1

和 E_4 的干扰也是 PIFs 选取中需要考虑的问题。

因此，多源时序影像的辐射归一化包括对传感器辐射偏差 E_2 的校正，以及针对光照和大气因素 E_3 的相对辐射归一化两部分。前者按地表覆被类型分别进行传感器的辐射偏差校正，后者通过在分类获得的居民地和裸地范围内进行 PIFs 的选取与优化，排除植被变化 E_1 和随机误差 E_4 的影响，基于 PIFs 构建回归方程对影像进行全局辐射校正。在方法实现上，主要分为三个步骤：①传感器光谱归一化系数求算；②基于样本传递的多源影像半自动分类及传感器相对校正；③多源、多时相影像的相对辐射归一化。方法流程如图 6.7 所示。

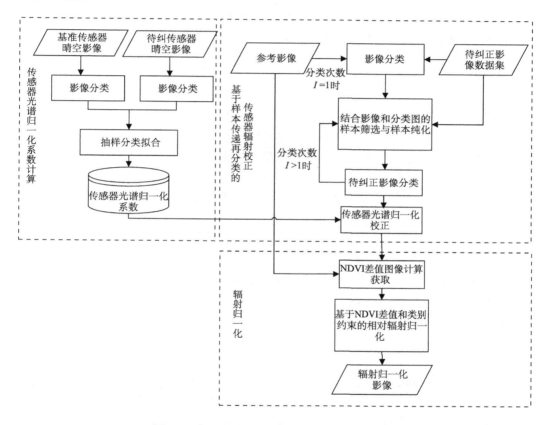

图 6.7 多源多时相影像相对辐射归一化流程图

1）传感器光谱归一化系数获取

基于影像分类进行传感器间的光谱归一化，其实质是对传感器间非线性差异的分段拟合。以多源影像数据集中被选作参考影像的对应传感器为基准，其他传感器为待校正目标，选取两者具有重叠区域且时相相近（不超过 1 周）的晴空影像对进行相对校正，此时可认为大气和地表覆盖变化影响微小，两影像间的辐射差异主要来自传感器本身。传感器的光谱归一化过程具有相对独立性，因此晴空影像对的选取在时空分布上可有别于待纠正的影像数据集。

首先，对影像进行辐射定标，将 DN 值转换为辐亮度，使不同影像像元值具有相同的量纲水平，消除传感器间的量化级数（像元位深）差异对拟合精度的影响；其次，对重叠区影像进行植被、居民地、裸地、水体等大类的监督分类，并分别在各地类中采用样本抽选的方法选取足够数量的样本点。样点大小视像元相对大小而定：像元大小相同时以单个像元值为抽样值；像元大小不一致时，样点取以像元大小的最小公倍数为半径的圆，以圆内的像元均值为抽样值。通过样本抽选可减轻传感器间因分辨率差异带来的尺度效应误差；最后，根据获取的样本点集，针对两影像中的不同波段和类别建立线性回归方程，求取回归系数，即光谱归一化系数。

卫星传感器在一定时间内（通常为 1 年）性能相对稳定，因此，传感器的光谱归一化系数在该时段内可看作常量。在实际应用中，可针对常用的卫星传感器获取光谱归一化系数并以查找表的形式提供，以提高参数复用率和适用范围。

2）影像分类与传感器辐射校正

在遥感分类中，样本质量与分类精度密切相关，为保证样本信息的高"保真度"，一般从待分类影像中进行样本的选取。当同一样本应用于多景影像时，由于分辨率、光照和时相的差异容易造成同物异谱、同谱异物的现象，给分类带来较大不确定性。结合时序影像对同一区域连续观测的特点，本书提出了基于样本传递的半自动分类方法，将前期分类获得的类别空间位置作为下一期分类的候选样本位置，并针对新一期影像重新进行样本特征的计算、优化及再分类。因此对于多源时序影像，只需对参考影像进行一次人工选样的监督分类便可实现全数据集的自动分类过程。基于样本传递的影像分类与传感器辐射校正过程如下所述。

（1）对影像数据集进行辐射定标，使影像像元值的量级与光谱归一化参数匹配，定标结果作为后续处理的数据基础。

（2）从定标影像序列中选取数据质量最优的影像作为参考影像，其余则为待纠正影像。按植被、居民地、裸地、水体等大类划分标准对参考影像进行样本选取与最大似然分类，获得参考影像的分类结果。

（3）在当前影像及其分类结果基础上，针对下一期待纠正影像进行样本筛选与样本纯化。

（4）利用样本纯化后得到的全类别样本对待纠正影像进行最大似然分类，并结合传感器类型，对影像中各类别对应的像元集进行传感器光谱归一化校正。

（5）通过样本传递的自动分类，有效提高了多源时序影像分类及整体辐射归一化过程的处理效率。其中，样本筛选和样本纯化结合了前、后两期影像的各自特点进行样本的精化，对降低计算复杂度和提高再分类精度起关键作用。因此本书就样本筛选与样本纯化方法等分别论述。

A. 样本筛选

样本筛选以当前期影像及其分类结果为基础，从影像重叠区中计算和获取各地类具有代表性的像元空间位置集，作为下一期待纠正影像的候选样本空间位置。一般而言，同类地物具有相似的光谱特征，在 n 个影像波段构成的 n 维光谱空间呈集中分布，离类别中心越近的像元具有更高的代表性。样本筛选的方法是，首先获取当前影像及待纠正影像的重叠区范围，在重叠区内以分类图像作为类别范围约束，对当前影像逐类别计算平均光谱向量作为该类在 n 维光谱空间的类别中心；然后，以欧式距离为度量，计算每一类中所有像元光谱向量到类别中心的距离，并通过排序算法获取距离类别中心最近的 m 个像元作为该类的典型像元样本；最后将所有类别像元样本对应的空间位置集传递给待纠正影像，作为候选样本的空间分布。m 值的选择要视具体情况而定，如果重叠区同一地物类型的表现形式较为复杂，可取较大 m 值以获得足够数量的样本像元。本书 m 值取对应类别像元总数的 20%。有

$$\mathrm{ED} = \sqrt{\sum_{i=1}^{n}\left(x_i - y_i\right)^2} \tag{6.10}$$

式中，ED 为像元到类别中心的欧氏距离；x_i，y_i 分别为第 i 波段中像元和类别中心的灰度值；n 为影像波段数。

B. 样本纯化

样本纯化针对待纠正影像进行样本特征的重新计算，剔除候选样本中由于地物类型变化、云影遮盖等造成的噪声像元，提高样本纯度。本书采用方差纯化法进行样本纯化。首先结合待纠正影像逐类读取候选样本位置的像元光谱向量，在此基础上求算每一类的平均光谱向量 x_i；其次，逐类求解类内各像元的光谱向量与平均光谱向量的方差 $\mathrm{var}(X)$（见式（6.11）），并对类内的所有像元方差求方差平均值 $\overline{\mathrm{var}}$，其中 $\mathrm{var}(X)$ 描述了像元与所属类别的异质程度，值越小，表明该像元与类别的差异越低，而 $\overline{\mathrm{var}}$ 则反映了类别中像元灰度值的平均离散程度，可作为像元异质程度的参照。最后，针对每一地类取阈值 $T_{\mathrm{var}} = 2 * \overline{\mathrm{var}}$，将各类中 $\mathrm{var}(X) > T_{\mathrm{var}}$ 的像元视为异质像元予以剔除，最终获得所有地类的纯样本像元集合：

$$\mathrm{var}(X) = \frac{1}{n}\sum_{i=1}^{n}\left(x_i - \overline{x_i}\right)^2 \tag{6.11}$$

式中，x_i 和 $\overline{x_i}$ 分别为像元光谱向量与平均光谱向量在 i 波段的灰度值；n 为光谱向量维度，即影像波段数；

3）相对辐射归一化

结合基于分类的传感器光谱归一化特点，本书提出了基于 NDVI 差值直方图和类别约束的 PIFs 自动选取方法，在此基础上构建待纠正影像与参考影像中各波段的线性回归方程，实现对待纠正影像的辐射归一化校正。例如，影像间存在几何分辨率差异，在 NDVI 及回归方程计算之前，需对影像进行自高向低的相对重采样。NDVI 及其差值的计算如式（6.12）、式（6.13）所示：

$$\mathrm{NDVI} = \frac{\mathrm{NIR} - \mathrm{RED}}{\mathrm{NIR} + \mathrm{RED}} \tag{6.12}$$

$$\Delta \mathrm{NDVI} = \mathrm{NDVI}_r - \mathrm{NDVI}_t \tag{6.13}$$

式中，NDVI_r 和 NDVI_t 分别为参考影像和待纠正影像的 NDVI 图像。

影像经传感器相对校正后，对于反射率较稳定的城镇和裸地像元可认为其只受到光照和大气的整体影响而均匀变化，因此，无论原影像 NDVI 由于地物光谱多样而呈单峰或多峰分布，其城镇和裸地类别 NDVI 差值表现为相对稳定和集中，可以近似以正态分布表示。辐射稳定点位于 $\Delta \mathrm{NDVI}$ 直方图的均值 μ 附近，而受噪声干扰的不稳定点位于

分布图两侧。将位于 $\mu \pm c\sigma$ 范围内的点作为辐射稳定的 PIFs，其中，σ 为 ΔNDVI 的标准差，c 为确定稳定点区间的常量，本书取 c =1。以 PIFs 为样本点，针对每一波段建立如式（6.14）的线性回归方程，根据最小二乘原理，解算出每一波段的最优系数 k_i、b_i，对待纠正影像进行线性回归校正：

$$P_{ri} = k_i \times P_{ti} + b_i \quad (i=1,\cdots,n) \tag{6.14}$$

式中，P_{ri} 和 P_{ti} 分别为参考影像和待纠正影像的第 i 波段；k_i 和 b_i 为拟合系数；n 为波段数。

3. 实验与分析

1）福建三明市实验

采用福建三明市地区 2015 年 5 月 13 日的 Landsat 8 OLI 和 5 月 14 日的 GF-1-WFV1 遥感影像作为试验数据，影像经几何精纠正，均方差不超过 0.5 个像元。将两影像重叠区域进行裁切，生成如图 6.8 的实验区。由图 6.10 可见，两影像辐射特征差异明显，因此将视觉效果较好的 Landsat 8 OLI 作为参考影像。

为校正传感器自身的辐射差异，另选取湖南省衡阳市 2015 年 4 月 15 日的 Landsat 8 OLI 和 4 月 14 日的 GF-WFV1 晴空影像（图 6.8），几何精纠正后采用本节方法进行传感器辐射校正，同时计算校正前后影像的 NDVI 图像，获得各地类的光谱归一化系数与 NDVI 均值对比，如图 6.9 和表 6.3 所示。从图 6.8 可见，即使在晴空条件下 GF-1-WFV1 数据在视觉表现上也与 Landsat 8 OLI 有所差别，反映了两传感器间辐射性能的差异。同时从图 6.9 不同地类的 NDVI 指数对比可看出，GF-WFV1 与 Landsat 8 OLI 的传感器辐射差异对地表覆盖类型敏感，其中以水体和裸地类别尤为明显，通过分类回归的方法可以取得较理想的传感器校正效果。

(a) Landsat 8 OLI基准传感器晴空影像　　　　　(b) GF-1-WFV1目标传感器晴空影像

图 6.8　基准传感器与待纠正传感器重叠区晴空影像（RGB 组合）

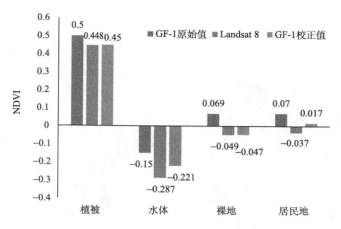

图 6.9　不同传感器的 NDVI 差异及校正结果

表 6.3　以 Landsat 8 OLI 为基准的 GF-1-WFV1 回归模型

传感器	波段	回归方程			
		植被	裸地	居民地	水体
GF-1-WFV1	B1	$Y=0.862X-1.5301$	$Y=0.8141X+4.7266$	$Y=0.7349X+11.473$	$Y=0.8109X+10.305$
	B2	$Y=0.844X-3.7146$	$Y=0.8368X+1.7295$	$Y=0.8038X+0.4878$	$Y=0.9047X+1.1441$
	B3	$Y=0.9149X-1.4747$	$Y=0.8401X+6.4448$	$Y=0.9203X+0.4012$	$Y=0.8078X+9.5268$
	B4	$Y=0.7066X+4.3729$	$Y=0.6486X+7.1556$	$Y=0.8062X+3.9328$	$Y=0.6365X+4.4763$

由于实验区影像在时相上仅相隔 1 天，可认为地物自身的光谱辐射特性不变，影像间的辐射差异主要是传感器与气象因素的综合影响。分别采用本书方法和常见的图像回归法（image regression, IR）对影像进行相对辐射归一化，表 6.4 以分类量化的形式具体描述了本书方法归一化前后的影像辐亮度变化情况。由表 6.4 可知，待纠正影像与参考影像的辐亮度存在较大差异，经辐射归一化后两影像间的辐亮度差距大大缩小，各地类和波段均表现出较好的一致性。为了对两种归一化方法进行比较，以均方根误差（RMSE）作为归一化影像与参考影像的相似性度量并按地表覆被类型进行统计分析，RMSE 的值越小，则表明两影像中同一地物类型的光谱越接近。归一化结果如图 6.10（c）、（d）及表 6.5 所示。从两图的直观对比可见，IR 方法在城镇和裸地类别表现出过度拉伸，本书方法的归一化图像在整体视觉上更为接近参考影像。进一步从表 6.5 中不同地类和处理方法的 RMSE 对比可知，未校正前待纠正影像与参考影像的 RMSE 区别明显，且不同地类间存在差异性，这主要是由于传感器对不同地表覆被的响应差异所导致；IR 方法一方面减小了植被和水体与参考影像的 RMSE，然而另一方面却使得裸地与居民地类别的 RMSE 有所增加，究其原因，主要是试验影像中占多数的植被类型对拟合结果起主导作用，同时与两传感器对于植被类型响应较为一致有关；相较于 IR，本书方法对不同地类与参考影像之间的差异均能起到明显的消减作用，各地类的 RMSE 显著减小，证明了本书方法在地物自身光谱特性基本不变条件下可对多源影像进行有效的辐射归一化。

(a) 参考Landsat 8影像   (b) 待校正GF-1-WFV1影像

(c) IR方法辐射归一化影像   (d) 本书方法辐射归一化影像

图 6.10 原始影像和不同方法的辐射归一化结果（RGB 组合）

表 6.4 本书方法辐射归一化前后影像各波段的平均辐亮度

波段	植被			裸地			居民地			水体		
	GF-1-WFV1	Landsat 8 OLI	校正影像	GF-1-WFV1	Landsat 8 OLI	校正影像	GF-1-WFV1	Landsat 8 OLI	校正影像	GF-1-WFV1	Landsat 8 OLI	校正影像
B1	66.51	54.82	56.01	84.32	73.37	75.67	97.53	83.15	86.75	79.05	74.41	76.91
B2	57.33	43.68	45.47	76.22	65.35	66.95	82.43	66.74	70.63	65.06	60.01	62.14
B3	29.46	25.48	26.67	74.38	68.93	72.87	58.25	54.01	56.01	34.31	37.24	36.03
B4	88.47	66.87	70.25	85.32	62.49	65.64	67.02	50.11	57.97	25.36	20.62	22.97
Mean-Radiance	60.44	47.71	49.6	80.06	67.54	70.28	76.31	63.50	67.84	50.95	48.07	49.51

注：Mean-Radiance 为 4 个波段的平均辐亮度，单位为 W/（m²·μm·sr）。

表 6.5　不同方法辐射归一化结果的 RMSE

波段	植被			裸地			居民地			水体		
	未校正前	IR	本书方法	未校正前	IR	本书方法	未校正前	IR	本书方法	未校正前	IR	本书方法
B1	10.79	3.52	1.44	11.40	13.35	2.86	15.26	17.64	4.44	5.51	4.92	2.88
B2	12.87	5.22	2.30	11.34	12.94	2.83	16.37	17.99	4.25	5.95	4.27	3.09
B3	4.25	2.64	1.48	7.22	9.27	4.21	6.51	9.33	4.87	4.44	4.12	3.24
B4	16.44	8.89	3.59	23.51	26.33	3.64	17.56	19.41	8.94	6.48	5.28	3.34
Mean-RMSE	11.09	5.07	2.20	13.37	15.47	3.39	13.93	16.09	5.62	5.6	4.65	3.15

注：未校正前表示归一化前两传感器辐亮度影像的 RMSE；Mean-RMSE 为 4 个波段辐亮度 RMSE 的平均值，单位为 W/（m²·μm·sr）。

2）湖南宁远县实验

采用本书方法对湖南省宁远县多源时间序列影像进行辐射归一化试验，并采用目视比对方式验证其归一化效果。影像数据集由 2014 年 3~11 月的 GF-1-WFV、HJ-1 及 Landsat 8 OLI 共 21 个时相影像构成，所有影像均无厚云覆盖，选取其中数据质量最好的一景 Landsat 8 OLI 影像作为参考。针对传感器校正，另选取各传感器相近时相且具有重叠区域的晴空影像，通过上述的分类抽样和回归拟合方法获取 HJ-1 和 GF-1-WFV 各个传感器影像中不同地类相对于 Landsat 8 OLI 传感器的光谱归一化系数。本书所用时序影像与晴空影像均经过几何精校正，影像间几何配准误差不超过 0.5 个像元。因篇幅所限，具体影像信息及光谱归一化系数不再一一列出。为增强结果表达直观性，对归一化前后数据集进行 NDVI 计算，并选取典型的城镇、林地和双季稻各 5 个地块样方，以样方为单位读取每一时相的 NDVI 均值，然后逐类逐时相对样方求均值，获取辐射归一化前后城镇、林地和水稻类别的 NDVI 时序曲线，如图 6.11、图 6.12 所示。

由图 6.11、图 6.12 对比可知，各地类 NDVI 曲线在辐射归一化前呈现较大波动，而校正后曲线表现光滑，较准确地描述了各地类随季相的变化特点。从城镇类别的时序曲线也可以看出，其校正后的 NDVI 分布趋于平直，反映了城镇地类反射率稳定的特点，表明本书方法在对多源、多时相的时序影像处理中，不仅能够较有效地消除时序影像间

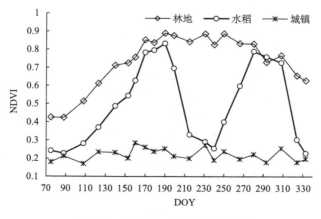

图 6.11　辐射归一化前 NDVI 曲线

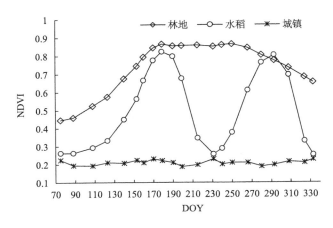

图 6.12　辐射归一化后 NDVI 曲线

的辐射特征波动，同时使植被等地类的季相变化信息得到更准确表达，有利于提高作物物候等时序特征提取的准确度。

6.1.3　时序数据重建

1. 常用时序数据重建方法

近年来的 NDVI 时间序列相关研究中，各国学者提出了多种适用于不同情形的降噪和重构高质量 NDVI 时间序列的算法。现有的 NDVI 时序重建方法可概括地分为三个类别：①基于阈值的算法，如 Viovy 等（1992）提出的最佳坡度系数截取法（best index slope extraction, BISE）。②基于滤波的方法，该方法通过滤波的手段以目标点相邻点的信息来消除噪声，包括基于傅里叶变换的滤波方法及 Savitzky-Golay（S-G）滤波方法；Chen 等（2004）运用 Savitzky-Golay 滤波对 SPOT VGT NDVI 数据重建，并与 BISE 和 HANTS 方法进行对比，证明 Savitzky-Golay 滤波在时间序列数据重建上更加有效；周增光和唐娉（2013）将 MODIS VI 产品中的质量因子作为权重，提出了基于质量权重的 Savitzky-Golay 滤波方法。③基于函数拟合的方法，该方法通过一个事先确定的函数对时间序列数据进行拟合，以拟合的数值作为原先 NDVI 序列的重建值。其中，比较常用的拟合函数模型包括非对称高斯函数和 DoubleLogistic 模型。以下对最常用的 Savitzky-Golay 和非对称高斯函数重建方法做介绍。

1）Savitzky-Golay（S-G）滤波

S-G 滤波是由 Savitzky 和 Golay（1964）提出的一种最小二乘卷积拟合方法，可以用来平滑时间序列数据。它可以理解成一种权重滑动的均值滤波，即用一定长度的滤波器和目标数据进行一定次数的加权多项式卷积。其权重系数即多项式各项的系数，由该滤波窗口内样本点的最小二乘拟合求得。权重多项式的目的是为了使拟合后的多项式曲线能够保留原始序列的最大值，同时消除滤波器引入的负偏差。多项式次数为 1 的 S-G 滤波最简形式即滤波窗口的加权平均，最简形式的 S-G 滤波公式如下：

$$Y_j^* = \sum_{i=-m}^{i=m} C_i Y_{j+1} / N \tag{6.15}$$

$$f(t) = c_0 + c_1x + \cdots + c_nx^n \tag{6.16}$$

式中，Y_j^* 为拟合之后的序列数据；Y_{j+1} 为原始序列数据；C_i 为滤波系数；m 为滑动窗口大小；N 为 $2m+1$。对某一拟合点，高次数的 S-G 滤波采用滤波窗口内的所有样本点拟合（式（6.16））多项式，并以多项式在该点处的计算结果作为拟合值。滤波窗口大小 m 和多项式次数 n 是 S-G 滤波中根据时间序列数据确定的两个参数。通常，较大的滤波窗口可以平滑序列中较大的突变，但相应的也会损失局部的细节。多项式次数通常设置为 2~4，较低的多项式次数可能导致拟合偏差，但过高的次数则可能引入"过拟合"的问题。

2）非对称高斯函数拟合

基于非对称高斯函数拟合方法使用分段高斯函数（曲线）组合来模拟植被季相生长（物候）规律，一个组合代表一次植被盛衰过程，最后通过平滑连接各高斯拟合曲线，实现时间序列重建（Per and Lars，2002）。其过程大致分为区间提取、局部拟合和整体连接三个步骤。

A. 区间提取

按原始时间序列中的极大值或极小值将序列分成多个区间，每个区间只包含一个极值，分别对各区间进行高斯拟合，因此区间选择是关键一步，影响后期全局拟合（曲线连接）的效果。考虑到噪声的影响，在区间提取前先进行数据平滑处理。Per 和 Lars（2002）提出通过滑动均值窗口来实现数据平滑以提取时间窗口区间。该方法区分左右半边窗口（n_L，n_R），亦即滑动窗口的大小为（$n_L + n_R$）。窗口中心点左右分别选用不同数目的相邻点参与数据平滑，体现了对前后数据不同的信赖程度，近似可理解为一种加权方式。

B. 局部拟合

局部拟合是将区间内位于谷值和峰值之间的时序数据分别进行两次局部拟合，使得最优化拟合函数较好地描述原始数据的上包络曲线，局部拟合公式为

$$f(t) \equiv f(t, c_1, c_1, a_1, \cdots, a_5) \equiv c_1 + c_2 g(t; a_1, \cdots, a_5) \tag{6.17}$$

$$g(t; a_1, \cdots, a_5) = \begin{cases} \exp\left[-\left(\dfrac{t - a_1}{a_2}\right)^{a_3}\right], & t \leqslant a_1 \\ \exp\left[-\left(\dfrac{a_1 - t}{a_4}\right)^{a_5}\right], & t > a_1 \end{cases} \tag{6.18}$$

式中，c_1、c_2 为定义基线和振幅的线性参数；$g(t; a_1, \cdots, a_5)$ 为高斯函数，a_1 是对应时间变量 t 的极大值或极小值的位置参数，a_2、a_4 分别定义左右半边曲线的宽度，a_3、a_5 分别定义左右半边曲线的平度。这些参数可以通过优化函数计算得到。这几个参数控制拟合结果尽可能适应非对称条件下时间序列曲线拟合，其效果要优于傅里叶拟合中使用对称的正弦和余弦曲线。

C. 整体连接

整体拟合就是将各局部拟合函数的特征加以综合，利用局部拟合函数构建整体拟合函数，描述整个季节周期内的时序变化过程。使用 $f_C(t)$，$f_L(t)$，$f_R(t)$ 分别表示一个极大值区间的局部拟合函数，及其左右两个极小值区间的左极小值拟合函数和右极小值拟合函数，整个区间为 $[t_L, t_R]$，全局拟合函数表示如下：

$$F(t)=\begin{cases} \alpha(t)f_{\mathrm{L}}(t)+[1-\alpha(t)]f_C(t) & \text{当} \ t_{\mathrm{L}}{<}t{<}t_C \\ \beta(t)f_C(t)+[1-\alpha(t)]f_{\mathrm{R}}(t) & \text{当} \ t_C{<}t{<}t_{\mathrm{R}} \end{cases} \qquad (6.19)$$

式中，$\alpha(t)$，$\beta(t)$ 为分别定义在 $(t_{\mathrm{L}}+t_C)/2$ 和 $(t_C+t_{\mathrm{R}})/2$ 的裁切函数。通过全局拟合函数 $F(t)$ 将局部拟合曲线合并是该方法的关键之一。Per 等（2002）指出，采取这样分段拟合的策略避免全局数据对局部拟合的干扰，各个峰值相对独立使得该方法在拟合复杂情况下的时间序列曲线具有良好的适用性和灵活性，拟合后的曲线更接近真实情况。

2. 基于云影厚度指数加权的 S-G 滤波

目前常见的滤波方法主要针对厚云遮盖条件下异常低值噪声的识别与拟合，较少考虑薄云和阴影对时序数据质量的影响，这些未识别为噪声的低质量数值点可能对整体滤波效果造成影响。本节通过对影像云影信息的检测分析，以云影厚度指数（haze and shadow thickness index，HSTI）作为时序数据质量的量度，提出基于云影厚度指数加权的 S-G 滤波方法，并采用该方法对 HJ-1 NDVI 时间序列进行重建。

1）云影检测

云层在遥感影像中具有灰度均值高、方差小的漫反射特征，而云影则表现为局部区域的低灰度值和低方差的特点，因此可以依据云层及阴影与其他地物在遥感影像上的灰度差异识别出薄云和阴影区域。为进一步加大云影与其他地物的灰度对比，采用周伟等（2012）提出的基于色彩空间变换的云影检测方法，将多光谱影像的 RGB 波段变换至 YC_bC_r 空间，并分别针对云层和阴影进行影像增强。色彩空间变换及云影增强的计算公式如下：

$$\begin{bmatrix} Y \\ C_b \\ C_r \end{bmatrix} = \begin{bmatrix} 0.257 & 0.504 & 0.098 \\ -0.148 & -0.291 & 0.439 \\ 0.439 & -0.368 & -0.071 \end{bmatrix} \begin{bmatrix} R \\ G \\ B \end{bmatrix} + \begin{bmatrix} 16 \\ 128 \\ 128 \end{bmatrix} \qquad (6.20)$$

阴影区域增强公式为

$$I_s = (C_b+C_r)/Y \qquad (6.21)$$

云层区域增强公式：

$$I_h = Y/I_s \qquad (6.22)$$

通过上述方法得到云及其云阴影的增强影像，仍然记为 I_s 和 I_h。为便于后续区域分割的阈值确定，将增强的薄云和阴影特征影像分别拉伸至 0~255 范围；然后采用经典的 Otsu（1975）方法进行阈值选取。该方法基于最大类间方差思想，即选取合适的阈值 T，使得下式取得最大值：

$$\sigma_b(T) = \omega_1(T)\omega_2(T)\big[\mu_1(T)-\mu_2(T)\big]^2 \qquad (6.23)$$

其中，

$$\omega_1(T) = \sum_0^T p(i) \qquad (6.24)$$

$$\mu_1(T) = \left[\sum_0^T p(i)x(i)\right]\Big/\omega_1 \qquad (6.25)$$

其中，ω_1，μ_1 分别为灰度值在 0 到 T 之间像素的百分比和均值；ω_2，μ_2 分别为灰度值在 T 到 255 间像素的百分比和均值，其计算方法与式（6.24）和式（6.25）类似。根据 Otsu 法分别计算云影增强后两幅影像的分割阈值 T_h 和 T_s。两幅影像中对应 $[0, T_h] \cap [0, T_s]$ 的区域为无云影区域，由 $(T_h, 255]$ 确定云层区域，$(T_s, 255]$ 确定阴影区域，分别对云层和阴影区域进行分割和矢量化后得到影像的云影分布范围。以安徽中部某地区的有云影像为例对云影检测方法进行了试验（图 6.13），云影增强和提取效果如图 6.14 所示。

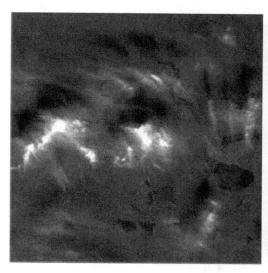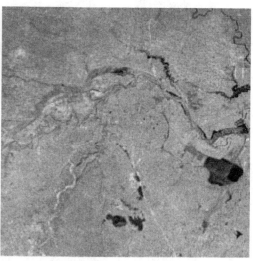

图 6.13　同一地区有云影像与无云影像

2）云影厚度指数 HSTI 计算

Liu 等（2011）提出的 BSHTI（background suppressed haze thickness index）方法利用可见光波段和云层厚度之间的相关性，以线性经验模型对云层厚度进行计算，并通过最大化云层与地物背景灰度信息信噪比的方法计算线性模型系数。对于薄云而言，厚度越大，其阴影灰度值就越低，云层厚度与可见光的相关性同样可以扩展至因薄云遮挡造成的阴影区域。由此对 BSHTI 进行改进，提出针对云影厚度的 HSTI，在薄云和阴影区域建立不同的线性模型，并将参与计算的波段数从原始的可见光波段扩展至多光谱传感器所有波段。

给定一景 n 波段影像，其云影厚度指数与各波段灰度的关系如下所示：

$$\mathrm{HSTI} = \begin{cases} k_1 \mathrm{DN}_1 + k_2 \mathrm{DN}_2 + \cdots + k_n \mathrm{DN}_n + k_{n+1}, & \text{in} \quad \text{haze} \quad \text{area} \\ g_1 \mathrm{DN}_1 + g_2 \mathrm{DN}_2 + \cdots + g_n \mathrm{DN}_n + g_{n+1}, & \text{in} \quad \text{shadow area} \end{cases} \quad (6.26)$$

式中，$K = (k_1, k_2, \cdots, k_n)$ 和 $G = (g_1, g_2, \cdots, g_n)$ 分别为薄云和阴影区域的系数。依据上述云检过程得到的薄云区域、阴影区域和清晰区域分别对 K 和 G 进行求解。最优 HSTI 系数即前景（薄云及阴影）与地物间 HSTI 差异达到最大，分异性最好。如下式所示设置分异性判断值：

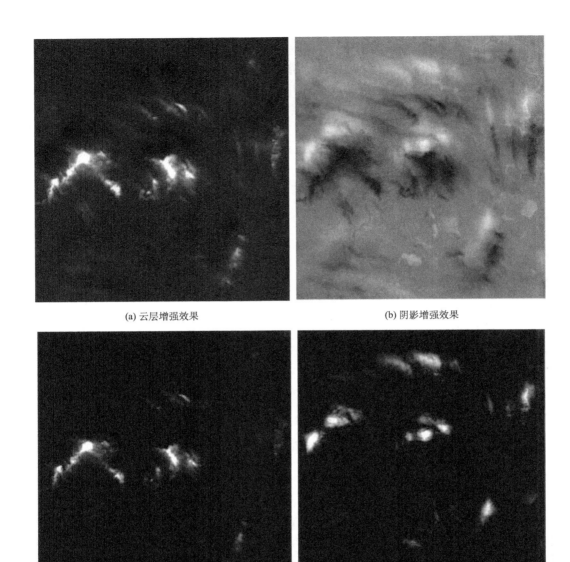

(a) 云层增强效果   (b) 阴影增强效果

(c) 云层区域分割效果   (d) 阴影区域分割效果

图 6.14   云影提取效果

$$s = \frac{m_{HR} - m_{CR}}{\sigma_{CR}} \tag{6.27}$$

$$m_{CR} = 0 \tag{6.28}$$

式中，m_{HR} 为薄云区域 HSTI 指数的均值；m_{CR} 为无云影区域 HSTI 指数的均值；σ_{CR} 为无云影区域 HSTI 指数的标准差。根据 s 达到极大值的条件对上式求导：

$$\partial s / \partial K = 0 \tag{6.29}$$

$$\frac{\partial s}{\partial k_1} = \frac{\partial s}{\partial k_2} = \cdots = \frac{\partial s}{\partial k_n} = 0 \rightarrow KS = M_{CR} - M_{HR} \tag{6.30}$$

式中，K 为 $1×n$ 的向量；S 为无云影区域影像各波段灰度值的 $n×n$ 协方差矩阵，则 KS 计算结果为 $1×n$ 的向量；M_{CR} 和 M_{HR} 分别为无云影区域和薄云区域的各波段灰度均值。依据上式可计算得到 K，同时依据均值为 0 的条件式（6.30）可求出常数项系数 k_{n+1}。阴影区域的 HSTI 系数求解方法与薄云区域相同。

3）自适应 S-G 滤波

在 Savitzky-Golay 算法基础上，Chen 等（2004）提出了自适应 S-G 滤波方法，通过迭代的方式使重建后的 NDVI 曲线尽可能地逼近原始序列的上包络线，其过程如下：

（1）在滤波之前，首先通过线性内插方法对原始数据缺失或云噪声点进行拟合替代，得到初始 NDVI 序列 (t_i, Y_i^0)；

（2）对时序曲线进行 S-G 滤波，消除因云影或不良大气状况造成的 NDVI 突降点的影响，获得 NDVI 总体趋势线 (t_i, Y_i^{tr})；

（3）迭代过程中为保证拟合结果接近 NDVI 曲线的上包络线，用原 NDVI 序列和拟合后序列中的较大值生成新的 NDVI 序列 (t_i, Y_i^1)，即每次迭代生成的曲线为

$$Y_i^1 = \begin{cases} Y_i^0, Y_i^0 > Y_i^{tr} \\ Y_i^{tr}, Y_i^0 \leqslant Y_i^{tr} \end{cases} \quad （6.31）$$

每次迭代后根据拟合结果计算 NDVI 序列中每个点的拟合权值，并依据序列中的所有权值计算该次拟合的效果因子。第 k 次拟合的效果因子 F_k 的表达式为

$$F_k = \sum_{i=1}^{n} \left(\left| Y_i^{k+1} - Y_i^0 \right| \times W_i \right) \quad （6.32）$$

式中，W_i 为第 i 个数值点的拟合权值，其计算方法为

$$W_i = \begin{cases} 1, Y_i^0 > Y_i^{tr} \\ 1 - d_i/d_{max}, Y_i^0 \leqslant Y_i^{tr} \end{cases} \quad （6.33）$$

式中，d 为拟合前后 Y_i^0 和 Y_i^{tr} 差值的绝对值。若某一次迭代中效果因子 F_k 出现极小值，则迭代结束。

可以看出，自适应 S-G 的方法以拟合后每个序列点的偏差作为该点处拟合结果的定量评价，然而在迭代过程中并未考虑每个序列点的质量因子。

4）基于 HSTI 加权的 S-G 滤波

基于云影指数加权的 S-G 滤波方法将云影指数 HSTI 看作影像中像元灰度值受云影影响程度的定量表征，由于 NDVI 时序中低值噪声的来源主要是云影的灰度抑制，因此将 HSTI 转换为最小二乘法拟合 S-G 滤波时的加权系数，把样本点的质量信息代入到自适应 S-G 滤波的计算过程中，即每次迭代通过最小二乘法解算出最接近 NDVI 序列的多项式系数。加权最小二乘的解如下所示：

$$C = \left(X^T W X \right)^{-1} X^T W Y \quad （6.34）$$

式中，C 为多项式系数；Y 为原始序列点；X 为横坐标各次幂构成的 $n×n$ 矩阵；W 为各序列点权值构成的对角阵，即

$$X = \left[x_i^0, x_i^1, \cdots, x_i^n \right] \quad （6.35）$$

$$W = \mathrm{diag}\left(w_1, w_2, \cdots, w_N\right) \tag{6.36}$$

这里权值的合理性需满足两个条件：①随着 HSTI 值的增加权值逐渐减小；②HSTI 接近 0 处的权值不宜变化太快，即最近点权值不宜过大。因此可采用 Bi-square 函数来确定权值（Brunsdon, 1998）。Bi-square 函数通过设置一个截断阈值 l，大于该截断阈值的部分均为 0。函数曲线如图 6.15 所示，可以看出在 $x = 0$ 附近函数值变化较为平滑，且大于截断阈值的部分均为 0。

Bi-square 函数公式如下：

$$w_i = \begin{cases} \left[1 - (d_i / l)^2\right]^2 & d_i \leqslant l \\ 0 & d_i > l \end{cases} \tag{6.37}$$

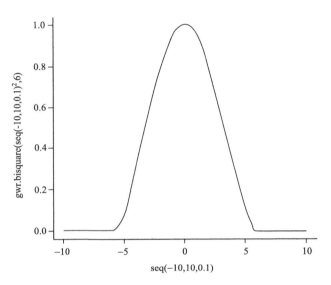

图 6.15　Bi-square 函数

5）影像重建效果

以安徽省北部地区为研究区，利用最大合成法（MVC）生成以旬为间隔的 2013 年全年的 HJ 星 NDVI 时序影像。选取种植结构为"冬小麦–夏玉米"的像元序列作为样本点，利用自适应 S-G 滤波与本节方法进行 NDVI 时间序列重建的对比分析。S-G 滤波的多项式次数选为 2，滑动滤波的窗口大小分别为 5，7，9。

图 6.16 为 NDVI 时间序列在自适应 S-G 滤波重建前后的曲线。冬小麦在播种后进入分蘖期，因而在第 33~34 旬 NDVI 值升高，入冬后进入越冬期，在第 1~6 旬上 NDVI 处于相对较低的状态。从直观上来看，自适应 S-G 滤波后的 NDVI 基本能够保留原始 NDVI 曲线的整体形态。且随着窗口大小的增加，滤波后得到的序列更加平缓。但窗口过大时（窗口大小为 9 时），NDVI 序列在波谷处（第 17~18 旬和第 30~31 旬）的抬升效果明显，不能有效表现出生长期结束时 NDVI 的下降过程；当滤波窗口较小时（窗口大小为 5 时），NDVI 受局部邻域点影响较大，在第 22 旬波峰处出现 NDVI 过高的现象。

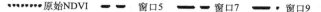

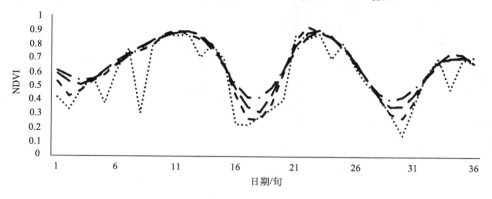

图 6.16　不同窗口大小的自适应 S-G 滤波

从图 6.17 可以看出，基于云影厚度指数加权的 S-G 滤波与自适应 S-G 滤波相比，对于 HSTI 值越低的点，即受云影影响越小的点，重建后的 NDVI 值能够较好地保留原始 NDVI；而对于 HSTI 值越高的点，重建后的 NDVI 值能够较好地接近整体曲线的上包络线，消除当前点云影噪声的影响。因此，基于云影厚度指数加权的 S-G 滤波方法能够在更好地保留高置信度的数值点同时恢复高噪声的 NDVI 数据，从而得到更可靠的结果，同时避免了自适应 S-G 滤波造成的 NDVI 曲线整体抬升效应。

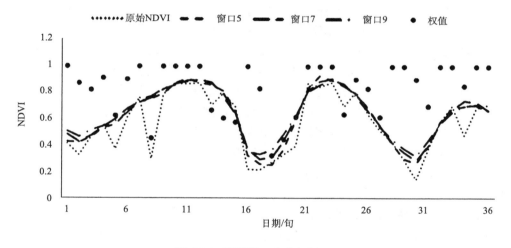

图 6.17　不同窗口大小加权 S-G

为直观地评价本书方法对影像中噪声的整体滤除程度，选取 2013 年第 8 旬的影像作为目视效果评价，如图 6.18 所示。图 6.18（a）中影像左上区域因云遮蔽而形成大量片状黑斑，该区域 NDVI 值偏低，图 6.18（b）表明经过本书滤波方法后能够有效还原 NDVI 真实值，使得影像整体能够最大程度地保留作物的 NDVI 特征。

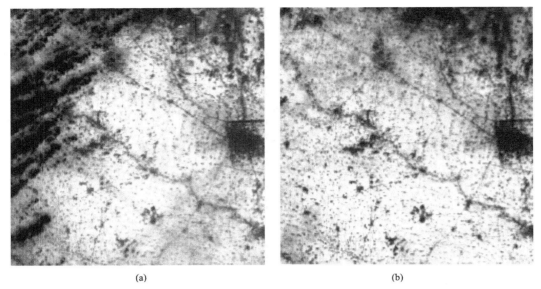

(a)   (b)

图 6.18　第 8 旬影像重建效果

6.2　图谱协同的地块级遥感分类

本节以作物种植信息遥感监测为例，探讨高时空分辨率数据在遥感分类中的应用潜力。目前作物种植信息提取的遥感数据源主要是 AVHRR、MODIS 等低分辨率数据（Hill and Donald，2003；Atzberger and Rembold，2013；Potgieter et al.，2007）和 TM/ETM、HJ 等中分辨率数据（Zheng et al.，2012；Jia et al.，2013）。总体而言，低分辨率数据能够有效用于大尺度的遥感监测，然而对于作物类型混杂的地区，低分辨率影像伴随的混合像元问题会对其解译精度造成影响；中分辨率数据虽然具有相对较高的空间分辨率，但其重访周期长且受影像质量的严重制约，晴空影像的可获取程度决定了时相的选取与方法的有效性。现代精准农业管理、农业补贴，以及农业保险核查等领域业务的发展，对地块尺度的作物种植信息提出了越来越迫切的需求，需要从遥感数据获取及利用方式上进行新的探索尝试。

随着 GF-1、CBERS-04，以及 ZY-3、GF-2 等国产卫星的发射，使得在多尺度、高时空分辨率数据支持下的定量化、精细化遥感应用成为可能。如何挖掘数据潜力，最大程度发挥不同尺度数据源的优势，是当前遥感应用中亟需解决的问题。遥感信息"图谱"认知理论为多源数据条件下遥感信息的准确提取提供了理论指导框架，"图"是指遥感影像中地物呈现的精细几何图式信息（如结构、形状、格局等），"谱"则是地物对象蕴含的光谱、属性和规律等多层次的特征和知识，通过"图谱"的协同耦合，从多角度"立体"地刻画地物全貌特征，最终达到对地物的全面和准确认知，实现遥感地物信息的精准提取（骆剑承等，2009）。

在遥感图谱认知理论支持下，本章提出了基于多星数据协同的地块尺度作物识别与面积估算方法，在有效像元处理技术基础上，将高分辨率影像中的农田地块"图"信息与多源中分辨率时序影像的光谱变化、物候特征等"谱"信息有机融合，构建反映地块作物生长过程的时间序列与作物识别模型，实现农田地块尺度的作物识别与面积计算。在作物信息提取之前，多源遥感影像均经过几何与辐射处理，保证空间位置的严格匹配与辐射信息的一致性。技术路线如图 6.19 所示。

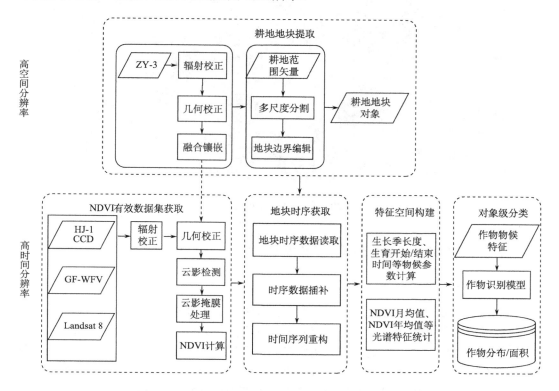

图 6.19　多源遥感数据协同的作物种植面积提取流程图

6.2.1　基于高分辨率影像的精细地块生成

资源三号等米级分辨率影像具有适中的观测尺度，在该尺度上地块边界清晰，同时地块的内部细节得以适当综合，表现出良好的光谱均质性，为地块提取的准确性与完整性提供了有利条件。由于影像分割的对象边界难以达到与真实农田边界的严格吻合，因此地块边界的提取可采用影像分割与手工编辑相结合的方式。首先在道路网、耕地范围等辅助数据支持下，对耕地区域进行多尺度分割，而后对分割边界进行基于目视的手工编辑勾绘与整体平滑处理，获得农田地块的完整边界矢量，如图 6.20 所示。尽管地块提取需较多人工参与，但由于地块具有相对稳定性，可实现一次提取多次利用，为地块上作物等地表覆被信息的定期和快速更新提供支持。

图 6.20　农田地块边界提取结果

6.2.2　基于中分辨率时序影像的地块特征提取

1.数据有效化处理

数据有效化处理是指将常规影像处理中云量大于 30%而视为无用数据的影像也利用起来，在几何和辐射校正基础上，提取云影间的有效像元区域，充分挖掘影像可用的有效数据，通过"碎片化"的处理方式达到提高数据时空覆盖度的目的。其中，云影检测是数据有效化处理的关键。这里数据有效化主要针对中分时序影像的处理，经几何与辐射归一化校正后，采用上述 6.1 节基于色彩空间变换的云影检测方法对影像进行云影检测，并将云影范围矢量与对应影像作掩膜处理，生成影像有效数据；同时计算、获取有效数据的 NDVI 值，作为地块光谱和时序特征来源（图 6.21）。

2. 地块时序获取与重建

地块时序信息的获取，需要考虑地块表征区域的代表性问题。与多边形质心相比，多边形的最大内圆圆心始终位于多边形的内部，采用最大内圆的地块特征表征方式可以减轻配准误差，以及地块边界混合像元带来的影响（图 6.22）。以 NDVI 有效数据集为数据源，采用地块最大内圆像元均值的地块表征方法进行特征读取，获取地块初始时间序列。其他特征如波段光谱、坡度也采用与此相同的地块表征读取方式。

由于 NDVI 有效数据集为无云影像数据块，有效解决了云噪声污染引起的时间序列异常值问题，然而，NDVI 数据集的非等时间间隔特点也导致了不同地块初始序列在观测频度分布上有所差异。为保证特征提取结果的准确性和一致性，以旬（或月）为周期采用 SPLINE 函数拟合插值或进行最大值（MVC）合成，生成固定时间间隔的时序数据，并利用自适应 S-G 滤波进行时间序列重建，生成高质量的地块 NDVI 时序曲线（图 6.23）。

(a) 原始影像　　　　　　　　　　　(b) 云影检测结果

(c) 影像有效数据　　　　　　　　　(d) NDVI有效数据

图 6.21　影像数据有效化过程示意图

图（c）、图（d）中黑色部分为无数据区域

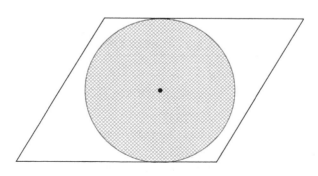

图 6.22　最大内圆中心及表征区域

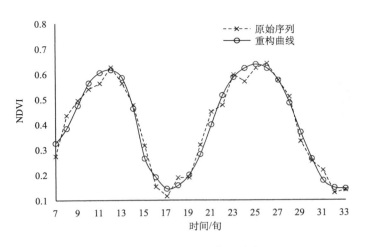

图 6.23　地块 NDVI 曲线重建

3. 地块特征计算

在以高时空分辨率遥感数据协同利用为表现形式的"图–谱协同"信息提取框架中，高空间分辨率影像主要提供地块的精细结构"图"信息，而地块对象的"谱"信息则主要来源于高时间分辨率数据及相关区域的背景知识等，其表现形式具有多样化特征。因此，对应于"谱"信息范畴的地块特征在内涵上比一般的对象特征要具有更高的广度和深度。这种特征内涵上的提升在光谱上表现为除了波段灰度统计特征之外，还包括了多种综合多波段信息用以反映地表状况的光谱指数（NDVI 等）；在时间上，考虑了地物变化具有的连续性和规律性，以光谱指数在时序上的演变特点来反映这种规律性；在空间上，除了纹理特征，地块对象的地理属性使其天然具有了耦合地学数据的能力。因此地块对象除了光谱、时相特征外还可以具有地形等特征。这些多类型特征构成地块的多维特征空间，形成了用以支持后续分类及其他分析应用的数据基础。对于基于时序影像的地块级分类而言，常用的特征主要有以下三类。

1）光谱特征

地块对象的光谱特征包括波段灰度统计值及各种光谱指数，如表 6.6 所示。在时间序列分析应用中一般结合反演目标随时间变化的先验认知采用 NDVI、NDWI 等光谱指数形式，或选择关键时间节点和波段的灰度均值参与分类。

表 6.6　地块的光谱特征

特征	计算方法	说明
均值	$\mu = \dfrac{1}{n}\sum\limits_{i=0}^{n} p_i$	表示地块的灰度均值，p_i 为像素灰度值，n 为像素个数
标准差	$\sigma = \sqrt{\dfrac{1}{n-1}\sum\limits_{i=0}^{n}\left(p_i - \mu\right)^2}$	表示地块内像素的标准差，p_i 为像素灰度值，n 为像素个数，n 为均值
最大值	$p_{\max} = \max\left(p_i\right), i = 0,\cdots, n$	表示地块内像素最大灰度值，p_i 为像素灰度值，n 为像素个数
最小值	$p_{\min} = \min\left(p_i\right), i = 0,\cdots, n$	表示地块内像素最小灰度值，p_i 为像素灰度值，n 为像素个数

特征	计算方法	说明
NDVI	$NDVI = \dfrac{NIR_{ref} - RED_{ref}}{NIR_{ref} + RED_{ref}}$	表示地块内的 NDVI 均值
NDWI	$NDWI = \dfrac{GREEN_{ref} - NIR_{ref}}{GREEN_{ref} + NIR_{ref}}$	表示地块内的 NDWI 均值

2）时相物候特征

物候是指自然界中动植物的生长发育受气候和其他环境因素的影响而出现的周期性现象（张宏斌等，2009）。作物物候期通过作物生长过程中关键时间点的表征，是植物生长状况的外在表现，而遥感物候参数则是通过传感器获取植被覆盖的变化信息，在宏观上反映植被物候关键信息的相对状况（Tuanmu and Vina, 2010）。因此，NDVI 时序曲线可以直观反映植被生长的年内动态变化特点，并可根据 NDVI 曲线进行物候信息的提取。遥感物候关键参数通常包括（杨邦杰和裴志远，1999; de Beurs and Henebry, 2010）生长期开始（start of growing season，SOS）、生长期结束（end of growing season，EOS）、成熟期（timing of maximum of growing season，MOS）、生长季长度（length of growing season，LOS）及凋零速率（wethering rate，WR）等。除此之外，还有部分 NDVI 表征的参数在作物生长状况表达及作物分类上起关键作用，常见作物物候参数及其意义如图 6.24 和表 6.7 所示。通过对地块 NDVI 时序曲线的分析计算，可获得不同地块作物物候特征。

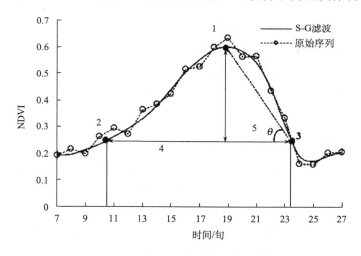

图 6.24　遥感物候特征几何意义

表 6.7　作物物候关键参数

关键参数	定义解释	潜在农业含义
恢复点/值	NDVI 拟合曲线从最小值恢复增长至某一幅度（如 10%）所对应的日期和值	作物的出苗期或返青期
凋零点/值	NDVI 拟合曲线从最大值凋零降低至某一幅度（如 10%）所对应的日期和值	作物收获期

关键参数	定义解释	潜在农业含义
鼎盛起始点/值	NDVI 拟合曲线从最小值恢复增长至某一幅度（如 90%）所对应的日期和值	作物抽穗期的开始点
鼎盛期结束点/值	NDVI 拟合曲线从最大值恢复增长至某一幅度（如 90%）所对应的日期和值	作物抽穗期结束点
峰值点/值	NDVI 拟合曲线极大值所对应的日期和值	作物抽穗的顶点
基底值	NDVI 拟合曲线左侧最小值与右侧最小值的均质	作物收获后的覆盖程度
生长季长度	从恢复点至凋零点的时间长度	作物的生长周期
生长期变化幅度	生长期间 NDVI 拟合曲线的变化幅度	作物的生长态势
生长期 NDVI 累计增量	生长期间平均基底值与拟合曲线之间的面积	生长周期内作物的生产总量
生长期 NDVI 累计总量	生长期间拟合曲线与零值之间的面积	生长周期内作物的生物总量
恢复速率	生长季恢复点至峰值点间的变化速率	作物营养生长的速度
凋零速率	生长峰值点值凋零点间的变化速率	作物发育成熟的速度
不对称性	生长季内的成长期与衰落期的比值	农作物与自然植被的比值

资料来源：李正国等，2012.

3）地形特征

地形特征是地表的特有属性，很多地学现象的发生或地物的出现与所在地的高程、坡度、坡向等密切相关，同时地块所在区域的光照、降水等气候特征随着地形的不同也有所差异，从而对作物的分布也产生重要影响。在高精度数字高程模型（DEM）支持下，以地块为单位读取和计算其平均高程、坡度和坡向，作为地块特征参与分类或后期真实种植面积统计。

6.2.3 地块约束下的特征分析与分类

对于遥感对象丰富的图谱特征，特征间相关程度高低不一，这些特征的影像分类与目标的重要程度参差不齐，在机器分类中面临的首要问题是如何从大量的对象特征中挑选出最有效的特征子集以降低特征空间维度，提高分类器的性能及其分类精度。因此在实际分类之前，先对整个特征集进行筛选是必要甚至必须的（Sotoca et al., 2007; Pechenizkiy et al., 2007）。在简单专题的信息提取应用中，由于目标明确，其相关特征类型也相对固定，因此在这类应用中可依据对反演目标特性的事先认知选择相关特征进行分类；而在干扰因素较多的专题提取或目标间关系复杂的综合分类中，更可行的方法反而是全面筛选，从中选取最优特征子集参与分类。因此根据对象复杂程度的不同分别介绍两类不同的特征分析和分类方法：基于信息熵的特征优选分类和基于地物知识的决策树分类。

1. 基于信息熵的特征优选分类

基于信息熵度量的特征选择是近年来的一个研究热点，出现了大量基于信息熵的特征选择方法（Ding and Peng, 2005; 赵军阳和张志利, 2009; 渠小洁, 2010; 孟洋和赵方, 2010）。虽然这些方法的评价准则形式不同，但核心思想都是通过信息熵评价函数的判定使得所选择的特征子集内部相关性最大，子集之间特征的相关性最小。此类方法属于过滤式（filter）特征选择的一种，本身不依赖于后续的学习分类算法，一般通过样本获得固定数量特征后选择某一分类器进行分类；而在目标特征数量不确定时，可通过指定分类器对样本分类精度的判定得到最优样本数量，进一步对所有对象进行分类。基于信息熵判决的典型算法有 BIF（best individual feature）（Jain et al., 2000）、MIFS（mutual information feature selection）（Battiti, 1994）、mRMR（minimal-redundancy-maximal-relevance）（Peng et al., 2005）和 CMIM（conditional mutual information maximization）（Fleuret, 2004）等。

以极小冗余-极大相关（mRMR）算法为例，算法采用互信息作为相关性度量，构建由相关性和冗余度构成的目标函数，此目标函数最优时，特征子集达到最大可分。互信息定义如下式：

$$I(X;Y) = \iint p(x,y)\log\frac{p(x,y)}{p(x)p(y)}\mathrm{d}x\mathrm{d}y \tag{6.38}$$

式中，X 和 Y 为随机变量；$p(x)$、$p(y)$ 和 $p(x,y)$ 分别为变量的边缘概率密度和联合概率密度函数。特征子集中特征与目标类别之间的最大相关、特征间的最小冗余定义如

$$\max D(S,C), \qquad D(S,C) = \frac{1}{|S|}\sum_{f_i \in S} I(f_i;C) \tag{6.39}$$

$$\min R(S), \qquad R = \frac{1}{|S|^2}\sum_{f_i,f_j \in S} I(f_i;f_j) \tag{6.40}$$

式中，S 为特征子集；C 为目标类别；$I(f_i;C)$ 为特征 i 和目标类别 C 之间的互信息；$I(f_i;f_j)$ 为特征 i、j 之间的互信息。将两式做差值组合（也可作相除组合），即可得到 mRMR 算法的目标优化函数：

$$\max \Phi(D,R), \qquad \Phi(D,R) = D - R \tag{6.41}$$

利用贯序前向查找法进行特征子集的选取，首先根据式（6.41）确定第一个与类别最相关的特征加入子集 S 中，其他特征依次计算后加入。假定 S 中已有 t 个特征，记为特征子集 S_t，下一步将从余下的 $S-S_t$ 中选择使得式（6.42）最大化的第 $t+1$ 个特征，即使式（6.42）成立的第 j 个特征：

$$\max_{f_j \in S-S_t}\left[I(f_j;C) - \frac{1}{t}\sum_{f_i \in S_t} I(f_j;f_i) \right] \tag{6.42}$$

上述是从多维特征空间中选取固定数量子特征集的算法步骤。在特征数量未知的情况下，最优特征数量的确定可结合应用需求，选择特定分类器如支撑向量机（SVM）等为标准，同时将样本分为训练集和测试集两部分，利用训练集进行特征选择，以分类正

确率作为评价标准，计算和比较测试集中随特征规模逐步递增下的分类正确率，当分类正确率达到最高或基本稳定时即为最优特征集，在此基础上结合之前选定的分类器对所有影像对象进行分类识别。

2. 基于地物知识的决策树分类

在对目标地物有较充分认识的专题信息提取中，可依据对地物特征和规律的认知构建规则化的决策树模型，通过对非目标因素的逐一排除最终实现目标地物的分类识别。以作物信息提取为例，植被的生长一般包括两个阶段：一是营养生长；二是生殖生长。在整个生长过程中，植株生长速率表现出"慢—快—慢"的基本规律，即开始时生长缓慢，以后逐渐加快，达到最高点，然后生长速率又减慢以至停止。植株生长的这三个过程总合即为生长大周期（grand period of growth）。植物生长的这一变化过程从植物细胞的微观结构到植物群体的宏观结构上均有反映，这种模式下，单个植株或植物群体物理光学特性也发生相应变化，其宏观上表现为植被反射光谱特征的规律性变化，如图 6.25所示。因此，可以利用植被指数时序曲线特征定义物候期的识别标准，从时序数据中提取物候特征支持作物遥感分类识别。

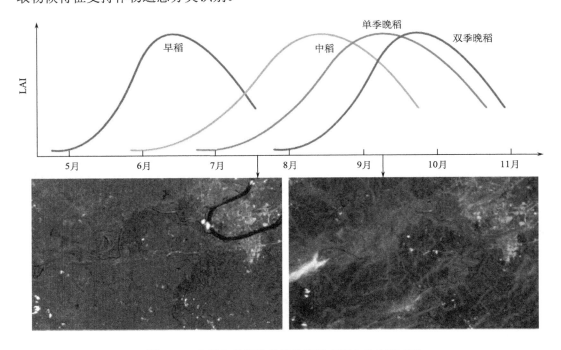

图 6.25　水稻生长规律曲线及影像表现上的宏观对比

气候条件、轮作制度的差异，使得作物在不同地区表现出不同的生长节律性。因此，作物的多时相遥感提取不仅需要对其地域性物候特征进行分析，同时还必须考虑该地区其他非目标作物的物候特点，明确目标作物在其生育周期当中与其他作物表现最大差异的时间节点及其宏观生长特征，并以参数化的遥感物候参数和光谱特征形式予以表征。

有研究表明，决策树方法具有良好的灵活性和鲁棒性，不仅可以处理光谱、空间和高程等多源数据，还可以有效处理大量高维数据和非线性关系（李治等，2013）。通过对作物光谱、物候等特征及生长习性等背景信息的分析，可获得较为明确的特征类型和作物识别语义描述，并转换为分类规则，特征阈值的确定可由经验或已知样本的统计获得，构建决策树进行分类；也可直接利用 C5.0 决策树、随机森林等算法基于训练样本得到分类规则和相关阈值，最后将分类模型应用于待分类影像对象。图 6.26 为基于光谱特征和 NDVI 时序物候特征的甘蔗信息提取的决策树模型示意。

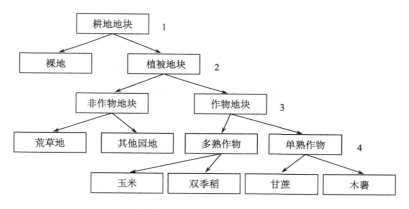

图 6.26　基于光谱与时序物候特征的甘蔗信息提取模型示意

1. NDVI 阈值判断；2. NDVI 变化率判断；3. NDVI 阈值+变化率+单/多峰判断；4. NDVI 阈值+变化率+单/多峰判断+峰值时刻+谷底时刻判别

6.3　应 用 案 例

前述章节主要针对高时空分辨率数据的处理和信息提取方法展开论述，本节结合实际需求，重点介绍高时空分辨率数据和"图谱协同"信息提取方法在精细化作物种植信息提取中的应用。根据待提取作物种类的不同，分为单一类型作物（如水稻）提取和多类型作物提取两部分，力图通过对作物种植信息精细化提取的实践探索，以期为遥感图谱认知理论支持下其他领域的遥感精细化应用提供方法参考。

6.3.1　水稻种植信息提取

目前水稻面积信息提取的遥感数据源一般是 AVHRR、MODIS 等低分辨率数据（李郁竹和曾燕，1998；程乾和王人潮，2005；苗翠翠等，2011）和 TM/ETM、HJ 等中分辨率数据（魏新彩等，2012；黄维等，2014）。低分辨率数据由于具有较短的重访周期，因此主要根据水稻物候特征或水稻生长关键期的环境变化特点（如移栽期田块被浅水浸没等），采用时间序列分析的方法进行分类识别及面积计算。但低分辨率伴随的混合像元导致其解译精度有限，更适合于大范围的水稻识别与种植面积估算。相对而言，中分辨率数据主要利用其较高的空间分辨率，根据水稻与其他作物在单时相影像上的光谱差异进行分类提取，也有学者采用了多时相中分辨率影像进行水稻的识别，但其时间分辨率较低，加之水稻种植区多云多雨气候的影响，单一卫星传感器难以满足多时相无云观测的要求。

另外，无论是中分辨率还是低分辨率的作物识别与面积估算，大多在像元尺度上进行，一般先经过影像分类识别作物，然后通过面积估算模型进行面积求算以处理混合像元中复杂的地物组分构成，难以达到种植面积的精确测量。

本小节在"图谱协同"的认知框架下，采用前述基于有效数据的高时空分辨率数据协同的作物信息提取方法，开展农田地块尺度的早、中、晚三种类型水稻种植面积的提取应用。

1. 研究区与数据

研究区宁远县位于湖南南部，地处 110°42′~112°27′E，25°11′~26°08′N，总面积 2526km²。宁远县地貌类型多样，境域四面环山，属亚热带季风湿润区，受气候和地形影响，常年多云雨天气。耕作制度以早稻—晚稻、中稻—油菜轮作为主，水稻、油菜、烟草和蔬菜是主要的农作物类型，主要作物套（间）比例小。

数据源分两部分：多源多时相卫星影像数据和辅助矢量数据。影像数据包括米级分辨率 ZY-3 影像和由 GF-1-WFV、HJ-1 A/B 和 Landsat 8 构成的多源中分时序影像数据集。ZY-3 影像为全色/多光谱融合影像，拼接后可在研究区形成无云覆盖；中分时序数据为 2014 年 3~10 月的多传感器数据共 33 景，可保证每月至少两次的多期覆盖，各传感器信息如表 6.8 所示。辅助数据为前期项目获得的 2m 分辨率道路网和耕地范围矢量。米级高分数据和多时相中分数据均经过正射和配准处理，影像之间的几何误差控制在 1 个 GF-WFV 像元（16 m）以内。基于 ZY-3 融合影像和中分数据集分别进行精细地块边界的提取、中分数据有效化，以及地块光谱和时序特征计算，获得水稻识别所需的多维特征空间。地块提取效果与中分时序影像如图 6.27、图 6.28 所示。

表 6.8　中分辨率传感器主要信息

传感器	类型	分辨率/m	重访周期/天
GF-1-WFV	多光谱	16	4
HJ-1 A-CCD	多光谱	30	2
HJ-1 B-CCD	多光谱	30	2
Landsat 8	多光谱	30	15

2. 作物物候分析

从表 6.9 作物物候节律可知，研究区油菜 3~4 月处于高覆被的生长盛期，至 5 月成熟收割，此时其他作物未播种或处于苗期低覆盖状态，据此可识别油菜；双季稻（早稻-晚稻）分别在 6 月下旬和 10 上旬达到鼎盛期峰值，与 7~8 月间因收割/移栽形成的波谷构成特征性的双峰形态，易于判别；中稻 6 月中下旬完成移栽，地表覆被由低转高，与早稻、烟草等其他处于生长盛期作物表现相反变化趋势；烟草从 3 月上旬移栽至 8 月下旬采摘完成，生育期长达 6 个月，通过移栽和收割时点及生长时长的判定可对烟草进行有效识别。以上分析表明，研究区不同作物在播种和收获时间、生长季长度、关键期覆被状况等方面存在较明显差异，在时间维上具有较强可分性，可通过遥感物候参数及

NDVI 月均值等特征的适当组合来刻画作物生长过程的变化特点，实现不同作物的有效识别。

图 6.27　研究区精细地块边界示例图

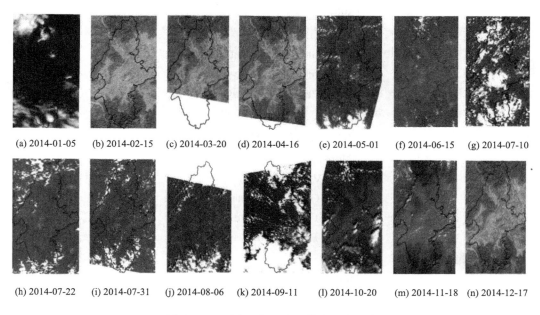

(a) 2014-01-05　　(b) 2014-02-15　　(c) 2014-03-20　　(d) 2014-04-16　　(e) 2014-05-01　　(f) 2014-06-15　　(g) 2014-07-10

(h) 2014-07-22　　(i) 2014-07-31　　(j) 2014-08-06　　(k) 2014-09-11　　(l) 2014-10-20　　(m) 2014-11-18　　(n) 2014-12-17

图 6.28　研究区部分中分辨率时序影像

表 6.9　研究区的主要农作物物候历

作物	3月	4月	5月	6月	7月	8月	9月	10月
早稻		移栽期	分蘖期	幼穗发育期	成熟期			
晚稻					移栽期	分蘖期	幼穗发育期	成熟期
中稻				移栽期	分蘖期	幼穗发育期	成熟期	
烟叶	返苗期	伸根期	旺长期	成熟期				
油菜	开花期	开花期	成熟期					苗期

3. 水稻识别分类

为了确定实验区作物的真实分布特征，于 2014 年 7 月中旬和 9 月中旬开展了野外实地调查（图 6.29），采用 GPS 样区定位与地块详查方式获取了水稻地块样本共 1407 个，烟草、玉米和抛荒地等其他地类样本 461 个。将耕地植被分为早稻、中稻、晚稻和其他地类共 4 类，选取 NDVI 月均值、曲线峰数、凋零速率、生长季开始/结束时点及生长季长度共 6 个特征变量构建决策树分类规则。进一步，将地块样本分为训练样本和验证样本两部分，针对不同类别基于训练样本计算、统计各特征变量的均值和取值范围，通过变量值的调整使得各类别具有较好的可区分性，人工获取各特征变量的分类阈值，实现不同类型水稻的分类，并基于验证样本对分类结果进行精度评价。

最终的模型规则如下。

早稻提取模型：

$$
\begin{cases}
NDVI_{mean}(6) \geqslant 0.6 \\
Num_{peak} \geqslant 2 \\
\Delta NDVI_{slope} \geqslant 0.86 \\
100 \leqslant Grow\ Begin\ Date \leqslant 120 \\
190 \leqslant Grow\ End\ Date \leqslant 210 \\
Grow\ Period \leqslant 100\ Days
\end{cases}
$$

晚稻提取模型：

$$
\begin{cases}
NDVI_{mean}(9) \geqslant 0.6 \\
Num_{peak} \geqslant 2 \\
\Delta NDVI_{slope} \geqslant 0.86 \\
190 \leqslant Grow\ Begin\ Date \leqslant 210 \\
280 \leqslant Grow\ End\ Date \leqslant 300 \\
Grow\ Period \leqslant 100\ Days
\end{cases}
$$

中稻提取模型：

$$
\begin{cases}
NDVI_{mean}(8) \geqslant 0.6 \\
Num_{peak} \geqslant 1 \\
\Delta NDVI_{slope} \geqslant 0.86 \\
160 \leqslant Grow\ Begin\ Date \leqslant 180 \\
250 \leqslant Grow\ End\ Date \leqslant 270 \\
Grow\ Period \leqslant 100\ Days
\end{cases}
$$

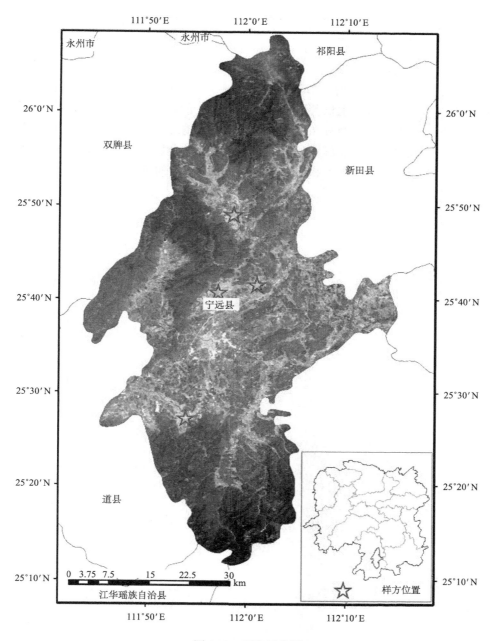

图 6.29　研究区位置

其中，$NDVI_{mean}(6)$、$NDVI_{mean}(8)$、$NDVI_{mean}(9)$分别为 6 月、8 月、9 月的 NDVI
月均值；Num_{peak}为时序曲线波峰数，与作物熟制或轮作制度有关，每一茬作物对应一
个波峰；$\Delta NDVI_{slope}$为凋零速率，其值大于 0.86 时表明地表覆被发生了剧烈变化，可区
分自然植被和农作物；Grow Begin Date 和 Grow End Date 分别为生长季开始和结束时间，
单位为一年当中的第几天；Grow Period 是以天数为单位的生长季长度。

4. 结果与分析

分类获得的各水稻类型分布如图 6.30（a）、（b）所示，研究区水稻分布具有一定规律性，中稻主要集中于中、西部平坦地区，早、晚双季稻则主要分布于中部偏南北方向，而山势险峻的南北两端鲜有水稻种植。从图 6.30（c）的局部放大图可看出，本书方法可在农田地块尺度上对水稻种植分布的空间和属性进行精细表达，不仅有利于后期验证，同时还有利于与权属人、药肥施用量等其他信息作叠加分析，为更深层次的精准化应用提供数据基础。以下从分类精度和面积精度两方面对方法的有效性进行评价分析。

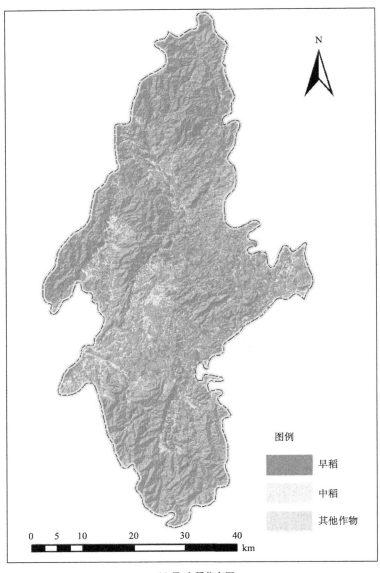

N

图例

■ 早稻

中稻

其他作物

0 5 10   20   30   40
km

(a) 早-中稻分布图

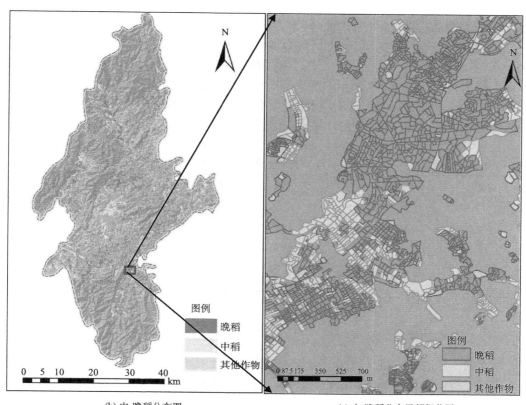

(b) 中-晚稻分布图　　　　　　　　　(c) 中-晚稻分布局部细节图

图 6.30　水稻分布图

1）分类精度评价

分类误差矩阵如表 6.10 所示，本章方法的总体分类精度达到 92.51%，Kappa 系数为 0.90，整体分类效果较为理想。早、晚稻的分类精度均在 94%以上，中稻的用户和制图精度也接近于 90%，不同类型水稻均得到有效的识别。中稻的分类精度略低于早、晚稻，原因可能是试验仅采用时序物候特征作为分类依据，而中稻的生育周期处于 6~9 月，与许多植被类型的生长发育过程基本同步，物候周期的交叉重叠增加了误分概率。

表 6.10　水稻分类混淆矩阵

类别	早稻	中稻	晚稻	其他地类	样本总数	用户精度
早稻	416	10	0	15	441	94.33%
中稻	3	285	7	19	314	90.76%
晚稻	0	10	379	6	395	96.95%
其他地类	18	12	7	241	278	86.69%
样本总数	437	317	393	281	1428	
制图精度	96.19%	89.91%	96.44%	86.77%		
总体精度	92.51%					
Kappa 系数	0.90					

2）面积精度评价

在分类结果的基础上，对同一类型的水稻地块进行面积累加统计，获得研究区各类型水稻面积。如表 6.11 所示，早、中、晚稻的遥感提取面积分别为 1.296 万 hm²、1.113 万 hm² 和 1.332 万 hm²，以同年国家统计局湖南调查总队公布的各类型水稻面积为面积精度评价标准，早、中、晚稻的面积精度分别为 93.37%、91.23% 和 95.42%，平均精度达到 93.43%，均取得了较高的面积提取精度。

表 6.11　水稻种植面积提取精度

类别	遥感提取面积/万 hm²	统计数据/万 hm²	面积精度/%
早稻	1.296	1.388	93.37
中稻	1.113	1.220	91.23
晚稻	1.332	1.396	95.42
总计	3.741	—	—
平均	—	—	93.43

6.3.2　多类型作物种植信息提取

全国第三次农业普查在我国农业普查历史上首次明确将遥感作为重要的数据来源和技术手段，与实地样方抽查相结合，针对各省（区、市）主要作物的种植面积及其时空分布开展调查。同时为了提高调查结果的精确度，要求在 13 个省（区、市）开展地块级的作物精细调查。在此背景下，作为第三次农普的先期试点，本小节以江苏省泗洪县为研究区开展了小麦、水稻和玉米多种作物种植面积的地块尺度遥感精细调查。

1. 研究区与数据处理

泗洪县位于江苏省西北部，地处 117°56′~118°46′E，33°08′~33°44′N，东临五大淡水湖之一的洪泽湖，总面积 2731 km²。泗洪县属北亚热带和北暖温带季风气候区，年均温16.09℃，年均降水量 960.4 mm。县域内以平原、岗地为主，潮土、黄棕壤土、砂礓黑土、紫岩土是主要土壤类型，农田地块规整，农耕机械化程度较高。在轮作制度上以小麦—水稻或小麦—玉米为主，主要作物有小麦、水稻、玉米、大豆和花生。

遥感数据包括 2m 分辨率 ZY-3 融合影像和由 HJ-1 A/B、GF-1-WVF 组成的中分辨率时序影像数据集。ZY-3 为 2015 年 4~5 月晴空影像，满足研究区无云覆盖需求。HJ-1 A/B和 GF-1-WVF 数据集共 27 景，时相 2015 年 1~12 月，每月至少两期有效覆盖。中分数据集经相对辐射归一化处理后，以 ZY-3 融合影像为参考进行几何精纠正，影像间的几何误差控制在 1 个 GF-1-WVF 像元内（16m）。基于米级 ZY-3 影像和中分辨率时序影像分别进行了地块边界提取、中分数据有效化处理、地块光谱和时序特征获取等处理，获取了研究区的精细地块及对应特征属性数据。研究区地块对象矢量与部分时序数据如图6.31、图 6.32 所示。

图 6.31　研究区精细地块图

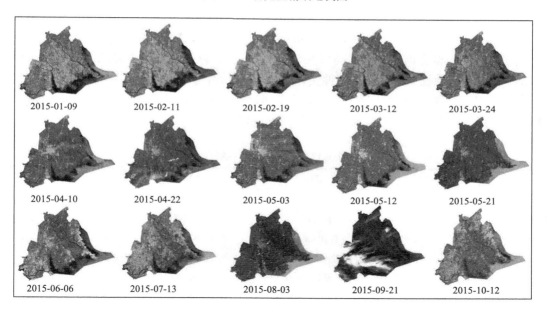

图 6.32　泗洪县部分中分时序影像

2. 作物可分性分析

　　表 6.12 为研究区主要作物的物候历。由此可知，小麦的生育周期与其他作物差别显著，可利用生长结束期/最大长势期等时序物候特征加以识别；水稻为水田作物，其余为旱地作物，同时其成熟收割时间比玉米、大豆等迟约半个月，可通过移栽初期水稻地块含水量高的特点及成熟期的滞后性进行水稻识别；玉米与豆类（大豆、花生）虽然具有相似的生育周期和物候特点，但在成熟过程中大豆的枝叶冠层呈现明显枯黄色，而玉米

和花生的植株叶片大部分仍表现为绿色或黄绿色，可通过光谱的明显差异对大豆加以区分，而花生一般于 9 月底收获，比玉米提前约半个月，可通过成熟收获期的差别进行两者的区分。

表 6.12　研究区主要作物物候历

作物	3 月	4 月	5 月	6 月	7 月	8 月	9 月	10 月
小麦	返青拔节期	快速生长期	抽穗扬花期	成熟收获期（上中旬）				
中稻			移栽期（中下旬）	分蘖期	幼穗发育期	抽穗扬花期	灌浆成熟期（下旬收割）	
玉米			出苗期	拔节-大口期	抽穗-灌浆期	灌浆-蜡熟期	完熟期（上中旬）	
大豆			出苗期	幼苗-分枝期	分枝-开花结荚期	开花结荚-鼓粒期	成熟期（上中旬）	
花生			播种期（中下旬）	幼苗期	开花-结荚期	结荚-成熟期		

3. 作物分类识别

表 6.13 是基于多源中分时序影像获取的地块特征，包括时序物候特征与影像光谱特征两类。其中影像光谱特征采用类似 MVC 合成方式，以地块为单位每月取 1 期特征值，因此，影像光谱特征中每一特征属性实际上为包含 10 个子特征的（每月 1 期）特征集合。与前述水稻提取主要利用其时序物候特征不同，本章基于随机森林算法（random forest, RF），将作物物候和光谱特征信息都参与到分类过程中。

表 6.13　地块对象属性特征

时序物候特征	说明	影像光谱特征	说明
SOS	生长开始时间	近红外灰度均值	对象近红外灰度均值
EOS	生长结束时间	近红外灰度最大值	对象近红外灰度最大值
MOS	作物成熟期	近红外灰度最小值	对象近红外灰度最小值
LOS	生长开始期到结束期的持续时长	近红外灰度标准差	对象近红外灰度标准差
最大 NDVI 值	生育周期 NDVI 最大值	NDVI	对象归一化植被指数均值
NDVI 变化幅度	最大 NDVI 与最小 NDV 差值	EVI	增强型植被指数均值
NDVI 均值	生育周期中 NDVI 均值	RVI	比值植被指数
最大长势期	生育周期 NDVI 增长率最快时期	NDWI	归一化水体指数
最大生长率	生育周期中 NDVI 最大增长率		

随机森林是一种多分类器集成学习方法（Breiman, 2001），通过组合多棵决策树以提高单棵分类树的性能，算法分类结果由每个决策树的输出结果进行投票决定。RF 算法主要思想是：通过 bootstrap 抽样方法将原始样本集随机分为构建 m 棵决策树所需的 m 个子集，同时在生成每棵树时，从规模为 p 的自变量集合中随机选择 n 个自变量（$n<p$），自根节点向下依据分支优度准则递归地执行选取最优分支操作，直到满足分支的终止条

件。随机森林克服了单个分类器容易过拟合问题，具有较强的泛化能力，尤其是对高维数据分类问题具有良好的可扩展性和并行性。此外，随机森林是一种数据驱动的非参数分类方法，只需通过对给定样本的学习训练分类规则，并不需要分类的先验知识。

为掌握作物真实种植状况，于 2015 年 5 月上旬和 9 月中旬开展了地面调查工作，采用 GPS 样区定位与地块详查的方式获取了小麦地块样本 143 个，水稻样本 317 个，玉米 264 个，大豆和花生等其他作物地块共 112 个。将耕地作物分为小麦、水稻、玉米与其他作物 4 类，每类作物随机抽取约 1/2 地块样本作为训练样本构建 RF 算法模型，余下作为验证样本进行分类精度评价。决策树数目 m 与特征变量数目 n 分别设为 2000 和 3。

4. 结果分析与讨论

图 6.33 给出了基于 RF 模型袋外数据集（out-of-bag data，OOB）计算评估的特征变量对分类的重要程度。可以看出，相对于多时相的影像光谱特征，作物的时序物候特征总体上对分类结果精度的贡献率占了绝大部分比例，占据了前五个重要性最大的变量，说明时间维上的生长规律差异对作物可分性起着十分重要的作用。同时图中也表明，NDWI、近红外波段均值对分类的重要性也较高，说明在物候规律相近的作物分类中，光谱特征也是分类的重要依据。

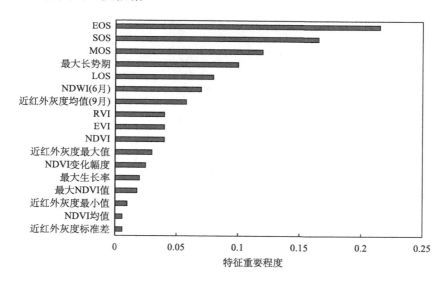

图 6.33　RF 模型中地块特征属性的重要性

作物分类结果如图 6.34 所示，其中蓝色区域为非耕地区域（水体、城镇和林地等）。由图 6.34（a）可见，泗洪县小麦种植分布广泛，主要种植面积约占上半年作物面积的 2/3；下半年作物中，水稻和玉米超过耕地面积的 1/2，其中水稻集中于中部、南部区域，玉米趋向分布于中西和东部地区，西部和北部区域主要为其他作物。图 6.35 直观展示了作物地块的分布细节，从中可见，本章方法可在农田地块尺度上对作物种植类型进行精细刻画和标识，有利于地面验证、面积统计及更深层应用的开展。

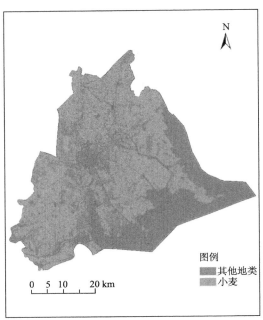

(a) 泗洪县小麦分布图

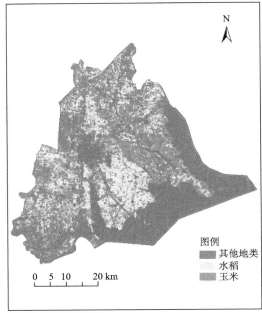

(b) 泗洪县水稻与玉米分布图

图 6.34　泗洪县小麦、水稻与玉米种植分布图

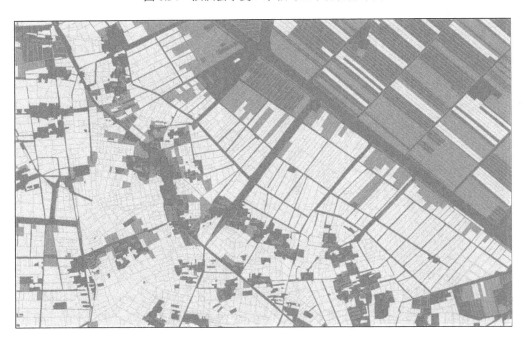

图 6.35　水稻和玉米分布局部细节图

从表 6.14 的分类混淆矩阵可知，通过多星数据协同与多类型特征融入的方式，基于多分类器集成的分类方法可实现对农作物的准确分类识别，小麦、水稻和玉米的分类精度均在 94% 以上，能够满足对地块尺度农作物的详查需求。

表 6.14　作物分类混淆矩阵

	小麦	水稻	玉米	其他	样本数	用户精度
小麦	214	0	0	3	217	98.62%
水稻	0	156	0	4	160	97.5%
玉米	0	2	130	1	133	97.74%
其他作物	5	5	8	76	94	80.85%
样本数	219	163	138	84	604	
制图精度	97.72%	95.71%	94.20%	90.48%		
总体精度				95.36%		

6.4　本章小结

从遥感数据属性认知的角度来看，在对遥感大数据结构认知的基础上结合从其中获得的定量化、精准化目标参量来识别地物属性及其指标是对遥感数据深入应用的核心任务。地物属性指标与其空间结构之间存在天然的对应关系，然而，由于对地观测的瞬时性和时空分辨率的矛盾性，当前的基于遥感数据的指标反演还难以同时兼顾空间精细结构和时间连续动态两方面，从而导致"时空多变要素"反演难题与指标可验证性差的问题。兼顾属性精度与几何精度的时空协同反演是促进遥感大数据深入应用的主要切入点。

以往像素级或面向对象的遥感信息提取研究与特定影像密切相关，通常基于像素/对象所在影像本身的特征信息进行地物的认知，由于单一尺度或来源的影像所包含的信息有限，不足以反映真实地物的全貌特征，可能造成认知偏差和片面性。在遥感图谱认知理论指导下，认知单元不再局限于某一特定影像，而是地表具有稳定边界的真实地块，从而可以协同利用多源遥感数据，并逐步融入多元特征和地物知识进行分类模型构建，从更多角度刻画地物表征，最终实现地物信息的准确识别。本章基于遥感图谱认知第二段的图谱协同思想，对单一作物和多类型作物种植信息进行了提取，实验表明，相对于传统的像素或对象作物分类方法，地块级作物信息遥感提取具有以下优势：

（1）以地块作为分类与面积计算的基本单元，避免了像素级分类中的"椒盐"现象，提高了分类和面积测算精度及结果的可验证性；同时精准的地块边界比传统面向对象的不规则图斑更具有自然和社会属性意义，有望将遥感信息的分析和应用尺度拓展到地块级别。

（2）多星数据协同及"碎片化"有效数据利用方式显著提高了遥感数据的时空覆盖度，可为多云雨气候条件下的作物种植信息提取和长势监测提供高空间分辨率、高时间频度的对地观测信息支持。同时，引入时序、物候和光谱等多种特征类型共同参与模型构建，在更多维度上增加作物可分性，从而有效提高作物的分类识别精度。

参 考 文 献

程乾, 王人潮. 2005. 数字高程模型和多时相 MODIS 数据复合的水稻种植面积遥感估算方法研究. 农业工程学报, 21(5): 89-92.

宏斌, 杨桂霞, 李刚, 等. 2009. 基于 MODIS NDVI 和 NOAA NDVI 数据的空间尺度转换方法研究——以内蒙古草原区为例. 草业科学, 26(10): 39-46.

黄维, 黄进良, 王立辉, 等. 2014. 多时相遥感影像检测平乐县晚稻种植面积变化. 农业工程学报, 30(21): 174-183.

李郁竹, 曾燕. 1998. 应用 NOAA /AVHRR 数据测算局地水稻种植面积方法研究. 遥感学报, 2(2): 125-130.

李正国, 唐华俊, 杨鹏, 等. 2012. 植被物候特征的遥感提取与农业应用综述. 中国农业资源与区划, 33(5): 20-28.

李治, 杨晓梅, 梦樊, 等. 2013. 物候特征辅助下的随机森林宏观尺度土地覆盖分类方法研究. 遥感信息, 28(6): 48-56.

骆剑承, 周成虎, 沈占锋, 等. 2009. 遥感信息图谱计算的理论方法研究. 地球信息科学学报, 11(5): 664-669.

孟洋, 赵方. 2010. 基于信息熵理论的动态规划特征选取算法. 计算机工程与设计, 31(17): 3879-3881.

苗翠翠, 江南, 彭世揆, 等. 2011. 基于 NDVI 时序数据的水稻种植面积遥感监测分析——以江苏省为例. 地球信息科学学报, 13(2): 273-279.

渠小洁. 2010. 一种基于条件熵的特征选择算法. 太原科技大学学报, 31(5): 413-416.

汪小钦, 叶炜, 江洪. 2011. 基于光谱归一化的阔叶林 LAI 遥感估算模型适用性分析. 福州大学学报(自然科学版), (05): 713-718.

魏宏伟. 2013. HJ-1A 卫星不同 CCD 数据比对及归一化研究. 南京大学硕士学位论文.

魏新彩, 王新生, 刘海, 等. 2012. HJ 卫星图像水稻种植面积的识别分析. 地球信息科学学报, 14(3): 382-387.

吴荣华. 2010. 光谱响应差异在高精度交叉定标中的影像分析-以 FY-3/MERSI 与 EOS/MODIS 为研究实例. 中国气象科学研究院硕士学位论文.

杨邦杰, 裴志远. 1999. 农作物长势的定义与遥感监测. 农业工程学报, 15(3): 214-218.

叶炜, 江洪. 2011. 基于光谱归一化的马尾松 LAI 遥感估算研究. 遥感信息, (05): 52-58.

余晓敏, 陈云浩. 2007. 基于改进的自动散点控制回归算法的遥感影像相对辐射归一化. 光学技术, 33(2): 185-188.

余晓敏, 邹勤. 2012. 多时相遥感影像辐射归一化方法综述. 测绘与空间地理信息, 35(6): 8-12.

张宏斌, 唐华俊, 杨桂霞, 等. 2009. 2000-2008 年内蒙古草原 MODISNDVI 时空特征变化. 农业工程学报, 25(9): 168-175.

张杰, 郭铌, 王介民. 2007. NOAA/AVHRR 与 EOS/MODIS 遥感产品 NDVI 序列的对比及其校正. 高原气象, 26(5): 1097-1103.

张友水, 冯学智, 周成虎. 2006. 多时相 TM 影像相对辐射校正研究. 测绘学报, 35(2): 122-127.

赵军阳, 张志利. 2009. 基于模糊粗糙集信息熵的蚁群特征选择方法. 计算机应用, 29(1): 109-111.

周伟, 关键, 姜涛, 等. 2012. 多光谱遥感影像中云影区域的检测与修复. 遥感学报, 16(1): 132-142.

周增光, 唐娉. 2013. 基于质量权重的 Savitzky-Golay 时间序列滤波方法. 遥感技术与应用, (02): 232-239.

朱述龙, 史文中, 张艳, 等. 2004. 线阵推扫式影像近似几何校正算法的精度比较. 遥感学报, 8(3):

220-226.

Atzberger C, Rembold F. 2013. Mapping the spatial distribution of winter crops at sub-pixel level using AVHRR NDVI time series and neural nets. Remote Sensing, 5(3): 1335-1354.

Battiti R. 1994. Using mutual information for selecting features in supervised neural net learning. IEEE Transactions on Neural Networks, 5(4): 537-550.

Biday S G , Udhav, Bhosle. 2010. Radiometric correction of multi-temporal satellite imagery. Journal of Computer Science, 6(9): 1549 -3636.

Breiman L. 2001. Random forests. Machine Learning, 45(1): 5-32.

Brunsdon C. 1998. Geographically weighted regression: A natural evolution of theexpansion method for spatial data analysis. Environment and Planning A, 30: 1905-1927.

Canty M J, Nielsen A A. 2008. Automatic radiometric normalization of multitemporal satellite imagery with the iteratively re-weighted MAD transformation. Remote Sensing of Environment, 112(3): 1025-1036.

Canty M J, Nielsen A A, Schmidt M. 2004. Automatic radiometric normalization of multitemporal satellite imagery. Remote Sensing of Environment, 91(3): 441-451.

Chen J, Per J, Masayuki T, et al. 2004. A simple method for reconstructing a high quality NDVI time-series dataset based on the savitzky-golay filter. Remote Sensing of Environment, 91: 332-344.

de Beurs K M, Henebry G M. 2010. Spatio-temporal statistical methods for modelling land surface phenology. In: Hudson I L, Keatley M R. Phenological Research: Methods for Environmental and Climate Change Analysis, Berlin. Springer: 177-208.

Ding C, Peng H C. 2005. Minimum redundancy feature selection from microarray gene expression data. Journal of Bioinformatics and Computational Biology, 3(2): 185-205.

Du Y, Teillet P M, Cihlar J. 2002. Radiometric normalization of multi-temporal high resolution images with quality control for land cover change detection. Remote Sensing of Environment, 82: 123- 134.

Elvidge C D, Yuan D, Ridgeway D W, et al. 1995. Relative radiometric normalization of Landsat multispectral scanner (MSS) data using automatic scattergram-controlled regression. Photogrammetric Engineering& Remote Sensing, 61(10): 1255-1260.

Fleuret F. 2004. Fast binary feature selection with conditional mutual information. Journal of Machine Learning Research, 5(10): 1531-1555.

Harris C, Stephens M. 1988. A combined corner and edge detector. 1988 Alvey vision conference, 15: 50.

Hill M J, Donald G E. 2003. Estimating spatio-temporal patterns of agricultural productivity in fragmented landscapes using AVHRR NDVI time series. Remote Sensing of Environment, 84(3): 367-384.

Jain A K, Robert P W, Mao J C. 2000. Statistical pattern recognition: A review. IEEE Transactions on Pattern Analysis and Machine Intelligence, 22(1): 4-37.

Jia K, Wu B F, Li Q Z. 2013. Crop classification using HJ satellite multispectral data in the North China Plain. Journal of Applied Remote Sensing, 7(1): 287-297.

Li C H, Xu H Q. 2009. Automatic absolute radiometric normalization of satellite imagery with ENVI /IDL programming. Image and Signal Processing, CISP'09, 2nd International Congress on.

Liu C, Hu J, Lin Y, et al. 2011. Haze detection, perfection and removal for high spatial resolution satellite imagery. International Journal of Remote Sensing, 32(23): 8685-8697.

Nelson T, Wilson H G, Boots B, et al. 2005. Use of ordinal conversion for radiometric normalization and change detection. International Journal of Remote Sensing, 26: 535-541.

Otsu N. 1975. A threshold selection method from gray-level histograms. Automatica, 11(285-296): 23-27.

Pechenizkiy M, Tsymbal A, Puuronen S, et al. 2007. Feature extraction for dynamic integration of classifiers.

Fundamenta Informaticae, 77(3): 243-275.

Peng H C, Long F H, Ding C. 2005. Feature selection based on mutual information: Criteria of max-dependency, max-relevance, and min-redundancy. IEEE Transactions on Pattern Analysis and Machine Intelligence, 27(8): 1226-1238.

Per J, Lars E. 2002. Seasonality extraction by function fitting to time series of satellite sensor data. IEEE Transactions on Geosciences and Remote Sensing, 40(8): 1824-1832.

Potgieter A B, Apan A, Dunn P, et al. 2007. Estimating crop area using seasonal time series of enhanced vegetation index from MODIS satellite imager. Australian Journal of Agricultural Research, 58(4): 316-325.

Rocchini D, Di Rita A. 2005. Relief effects on aerial photos geometric correction. Applied Geography, 25(2): 159-168.

Savitzky A, Golay M J E. 1964. Smoothing and differentiation of data by simplified least squares procedures. Analytical Chemistry, 36(8): 1627-1639.

Sotoca J M, Pla F, Sánchez J S. 2007. Band selection in multispectral images by minimization of dependent information. IEEE Transactions on Systems, Man, and Cybernetics, Part C: Applications and Reviews, 37(2): 258-267.

Steven M D, Malthus T J, Baret F, et al. 2003. Inter-calibration of vegetation indices from different sensor systems. Remote Sensing of Environment, 88(12): 412-422.

Tjishchenko A P. 2008. Effects of spectral response function on surface reflectance and NDVI measured with moderate resolution satellite sensors. Remote Sensing of Environment, 81(1): 1-18.

Toutin T. 2004. Review article: Geometric processing of remote sensing images: Models, algorithms and methods. International Journal of Remote Sensing, 25(10): 1893-1924.

Tuanmu M N, Vina A. 2010. Mapping understory vegetation using phonological characteristics derived from remotely sensed data. Remote Sensing of Environment, 114(8): 1833-1844.

Viovy N , Arino O, Belward A S. 1992. The best index slope extraction (BISE): A method for reducing noise in NDVI time-series. International Journal of Remote Sensing, 13(8): 1585-1590.

Zhang L, Yang L, Lin H, et al. 2008. Automatic relative radiometric normalization using iteratively weighted least square regression. International Journal of Remote Sensing, 29: 459-470.

Zheng B J, Campbell, J B, Kirsten M. de Beurs. 2012. Remote sensing of crop residue cover using multi-temporal Landsat imagery. Remote Sensing of Environment, 177: 99-183.

第7章 知识迁移的遥感影像分类
与信息更新

受到人类利用从一个环境学到的知识来帮助认识新环境的启示，本章将从遥感图谱认知流程出发，参考人脑记忆和迁移知识的机制，提出多类基于知识迁移学习的遥感影像解译认知方法，旨在提高遥感影像分类的智能化与自动化程度。本章内容归属"遥感图谱认知"理论框架的"认图知谱"这一段，主要探讨如何通过知识迁移的方式实现影像分类信息的变化更新，也就是如何学习"旧图"（旧知识）来更新获得"新图"（新知识）的过程。从对动态数据环境下的知识更新来理解：原始的知识库可以构成一个原始的知识粒，该知识粒由多个知识子粒构成；当新数据加入到原始数据集时，需要寻找合适的知识子粒（或知识子粒集合），对新数据进行判断和处理，并对各知识子粒（或知识子粒集）进行知识更新；当处理完所有新加数据后，对各知识粒进行粒子合并，从而得到动态数据的新知识粒，实现知识的迭代更新和不断完善（张清华等，2011）。本章我们首先将从研究"人类"和"机器"两方面的迁移学习机制出发，阐述什么是知识迁移以及为什么要知识迁移，并面向遥感影像分类及其信息更新问题来设计基于知识迁移学习机制的具体方法，满足知识迭代更新的需求。

7.1 迁移学习理论与方法

7.1.1 人类迁移学习

得益于人脑的特殊结构，人类能够潜移默化地将从一个环境中学习到的知识来帮助适应和理解新的环境，并通过学习对许多未见的事物实现智能辨识。搞清知识的本质、理解学习的原理，以及探索迁移的方法将有利于提高迁移和学习准确性、提高解决问题的效率。为此，我们从人类迁移学习的角度说明迁移、学习和知识这三个基本点的理解。

1. 迁移

迁移是学习者理解或识别新旧知识之间的联系后而产生的已有旧知识对新知识、新问题的解决应用。迁移的正确与否取决于学习者对新旧知识之间的理解程度。一方面，从客观上讲，只有在两个相互有联系的问题之间才能进行知识迁移，可以用客观度量的方法确定两个问题之间的相似性或相关性程度；另一方面，迁移需要认知主体对两问题之间相似性或相关性有较好的"感知"或"体会"，主体对于问题理解的深度是迁移成功的关键。因此，问题之间的客观相似性是迁移的必要条件，而主体对问题间的相似性或相关性的理解是迁移的决定性因素（曹宝龙，2009）。

2. 学习

学习是对周围环境或事物的适应与认识，是长期的而不是短暂的过程，即 life-long

learning（Silver, 2011）。学习是学习者在与周围环境相互作用或解决问题的过程中，改变和提升自我认知结构的过程。这种过程可以表现为学习者被动适应环境，也可能表现为学习者对环境或问题的主动性认知（曹宝龙, 2009）。而从认知的角度来说，更希望学习者表现出主动适应的特征，学习的结果是使学习者的知识结构或能力发生持久的变化，从而高效地指导新问题的解决。

3. 知识

对知识本质的理解可以直接影响对迁移、学习本质的理解，对知识本质的思考可以使我们正确认识学习的目标知识，避免过多的无效劳动。从认识论的角度来说，知识是人们在实践过程中所取得经验的概括与总结，能在实践与认识的循环迭代过程中不断提升自身的价值和作用。因此，从实践中产生、又反过来指导实践才是知识的本质体现（曹宝龙, 2009）。不管从什么途径获得的认识，必须有这种"实践↔认识"的循环才能体现知识的价值，这也正是"认图知谱"这一阶段中心思想的体现，也是引入"知识迁移"的出发点。在此说明，本书所讲的知识主要指涉及时空数据处理与分析时的辅助知识，一般具有时空信息的特征或规律，且当知识的时空因子扩展到一定的时间域和空间域时，可以表现为常规知识。

7.1.2 机器迁移学习

尽管人们对人脑学习的机理尚不十分清楚，但以机器学习（machine learning, ML）为代表的人工智能探索已开展多年，目的是希望利用计算机模拟和实现人类的学习行为，以获取新的知识或技能，相关的应用也遍及如专家系统、自动推理、自然语言理解、模式识别、计算机视觉、智能机器人等多个领域。受到人类学习方式的启发，近年来研究者们探索了机器学习中的知识迁移问题，希望以此来改善当前机器学习方法中的缺点。也就是，以不同任务间的相似性为桥梁，将源领域的知识向目标领域迁移：一方面，实现对已有知识的利用，使传统的从零开始的学习变成可积累的学习；另一方面，在有限的条件下提高了新任务的解决效率。

传统的机器学习要求测试数据集与训练数据集具有同概率分布的特性，即学习任务的训练和泛化是在同一个领域内进行的。而在实际情况中，诸多学习任务都是跨领域的问题，也就是测试数据集与训练数据集难以满足同概率分布的严格要求，这使得传统机器学习技术的使用条件往往不能得到满足（Pan and Yang, 2010）。机器迁移学习（machine transfer learning, MTL），以下简称为迁移学习（TL），是模拟人类的知识迁移机制而提出来解决跨领域学习问题的学习方法，其结合一个或多个源任务的知识，共同对目标任务进行学习（图 7.1）。也就是，对于源领域 D_S 的学习任务 T_S 和目标领域 D_T 的目标任务 T_T，$D_S \neq D_T$ 或 $T_S \neq T_T$，迁移学习是要利用 D_S 与 T_S 的已有知识来加强从 D_T 中获取预测的能力，使得目标任务 T_T 能得到更快捷、更高效、更精准地完成。

从传统的机器学习和各种迁移学习环境的联系

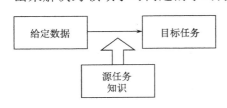

图 7.1　机器迁移学习的基本概念

出发，可以将迁移学习归为三类：归纳式迁移学习、直推式迁移学习和无监督迁移学习，表 7.1 总结了这三类迁移学习对标记数据的要求，以及相应的处理任务（覃姜维，2011）。需要指出的是，TL 并不是某一类具体的学习算法，而是一种新的机器学习理论和框架。从目前的研究来看，TL 的研究主要还是停留在对传统机器学习算法的改进或者综合利用上。与传统方法的最大区别就是 TL 不依赖于在实际应用中难以满足的"同概率分布"严格假设。这个推广使得机器学习能有更充分的训练样本、更快速的训练速度，以及更好的泛化能力。

表 7.1　传统机器学习以及各种迁移学习的环境关联和应用场景（覃姜维，2011）

学习分类	源领域和目标领域	源任务和目标任务	相关算法	源领域的标签	目标领域的标签	常见问题
传统机器学习	相同	相同	贝叶斯学习、决策树、SVM、神经网络等		√ / ×	回归聚类分类降维
归纳式迁移学习	相同	不同但关联	多任务学习	√	√	回归分类
			自学习	×	√	回归分类
直推式迁移学习	不同但关联	相同	领域适应样本选择偏差协方差偏差	√	×	回归分类
无监督迁移学习	不同但关联	不同但关联		×	×	聚类降维

在迁移学习中，通常需要研究以下三个问题：①迁移什么（what）；②怎样迁移（how）；③何时迁移（when）。依据"迁移什么"的内容，将迁移学习分为实例迁移、特征迁移、参数迁移和关系知识迁移四大类（覃姜维，2011），如表 7.2 所示。并且在不同的环境下需应用不同的迁移学习方法，如表 7.3 所示（汤隆慧，2011）。在归纳式迁移环境（目标领域标记可得到、源领域标记不可得到/可得到）下，可以实现上述四种迁移方法；在直推式迁移环境（目标领域标记不可得到、源领域标记可得到）下一般只有实例迁移和特征迁移；而在无监督迁移学习环境（目标领域标记不可得到、源领域标记不可得到）下，只有特征迁移的相关研究。

表 7.2　不同的迁移学习方式

迁移学习方法	简要描述
实例迁移	对迁移到目标新领域的已标注先验样本数据进行重新赋权值利用训练
特征迁移	寻找一个"好"的特征表示，减少不同领域的分类和回归模型的错误
参数迁移	寻找源领域和目标领域中的公共参数或先验参数
关系知识迁移	在源领域和目标领域相关的基础上建立关联知识的映射

表 7.3　不同方法在不同环境中的应用（汤隆慧，2011）

迁移方法	归纳式迁移学习	直推式迁移学习	无监督迁移学习
实例迁移	√	√	
特征迁移	√	√	√
参数迁移	√		
关系知识迁移	√		

7.2　遥感图谱知识及其迁移

在遥感图谱认知框架下，解译过程的智能化程度是"认图知谱"能力的最好体现，而在遥感解译时，光靠遥感本身解决不了信息提取的所有问题，人机交互终归难以避免。所以要想实现遥感信息提取的高智能化，对人的先验知识的运用是整个方法体系中关键的一环。本章关注的就是要在遥感分类解译过程中，如何进行先验知识的迁移，希望将已有的多源知识逐步地、迭代地融入到影像的解译过程中，以对信息提取或分类加以指导，提高机器解译的能力，尽可能逼近解译的真值。

在人类知识系统中，遥感地物映射的地理实体存在多方面的复杂性，不同观察角度和保存形式造就了不同的数据资料，代表着不同的理解表达方式，需要不同的应用方法，这都使得遥感地物在认知上具有多知识本质。因此，在"认图知谱"中进行知识迁移的核心问题可归纳为：①"认图知谱"过程中可使用的知识有哪些？即知识的来源和分类体系；②"认图知谱"过程中使用的知识如何表达；③"认图知谱"过程中如何运用知识来提高机器解译能力。下面将围绕这三个核心问题，对"认图知谱"中的知识（以下统称为遥感图谱知识，是地学知识中和遥感处理与解译相关的部分）及其使用进行阐述分析。

7.2.1　知识的来源与获取

在遥感信息解译中，知识的来源及表现方式多种多样，要有效使用知识就必须对其来源进行梳理、加以区分。本书从遥感解译信息来源考虑，认为知识主要有三个来源：遥感影像、地域数据、专家解译，并且不同的来源造成了知识在获取途径和表达形式上的多样性。

1. 知识的来源

1）遥感影像

首先是遥感影像知识，简称遥感知识，是指遥感影像数据本身的信息，是进行遥感解译的直接依据（遥感影像所直接提供的主要是数据和信息，我们认定其属于广义知识的范畴）。包括了以下两个方面：①遥感影像特征，即遥感成像获得的数字影像上目标的光谱、形状、纹理，以及目标间的上下文和语义限制等，这些知识主要通过地物目标的影像特征、波谱曲线来表现和利用；②遥感影像参数，即除了通常所见的数字影像外，成像时间、角度、传感器性能等参数信息。这些信息在成像前后以各种形式被保存，并较多的应用于影像几何校正、正射校正、辐射校正等预处理过程，当然在后期解译过程中也会被利用，如多时相分析时对成像时间的应用、地形分析时对成像角度的应用等，显然这些应用具有较大的灵活性，往往只对特定地物或特定地域的解译有效，因此在应用中一般根据实际需求有选择地与其他知识相结合来使用。

2）地域数据

其次是地域数据知识，简称地域知识，是进行遥感影像解译的重要辅助参考资料。主要是指能够与遥感影像的地理位置匹配的相关数据，包括与地物的位置、观测时间等相关的知识，这些信息一般以地图、数据库等形式保存，有栅格、矢量等表现形式，一般都能在 GIS 框架下相互融合，许多结构化知识可以通过地理匹配并量化为对象的多源特征来参与影像解译。同时地域知识往往需要利用数据挖掘和知识发现方法从空间数据库中自动地关联和获取，如历史栅格影像可以比对后发现同区域的地物变迁；栅格化的 DEM 数据可用于度量地物对象所在区域的平均高程、变化程度等，通过一定的转化融合后能将 DEM 数据以稳定特征的形式加以体现；地面实地调查的温度、湿度等土地资源信息数据经空间矢量化后也可以点特征的形式加以体现。这些依据往往是判断地物类别的重要参考。

3）专家解译

最后是专家解译知识，简称解译知识，是进行遥感解译的根本指导，包括对遥感目标的经验认知、各类关联理解等，这些知识由于比较抽象，常以规则的形式来归纳和利用。值得注意的是这类知识通常建立在前两类知识的基础上，既可以来源于长期的解译实践，也可以来源于对地物的常识性了解，往往需要通过与专家交流，或者是对现有文档进行分析获取知识，且一般属于非结构化知识，难以用统一的量化形式加以描述。例如，描述一个区域所有地物的分类体系属于是对当地各类环境及影像的综合归纳，通常是以文档的形式存储；前期解译结果（如历史土地利用数据、前期土地覆盖数据）则是对当地地物分布的具体分析，通常是矢量图斑的形式存储；植被作物的季节生长规律等物候模型则能对应作物生长特征的时序变化，通常是与时相相关的特征曲线来表达，这些知识都蕴含在数据成果之中，是人的经验常识、规律认知等智慧的重要体现，对于利用方式也相应地具有较高要求。

2. 知识的获取

经过几十年的地学研究，地学知识的获取方式已取得不少进展。最常用的是依靠领域专家将他们的经验、固有资料或定律等收集并转化为一定的表达形式后加入到知识库中。这类方式是目前获取知识的有效手段和主要途径，但其间接的、机械式的采集方式费时费力，而且效率低下，影响了遥感分析的智能化水平，阻碍了遥感处理和解译的效率（骆剑承和杨艳，2000）。

近年来，研究人员开始提出从大量的空间数据库中自动获取地学知识的思想和方法，即所谓的知识发现。目前地学知识的发现与挖掘已经在国内外各研究领域中陆续得到开展，主要方法包括空间分析、统计聚类、决策树分类、相关分析法、人工神经网络、集合论方法等（Leung, 2009）。空间数据库中大量以矢量、栅格等形式存储的空间数据或空间信息本身就是大自然和人类社会活动双重作用的产物，因此许多反映地学现象和地学过程的知识本身就蕴涵在长期积累的空间数据库中，通过对这些数据的挖掘来获得的知识，同时能为包括遥感信息解译在内的地学空间决策分析的发展和应用提供更快速、丰富、精确的知识获取保障。

7.2.2　知识的形态与表达

1. 知识的形态

知识的形态不仅决定了知识应用的形式，而且也决定了知识处理的效率和可实现的规模大小（王珏等, 1995）。在"图谱认知"过程中，知识的来源多样化导致了其形态和表示方式也不尽相同。依据遥感图谱知识的来源，我们将前述三个不同来源的知识归纳为"波谱知识"、"参数知识"、"模型知识"、"环境知识"、"物候知识"、"视觉知识"和"空间知识"等多种知识，并表现为不同的计算、存储和迁移方式。表 2.7 已部分总结了遥感图谱认知过程中不同的知识形态及其相应的计算与表达方式。例如，①视觉知识（遥感知识中的一类）是基于数据本身的色调、纹理等波谱和形态特征，常用图像处理、特征提取、数理统计等方法来计算，并以矢量或栅格的方式来表达应用，属于简单的底层知识；②环境知识（地域知识中的一类）是指地物目标周边的环境条件、空间依赖知识（如高程、坡度、坡向等地形），常用带有环境特征的栅格/矢量图斑存储，并用 if…then…等较宽泛的规则（环境规律）来表达（如某些类型的植被只能生长在一定高程以下的区域，而永久性冰川只能分布在温度较低且高度较高的区域），属于较复杂的中层知识；③空间知识（解译知识中的一类）：GIS 点、线、面等要素的相互空间依赖、排列、拓扑等关系；常用空间图斑排列或者语义网络（network）/图（graph）的相关方式进行表达，属于复杂的高层知识，常需要由前期解译或者基于 GIS 的网络、拓扑等空间分析得到，对其进行合理应用的要求也较高，本章重点关注如何运用空间分布知识（如前期解译的专题图）来提高遥感解译智能化程度，后续的第 8 章则将探讨如何运用空间关系知识来实现较复杂目标的遥感解译。当然，上面只介绍了几种知识的表示方法，还有很多其他的方法也可以用来进行以此归类，但是由于不太常用或还不太成熟，这里不一一介绍。

2. 知识的表达

在传统的机器学习领域，知识的表达主要是利用符号逻辑的形式来试图模拟人的心理活动和思维过程。而人对客观世界的感性认识、理性认识、判断和分析是同时基于包括心理和生理两方面相互交错的智能活动。因此，基于心理学的宏观模型与基于生理学的微观模型的相互结合是智能系统真正能接近模拟人的分析能力的唯一途径（骆剑承和杨艳，2000）。所以，要想在遥感图谱认知过程中提高机器解译的智能化程度，就必须对知识的表达模型进行多样化考量。

在人工智能领域，目前的知识表达除了产生式规则外，还有逻辑、框架模型、语义网络等形式，这些可统称为知识的语义表示法。而在大多数地学知识处理模型中，主要还是以基于规则的产生式表达方式为主，而其他几类知识的表达与处理在国内外的地学研究中出现较少。例如，在遥感认知问题中，很多决策分析的对象是以模拟人的空间形象思维和视觉等生理活动为主的，如遥感影像中的信息提取和分类、地图中的符号识别等问题。此时，采用基于语义的知识表达模型对遥感认知是有限制的，必须参照人类右脑的形象思维（底层的）和左脑的逻辑思维（高层）的组合思维方式，发展基于模拟思维活动及生理活动的知识表达模型（骆剑承和杨艳，2000），通过规则的产生式表达方式才有望克服从底层特征到高层场景语义之间存在的"语义鸿沟"。

　　综合以上两个方面，从空间知识的表达及推理的角度来看，基于面向空间图形的知识表达模型（即以对象或地块为单元，加载各类与其相关的多源知识），将为遥感认知，特别是在图谱知识的发现和空间匹配等方面提供一种较合理的知识表达架构。在该种知识处理模型支持下，多源知识运用与遥感地学分析模型便可相互融合，更能够从形象思维的角度上模拟人对遥感影像的解译过程（即人对地物在不同尺度空间的视觉注意力问题），有助于拓宽传统的遥感影像处理和分析的手段，使遥感信息分析和认知向智能化方向深化成为可能。基于本书的遥感图谱认知框架，表 7.4 由底层向高层分析了在遥感图谱认知各阶段主要使用的知识表达。

表 7.4　遥感图谱认知各阶段使用知识的表达与应用

感知单元	图谱转化	图谱表现形式		认知主要应用的知识及其表达模型		
		图	谱			
数据	由谱聚图（像元谱⇒特征谱）	以像元为单元的栅格图像	像元的波段光谱	遥感知识	视觉知识等底层知识	参数化定量指数参数化统计模型非参数化映射模型（通过学习构建）
对象		视觉单元-形态边界（时间、空间、尺度）	视觉单元-多维特征（时间、空间、尺度）			
地块/目标（地学意义）	图谱协同（特征谱⇒属性谱）	具有地学意义的单元（地理单元）所具有的地物形态边界	具有地学意义的单元（地理单元）所具有地理特征、资源、定量指标	地域知识	环境知识等中层知识	定量模型（时序分析）案例模型
场景/格局（结构、功能）	认图知谱（属性谱⇒结构/功能谱）	结构：地块组团的网络、拓扑、空间结构、GIS 空间关系、格局	功能：地块组团的功能、利用方式、时空流演化、社会经济规律等	解译知识	空间知识、外围属性等高层知识	语义规则空间关系空间统计模型基于地理单元的模型

7.2.3　知识的评估与迁移

　　以上我们对遥感图谱认知中的各类知识进行了梳理，以更好地实现知识的迁移。而由表 2.7 可以看到，虽然遥感解译时的参考知识来源与表达方式是多种多样的，但并不是所有的先验知识都会对遥感解译任务有促进作用，相反有些知识因为过期或者迁移不当可能会对认知产生误导。因此，要想利用收集到的知识进行合理地推理，必须根据具体的算法对知识的迁移进行十分有针对性的设计，一方面要对知识的质量进行必要的评估，有效避免负迁移造成不良影响，另一方面要设计合理的迁移方式，保障先验知识能巧妙便捷、完整顺利地实现迁移。

　　表 2.7 中最后一列给出了每一类知识相对适用的运用方式，但针对各类知识在具体

应用情境中的"质量如何"、"怎么应用"等问题还需要依据应用目的和具体情境详细分析、区别对待、有的放矢，不能一概而论。在此强调：遥感图谱认知方法论中"认图知谱"阶段使用的知识主要是遥感数据本身不能隐含的那部分知识，如土地利用方式、地物间的空间关系（空间结构、空间格局）、功能区划分等专家高层解译知识。本章后续各节以及第 8 章的内容就是要在历史解译图、空间格局等高层知识辅助下来实现地物的解译和识别。下面我们先针对本章主要使用的"历史土地利用/覆盖解译成果"这类空间（分布）知识（高层知识）开展分析，考察在"认图知谱"环节中如何评估知识的质量，以及实施恰当、合理地设计来迁移知识。

1. 知识的评估

香港中文大学地理系的梁怡教授在其编著的书籍 *Knowledge Discovery in Spatial Data* 中将空间数据知识发现重点解决的基本问题总结为：①尺度（scale）；②异质性（heterogeneity）；③不确定性（uncertainty）；④空间非平稳性（spatial nonstationarity）；⑤可量测性（scalability）等（leung，2009）。在此基础上，我们以前期解译的地物分类图斑成果为例，分析知识评估问题。

对于新的影像解译而言，在影像与历史分类图斑匹配时，知识的粒度、尺度、空间和时间等方面可能会存在差异性和不确定性，此时需要对历史源领域的这类解译知识做必要的评估和分析，度量源领域与目标领域的相似程度，避免大量的伪知识造成负迁移现象（是指迁移的知识对新任务的学习起误导、干扰、抑制等负作用）的产生。表 7.5 给出了评估前期分类解译数据质量的考察指标，有以下四个方面：①粒度。前期分类解译参考数据的分类体系应用于目标影像时，是否合理？中低分辨率影像分类的体系与高分辨率影像分类的体系能否对接？在设定的分类体系下，地类是否具有可分性？这都需要结合土地类别转化、影像分辨率差异等建立合理的土地分类体系及映射转换规则。②尺度。前期分类解译参考数据成图比例尺能否与目标影像及其分类体系所衔接？尺度差异程度对知识迁移的影响有多大？是否在算法设计时可接受？③精度。前期分类解译参考数据的矢量图斑边界是否能与目标影像边界套合？套合程度如何？图斑含有的地类属性是否正确?正确率有多大？④时效性。前期分类解译参考数据成图时间与目标影像成像时间两者之间的时效差异有多大？时相及成像条件差异是否在可接受的范围内？时间跨度较大时，图斑特征与属性存在的变化量是否可接受？前期分类解译数据在迁移应用其中的先验知识时需要在上述四方面进行一定的评估，一般需由有丰富经验的解译专家针对新的解译任务进行系统性的分析论证，只有满足新任务的解译要求时才能开展已有知识的迁移。

表 7.5　前期分类解译参考数据质量评估的考察指标

考察指标		数据质量评估分析
粒度	分类体系	分类体系是否合理？前后能否转化对接？地物可分性如何？
尺度	比例尺	比例尺是否合适？图斑边界是否能与影像套合？套合程度如何？
精度	准确率	地类边界和属性是否正确?正确率多大？
时效	时间跨度	图斑属性变化有多少？时效性或成像条件差异是否可接受？

2. 知识的迁移

前期的分类解译数据在满足评估要求后，便可设计相应的迁移方法用于后期的影像解译。由于知识迁移是一种理论方法而非一种技术，所以它是一个开放的系统，可以不断地吸收各种新的技术和方法，更有利于其本身框架在各个相关领域中的应用和发展。在本书的遥感图谱认知领域，历史任务完成的成果蕴含着丰富的多源知识，这些先验知识是进行后续智能化遥感认知的切入点。例如，在同一地理空间范围内，相近时间段内的地物变化是不显著的，在此情形下，过往采集的样本或解译地物的地理位置在一段时间周期内是相对可靠的，前期解译使用的样本和完成的专题图所蕴含的知识也可能在前期的解译中部分或完全共享，这样可提高目标领域任务的完成效率。所以，在遥感信息解译中，可把历史解译成果作为一个智能部件和其他方法构成的部件一起进行合理设计、配合使用，发挥各自的长处，使智能认知真正成为可能。

在前期分类解译参考数据的质量评估基础上，从知识的尺度、空间、时间等三个维度上的进行组合，并探讨不同情形下的知识迁移问题，试探性地给出图谱知识如何迁移的解决方案，并分析不同知识形态下开展时空迁移的关键要点和可供参考的技术手段（表7.6）。

表 7.6　不同知识形态下开展迁移的关键要点和依赖技术

尺度	时间	空间	主要迁移类别	关键要点	可依赖技术
相同	相同	不同	空间拓展	光谱、形态等特征匹配	基于主动学习、半监督学习、案例推理、流形匹配等领域自适应技术
			特征迁移		
相同	不同	相同	时间更新	数据时效性与去伪	有基期影像：变化检测+空间匹配+属性迁移
			关系知识迁移		无基期影像：空间匹配+特征约束+属性迁移
不同	相同	相同	尺度推演	分类体系、套合	重采样+分类体系转换+空间匹配+特征约束+属性迁移
			关系知识迁移		

（1）相同尺度、相同时间、不同空间上的知识迁移，是知识在空间维度上的拓展，主要开展特征的迁移，关键要点是解决影像数据在不同空间上因辐射、大气、太阳高度角等因素造成的特征差异，需进行光谱、形态等特征的统一表达与智能匹配，实现解译过程中的知识调整和自适应，提高与源领域空间相近的目标领域机器解译能力。有效的技术手段是案例推理、主动学习、半监督学习以及流形匹配等领域自适应（domain adaption）技术（Tuia et al., 2013; Liu and Li, 2014）。

（2）相同尺度、不同时间、相同空间上的知识迁移，是知识在时间维度上的更新，主要开展关系知识的迁移，关键要点是解决知识在相同空间上不同时间上的智能迁移。在有基期影像时，有效的技术手段是变化检测、空间匹配、属性迁移，重点解决通过变化检测剔除变化区域的过期知识（本章7.3节设计了此类算法）；而在没有基期影像时，有效的技术手段是空间匹配、（光谱等）特征约束后的属性迁移（本章7.4节设计了此类算法）。

（3）不同尺度、相同时间、相同空间上的知识迁移，是知识在尺度上的推演，同样主要是开展关系知识的迁移，这里包括两个方面的尺度推演：一是空间尺度（宏观尺度与微观尺度，尺度上推与尺度下降）；二是属性尺度（也称信息粒度，分类体系的一级类与二级类、不同分类体系合并与分解的转换等），关键要点是空间尺度上前期解译成果在图斑边界上套合的一致性，以及属性尺度上在分类体系相互转化的可操作性，检验知识的纯度和可靠度。有效技术手段主要是重采样、分类体系转换、空间匹配、（光谱等）特征约束下的属性迁移。

以上分析了前期分类解译知识在尺度、时间、空间三个维度上有一个不一致时的情形，需要分别重点解决（不同尺度上）不同分辨率/比例尺的关系知识迁移、（不同时间上）不同时相变化检测后的关系知识迁移、（不同空间上）不同特征分布条件下的实例迁移或特征迁移问题。而对于尺度、时间、空间三者中多于一个维度存在不一致时，需要由上述技术进行有机组合后才能达到知识正迁移的目的（表 7.7）。本章在 7.3 节和 7.4节的算法设计时主要使用了同区域、同尺度的前期解译成果（属于空间分布类的解译知识），因此相应的算法是属于相同空间、相同尺度、不同时间上的"关系知识迁移"；此外，在实现高分遥感影像分类时使用了 90m 空间分辨率的 DEM 高程数据（属于环境类的地域知识）作为地形特征参考，属于不同尺度知识的"特征迁移"。

针对遥感影像分类这一问题，我们进一步分析了在不同尺度、时间、空间的历史解译成果知识支持下的正迁移策略（表 7.7）。

（1）在相同尺度条件下：①对于相同时间、相同或不同空间知识迁移时，源领域和目标领域是相同的或不同但（光谱域）关联的，此时使用样本实例的迁移或者直接使用训练分类器的参数迁移，就能完成知识的正迁移；②对于不同时间、相同空间知识迁移时，源领域与目标领域是不同但（空间域）关联的，此时要么在不同时间数据相对辐射

表 7.7　不同知识形态下遥感影像分类开展知识正迁移的解决策略

知识形态		源领域和目标领域	源任务和目标任务	实例迁移	特征迁移	参数迁移	关联知识迁移
相同尺度	相同时间 相同空间	相同	相同	√样本实例		√分类器规则（参数）共享	
	相同时间 不同空间	不同但（光谱域）关联	相同	√样本实例		√分类器规则（参数）共享	
	不同时间 相同空间	不同但（空间域）关联	相同		√不同时间数据相对辐射校正（特征变换）		√变化检测 √地类图斑/样本空间位置匹配
	不同时间 不同空间	不同	不同		√不同时间数据相对辐射校正（特征变换）√不同空间数据匀光匀色√流形匹配等领域自适应技术		

知识形态			源领域和目标领域	源任务和目标任务	实例迁移	特征迁移	参数迁移	关联知识迁移
不同尺度	相同时间	相同空间	不同但关联	不同				√重采样/分类体系转换 √地类图斑/样本空间位置匹配 √特征约束
		不同空间	不同但关联	不同		√重采样/分类体系转换 √不同时间数据相对辐射校正（特征变换） √不同空间数据匀光匀色 √领域自适应技术 √特征约束		
	不同时间	相同空间	不同但关联	不同				√重采样/分类体系转换 √变化检测 √地类图斑/样本空间位置匹配 √特征约束
		不同空间	不同	不同		√重采样/分类体系转换 √不同时间数据相对辐射校正（特征变换） √不同空间数据匀光匀色 √领域自适应技术 √特征约束		

校正基础上进行特征变换后匹配，要么利用本书的技术在变化检测和样本空间位置匹配基础上进行关联知识的迁移；③而对于不同时间、不同空间知识迁移时，源领域与目标领域是完全不同的，此时需要在不同时间数据上进行相对辐射校正变换特征，不同空间数据上进行匀光匀色或者基于流行匹配等领域自适应技术来实现特征的调整和变换，使得不同景的特征（或数据分布）变换调整后能达到一致，在此基础上再进行特征的迁移。

（2）在不同尺度条件下：源领域与目标领域必然是不同的，但当时间或空间有较好的一致性时，两者仍有一定的相关性。在不同尺度条件下，当经过重采样或分类体系的转化后，在空间分辨率和属性粒度上达到尺度一致性后，开展的知识迁移策略与相同尺度下类似，只是这时候需要在目标领域采集和计算一定的光谱、形态或地形等特征，以此作为约束来保障知识在尺度推演时的正确性。

7.3 迁移多源知识的遥感影像分类

在遥感图谱认知框架中，图谱知识有三个主要来源：遥感影像、领域相关数据和解译经验。除了在影像分割和对象分析中的简单应用外，分类是多源知识最主要的应用场所，因为遥感影像分类是计算机实现遥感认知的主要形式，利用影像分类所获得的专题信息是许多针对地表应用的主要参考资源（Kavzoglu and Colkesen, 2011），而多源知识的应用已成为提高分类精度和自动化程度不可或缺的辅助手段（Cohen and

Shoshany, 2005）。

在遥感影像分类前、中、后都有不同形式的知识应用，多源知识在遥感分类中主要的应用形式有以下三种（夏列钢，2014）。

首先是分类前的应用。对分类区域及待分类地物的了解是进行遥感分类的前提，这些知识主要来源于相关数据及解译经验，如确定合适的分类系统要求对研究区的基本状况有所了解，也需要对遥感解译能力有合理预判（Anderson et al.,1976），《土地利用现状分类》等资料有重大参考价值（陈百明和周小萍，2007）；划分分类区域对于减少分类工作量，提高分类精度具有重要作用，而划分标准就需要考虑地形、光谱一致性、土地分布、经济发展、影像接边等多方面因素（Homer and Gallant, 2001）。

其次是分类中的应用。分类解译的依据直接来源于各类知识，以监督分类为例，样本是解译经验的表现，特征空间由影像知识和相关数据组成，分类器则是对它们的综合应用（Lu and Weng, 2007），一方面可以通过增加相关数据、改进特征提取方法更好地利用知识来描述地物，另一方面也可以通过识别地类的时空变化、增加判断规则有效利用这些特征及地物解译知识。

最后是分类后的应用。分类结果的后处理是保证精度不可或缺的，一般可以通过专家经验规则的设定减小分类误差，如对耕地的坡度约束，对道路、河流的形状约束，这些地学知识的应用建立在对地物本质和认知规律综合归纳的基础上的。

综合来讲，在遥感影像分类过程中应用知识的目的就是要使机器具备自动学习、自动纠错甚至经验积累能力，特别是在领域专业知识辅助下的推理识别能力，在分类中机器学习的主要任务就是根据图谱知识自动选择地物样本并完成监督分类，进而不断地自适应迭代实现分类精度的提升。图 7.2 示意了多源知识被提取后在两个过程中发挥重要作用：自动选择样本和迭代集成分类，接下来按照发生顺序我们将从两个算法的介绍中说明多源知识在遥感分类中所扮演的不可或缺的角色。

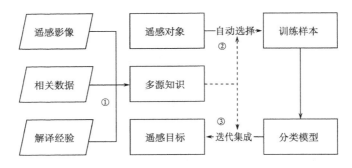

图 7.2 遥感影像分类中的多源知识应用

7.3.1 基于多源知识的样本自动选择

在监督分类中，训练样本是类别语义知识的主要载体，是实现机器分类不可或缺的信息（Demir et al., 2014），但样本选择的较高人工成本是长期难以解决的问题，这主要是因为选择样本是多源知识综合应用的过程，当前对于这种综合认知机制的研究仍缺乏进展，人工选择的精度很难被其他方法所超越。考虑到样本选择需求与成本之间的矛盾，研究人员提出了许多改进方法,如半监督分类、主动学习、小样本分类器等(Tuia et al., 2011;Mantero et al.,2005)。这些方法多着眼于减少人工重复劳动,提高样本利用效率,具有一定的借鉴意义,但它们仍未摆脱对人工的依赖,离遥感影像自动解译的目标尚有一定距离(Khorram et al., 2011)。

从遥感图谱认知的观点看来,地块的先验知识根据来源不同,又可以以不同方式应用于认知。遥感影像中的知识相对一般认知任务更加清晰,而且在地理位置匹配下多源知识的辅助作用明显,对样本的自动选择具有较大帮助(Dos Santos et al.,2013)。在遥感影像中,人工样本选择的主要依据是地物样本在影像中表现的光谱、空间等特征,本质上是地物图谱知识在影像上的表现形式,但由于人类视觉模式或数据制约,图谱知识也未得到完全利用,如通常只利用 3 个光谱波段显示,多时相与空间位置信息利用较少等。以计算机自动的方式则可以突破样本数量的局限,而多源数据所蕴含的图谱知识又为提高样本的精度提供了保障。现在的关键问题就是如何有效利用这些数据,真正将解译知识融入样本指导后续分类的进行。

一方面,地物在时间上具有较大的连续性,除非发生自然灾害或重大社会变革,一般地物在短时间内总是保持延续性,因此前期解译知识有可能被用于后期解译。另一方面,尽管短时内地物变化的概率较小,但变化是确实存在的,对于计算机来说,更多的知识被要求用于有效判别这种变化。基于这两点考虑,本节我们设计了"图匹配-谱修正-多源约束"相结合的样本自动选择算法,以"图"为基础,以"谱"为制约,有效将先验图谱知识融入样本。具体步骤介绍如下。

1. 图匹配

图匹配是要利用已有历史图的知识辅助样本的自动选择,即利用地块在时空上的相对稳定性,以前期地物空间分布情况为参考,可以有效预测当前时段内该区域所分布的地物类型,从而用于样本选择的参考。由此可见,图匹配的前提是遥感与辅助数据的地理匹配,而且辅助数据需包含解译相关知识,如前期土地利用数据是对过去土地利用情况的全面描述,与遥感数据匹配后即可指示特定位置的地物类别;前期专题数据会因为类别不同有较大变化,如不透水面的变化随时间变化一般总是会增加,农作物则随时间周期性变化,这些数据的参考意义只有在对区域、地物了解的基础上才能充分发挥。图7.3 即为遥感数据与土地利用调查资料匹配的结果,根据前期资料,可以初步了解当前影像中的地物类型、分布等各种情况,有助于后续的遥感分类。

图 7.3　图匹配示例

图匹配虽然可以选择大量的样本，但其参考依据若是时效性较差的数据，对比实时的遥感数据不可避免会含有较多错误信息，这些样本或者在位置上存在偏差，或者在类型上存在误导，因此需要更多的知识辅助以去除伪知识、提高精度，这也是谱修正的主要目的。

2. 谱修正

谱修正主要利用谱知识改进样本精度。地物的光谱、时间谱等精细知识由其物质构成和生长特性等本质决定的，利用这些知识判别遥感对象为某种目标可能难度较大，但以其判别遥感对象是否某种特定目标就相对容易，因此在图匹配的基础上，谱修正可以较好地筛选更为优秀的样本，提高样本整体质量。如在水体专题数据的匹配下可以得到大量水体样本，但由于水体区域随时间变化，很可能部分水体样本出现错误，此时采用水体指数等光谱特性对这些样本进行检查，可以对明显不符的样本进行剔除，或者采用亮度、形状等特征进行多次约束，最终使水体样本的质量达到最高。图 7.4 为利用地物波谱曲线跟样本波段值匹配，可以有效剔除明显不符及容易混淆的样本。

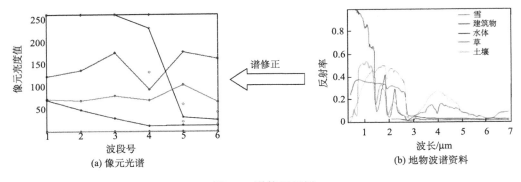

图 7.4　谱修正示例

谱修正的另一个功能是对样本数量及分布的主动控制，由于样本最终是在训练分类器的过程中发挥作用，因此其作用大小还与分类器的性能息息相关，而根据分类器对样本数量及分布需求进行相应控制也成了自动化选择的目标。

3. 多源约束

多源约束主要利用多源数据中蕴含的知识或规律提高样本质量，这种广义上的图谱知识因其来源的广泛性往往具有较大的灵活性，同时也意味着对地物规律的认知要求更高。如耕地、林地的分布对地形条件有特殊要求，此时可根据具体要求利用坡度、阴阳坡向约束样本，如图 7.5 所示为利用山区地物分布规律约束当前地形下的样本分布；又如对耕地样本的修正可以采用多个时相的 NDVI 特征比较，明显不符合耕作规律的样本可以被剔除。

基于多源知识的样本选择方法实际上是利用图谱先验知识对遥感目标进行初步识别的过程，但受方法所限，这个阶段只能对部分知识进行独立运用，因此识别结果也只能满足样本选择的需求而难以完成全部目标认知，即使如此也已经大大促进遥感目标认知的自动化程度，增加了实现地块自动分类解译的可能性。

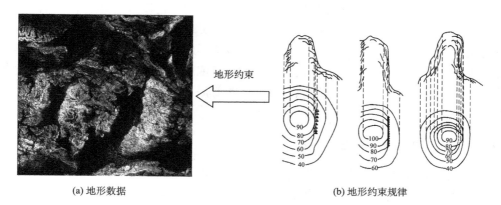

(a) 地形数据

(b) 地形约束规律

图 7.5　地形约束示例

4. 实验与结果分析

在遥感影像分割及特征计算基础上，选用 2000×2000 的 ZY-3 影像进行试验，来验证样本自动选择的有效性。首先利用多尺度分割算法得到影像对象 30129 个，并计算了光谱、形状、纹理、地形等特征；然后进行对比试验，比较三种样本选择方法下的分类精度，表 7.8 为各种选择方法的效率比较（其中的图谱耦合方法即为"图匹配+谱修正+多源约束"的组合方法），自动化方法具有明显的速度及数量优势，基本符合算法设计要求。

表 7.8　样本选择效率比较

样本选择方法	人工选择	图匹配	图谱耦合
样本数量/个	300	3702	2351
选择时间	约 30min	0.32s	2.26s

基于以上样本进行训练及分类，最后比较分类结果精度，其中人工选择样本数量较少，采用 SVM 和 C5.0 两种分类方法参与比较，而自动选择样本的数量较多，采用 C5.0 分类方法参与精度比较。分类精度通过测试样本评判，首先将整个影像分为 10×10 的网格，在每个网格中人工选择 3 个测试样本，选择标准以随机为主，同时也尽量照顾弱势类别，最终选定 300 个测试样本用于评价分类精度。上述方法的精度与效率比较如表 7.9 所示。

表 7.9　不同方法组合的分类精度及效率比较

方法	人工+SVM	人工+C5.0	图匹配+C5.0	图谱耦合+C5.0
训练时间/s	16.3	0.5	1.2	0.9
分类时间/s	69.7	31.2	33.1	32.9
分类精度/%	87.3	82.3	81.7	86.0
Kappa 系数	0.845	0.784	0.776	0.829

由精度及效率比较可以发现，在小样本情况下（人工选择）SVM 能取得比 C5.0 决策树更高的分类精度，但训练及分类效率相对较低；在大量样本的情况下（自动选择）谱修正对改进分类精度具有明显作用，而效率上基本影响不大；以 C5.0 方法为标准，自动选择的样本能达到甚至超过人工选择样本的效果，尽管基于自动选择样本的分类精度稍差与人工+SVM 方法，但这不仅仅与样本的数量或质量相关，也与分类方法的效率和精度有关，整体上来看，在先验知识完整合适的前提下，自动选择的样本已具有一定的实用性。

7.3.2 融入多源知识的迭代集成分类

多分类器集成能解决单个分类器的训练数据量小，假设空间小，局部最优等问题，近年来已成为模式分类、机器学习等方面的研究热点（Wang et al.，2009）。而在遥感影像分类领域，多分类器更能契合多源、多尺度、多特征等具体问题，因此也得到了较广泛的应用研究（Chan and Paelinckx, 2008; Pal, 2005; Sesnie et al., 2010）。在遥感图谱认知理论的指导下，结合知识迁移步骤中的循环迭代思想，提出了多分类器迭代集成方法，将传统的多分类器集成方法融入迭代认知流程，达到图谱知识逐步融入、具体类别区分对待、迭代逼近等目标，从而提高整体分类精度，满足遥感解译的应用需求。

1. 逐层知识融入的迭代集成分类

在传统的分类学习问题中，特征、样本一般都是一次给定，多分类器则根据训练集或特征集分组并以一定顺序构造形成，再以特定的集成方式将结果进行合成（谢元澄，2009），获得更高的分类精度。尽管迭代分类能够有效集成多分类器（Fernandez- Prieto，2002），但也存在如下问题：首先遥感分类问题的训练集或特征集具有很强的稀疏性，直接构造多分类器难以保证精度；其次迭代分类过程中由于新的地学知识融入伴随着新特征的计算，样本的筛选调整，具有明显的递进性质，传统分类器难以专门应对（王卫红等,2011）；最后每次迭代训练多分类器的运行效率较低，特别是当迭代次数较多时。为了克服这些问题，设计了如下的多分类器迭代集成方案（图 7.6）。

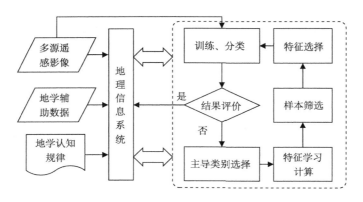

图 7.6　逐层知识融入的多分类器迭代集成

地学知识具有较强的类别差异性，因此在迭代过程中我们引入了主导类别的概念用以指导知识的逐层融入。迭代的基础是按传统方式训练的多分类器（一般为多决策树辅以 SVM 等）对遥感影像进行分类，并根据训练样本对分类结果进行评价，评价结果是我们进行下一步选择主导类别的指标之一。另一个指标是地学数据或认知规律中具体类别的表达，综合这两个指标选定主导类别并由此开始新一轮迭代分类：首先可计算关于此类别的高级特征（如相对位置、距离等），以及认知约束条件（如地形约束、地域限制等）；其次在新特征的基础上重新筛选分类样本，并选择适合当前主导类别和样本的特征集；最后在这些改进条件下调整原有多分类器，改进整体多分类器的分类效果，完成当前的迭代分类。在这个过程中，多分类器是随着逐层知识融入而自适应调整的，一方面提高了每次分类的效率，另一方面又可以较好的利用新知识改进精度，这是一般集成分类器方法所不具备的，也更适合图谱认知流程下的地类识别。

2. 实验与结果分析

为了比较迭代集成分类的实际精度改进效果，本章设计了如下的实验方法进行验证，以 7.3.1 节实验中的影像分类为目标，以实验中自动选择所得的样本为依据训练分类器，同样以实验中的 300 个测试样本进行精度检验，最终以迭代过程中的精度改进作为验证指标。迭代过程中的精度改进如表 7.10~表 7.13 所示。

表 7.10 未迭代时精度统计

	耕地	林地	草地	水体	建设用地	未利用地	用户精度/%
耕地	58	4	2	0	0	0	90.6
林地	4	29	1	2	3	1	72.5
草地	5	1	28	0	0	0	82.4
水体	0	1	0	59	2	1	93.7
建设用地	0	2	0	1	57	3	90.5
未利用地	3	0	1	2	3	27	75.0
生产精度/%	82.9	78.4	87.5	92.2	87.7	84.4	86.0

表 7.11 迭代 1 次时精度统计

	耕地	林地	草地	水体	建设用地	未利用地	用户精度/%
耕地	61	1	2	0	0	0	95.3
林地	2	33	1	2	3	1	78.6
草地	4	1	28	0	0	0	84.8
水体	0	0	0	59	2	1	95.2
建设用地	0	2	0	1	57	3	90.5
未利用地	3	0	1	2	3	27	75.0
生产精度/%	87.1	89.2	87.5	92.2	87.7	84.4	88.3

表 7.12　迭代 2 次时精度统计

	耕地	林地	草地	水体	建设用地	未利用地	用户精度/%
耕地	61	1	2	0	0	0	95.3
林地	2	33	1	2	2	0	82.5
草地	4	1	28	0	0	0	84.8
水体	0	0	0	59	2	1	95.2
建设用地	0	2	0	1	60	2	92.3
未利用地	3	0	1	2	1	29	80.6
生产精度/%	82.9	78.4	87.5	92.2	92.3	90.6	90.0

表 7.13　迭代 6 次时精度统计

	耕地	林地	草地	水体	建设用地	未利用地	用户精度/%
耕地	65	1	2	0	0	0	95.6
林地	2	34	0	2	2	0	85.0
草地	1	1	30	0	0	0	93.8
水体	0	0	0	59	2	1	95.2
建设用地	0	1	0	1	59	1	95.2
未利用地	2	0	0	2	2	30	83.3
生产精度/%	92.9	91.9	93.8	92.2	90.8	93.8	92.3

由精度统计比较可以明显发现随着迭代的进行总体精度有显著提高，由上述四个表统计对应的 Kappa 系数分别为 0.829、0.858、0.878、0.906，同样有明显改进，这充分说明了自适应迭代分类的有效性。

7.3.3　土地覆盖分类综合应用实验

在遥感图谱认知方法的指导下，多源知识得以有序地融入到遥感影像的分类，可以用于训练样本的自动选择，也可以用于分类模型的迭代集成。本节我们通过土地覆盖分类说明样本自动选择和迭代集成分类的实际应用效果。

1. 研究区及实验数据

土地覆盖变化牵涉大量其他的陆地表层物质循环与生命过程（刘纪远等，2002），是很多地理研究和应用的基础数据（Foody，2002），利用遥感数据生产土地覆盖数据已成为主流方法，但这种方法在效率、精度上从未令人满意，各类研究也从未停止（Keuchel et al.，2003；Gong et al.，2013），7.3 节我们基于多知识的遥感影像分类方法基本实现了土地覆盖分类，这是遥感信息自动解译的重要组成部分与应用目标（Huth et al.，2012）。

为验证本节上述方法的实际效果，选取了珠江三角洲的东莞、深圳、香港等城市群所在区域为试验区域，以覆盖试验区的同一轨 3 景 ALOS 影像作为主要试验数据，其他的辅助数据包括部分区域的土地利用调查数据、GDEM 高程数据（30m）、ISA 不透水指数、试验区典型地物波谱数据等，这些数据经过几何、辐射校正并相互配准后在地理信息系统平台下统一管理。图 7.7 为 ALOS 影像叠加土地利用数据。

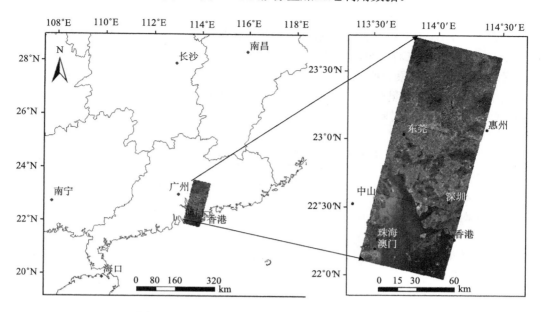

图 7.7　土地覆盖自动分类综合应用实验研究区数据

2. 实验与结果分析

针对实际采集的多源数据及应用需求设计了完整的土地覆盖分类流程，如图 7.8 所示。

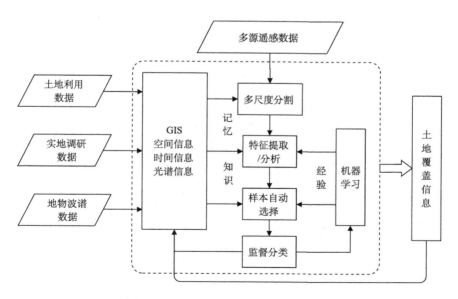

图 7.8　土地覆盖分类综合应用实验流程

具体功能步骤及算法如下：

（1）采用第3章介绍的均值漂移算法分别对每景影像进行多尺度分割，分割结果以矢量多边形（polygon）统一到GIS系统数据库内，根据尺度不同多边形数量变化较大，每个polygon作为独立对象参与后续运算。

（2）计算每个对象的特征并以矢量属性的形式存入数据库，具体特征如表7.14所示，其中纹理特征仅按照一个波段计算能量、熵、对比度等常用特征；根据分类结果计算的空间特征仅在迭代过程使用。

表7.14　土地覆盖分类综合应用实验中使用的部分分类特征

特征名称	特征类型	计算对象	数量
光谱平均值	光谱	ALOS影像	4
光谱标准差	光谱	ALOS影像	4
相对高程	地形	GDEM	1
坡度	地形	GDEM	1
山体阴影	地形	GDEM	1
坡向	地形	GDEM	1
形状指数	空间	Polygon	1
长宽比	空间	Polygon	1
面积	空间	Polygon	1
GLCM纹理	空间	ALOS影像	6
水体指数	光谱	ALOS影像	1
植被指数	光谱	ALOS影像	1
不透水指数	光谱	ISA数据	1
与河流距离	空间	分类结果	1
与城市距离	空间	分类结果	1
与海岸距离	空间	分类结果	1

（3）分析对象特征并自动选择样本。首先结合土地利用调查数据监督学习距离度量，以达到同类基元间相似度提高、非同类基元相似度降低的学习目标。根据学习得到的变换矩阵比较未知对象间的相似性，根据分布要求初步筛选样本，同时结合地物波谱数据与指数特征剔除光谱特征异常的样本（土地利用数据可能存在错误）；然后将土地利用类型转化为土地覆盖类型，形成完整样本。土地覆盖类型以一级类为主，包括林地、草地、建筑用地（城市）、水域、农业用地（耕地）、未利用地（裸地）等。

（4）由于研究区域相对集中，为保证分类一致性我们采用多景影像的样本集中训练一个模型，即集合三景影像中分别选择得到的样本训练C5.0决策树算法，采用Boosting训练多棵决策树融合成单一模型，然后以此模型对各景影像分别分类，得到所有影像的初步分类结果。

（5）将土地覆盖分类结果与土地利用数据匹配，剔除土地利用数据中可能存在的不匹配区域，然后进行第二次迭代，根据修改的土地利用数据对特征、样本进行二次调整，同时在前期分类结果的基础上计算空间距离关系等特征，重新训练决策树并分类，同时判断是否满足迭代终止条件，未满足则继续迭代分类，直至最后得到完整的分类结果。

如图 7.9 所示为分类结果（由于第 2 景为主要区域，显示时将其覆盖第 1、3 景），从目视效果来看，城市、水域、林地、耕地等类别由于分布较广，基本上与影像相符，由于分类图的信息展现方式，甚至能将影像中较难分辨的农村居民点清晰显示，而耕地、草地、裸地的准确程度相对难以判定。为了量化验证分类结果的精度，我们对研究区域总体上进行均匀分块随机采集测试样本，对于有外业调查数据的区域则该分块不再随机采样，其余随机采样分块区以相同时相的高分辨率数据人工判读结果补充，总体上兼顾典型性与随机性（Wickham et al.,2010）。为兼顾面向对象分类与逐像素统计精度的需求，我们采用如下精度验证方法：最终统计采样数为 561 个，每个样本对应影像中 3×3 个像素的同质区域。在精度评价时结果中对应样本区域正确像元数大于 7 个时以分类正确计数，否则以分类错误计数；从应用角度考虑最终结果应为一张统一的土地覆盖分类图，于是对多景影像统一计数，重叠区域进行逻辑"与"操作，即两者都正确时才判断为正确，否则判断为错误一层的类别（一对一错）或两者交集类别（两者都错）。最终的分类混淆矩阵如表 7.15 所示。

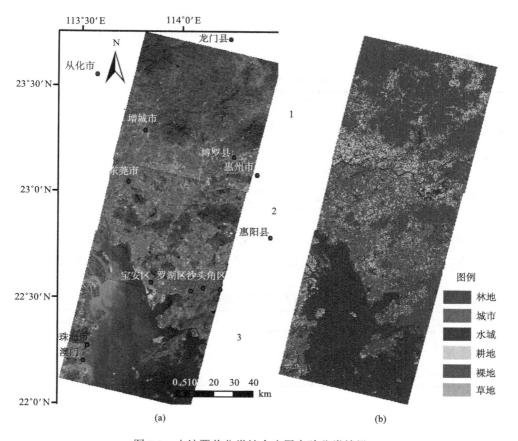

图 7.9　土地覆盖分类综合应用实验分类结果

表 7.15　土地覆盖分类综合应用实验分类精度统计

	林地	城市	水域	耕地	裸地	草地	用户精度/%
林地	172	0	0	2	0	1	98.3
城市	0	103	0	0	2	0	98.1
水域	3	3	97	0	0	0	94.2
耕地	14	2	0	59	4	17	61.5
裸地	0	7	1	3	26	2	66.7
草地	1	4	0	1	6	31	72.1
生产精度/%	90.5	86.6	99.0	90.8	68.4	60.8	87.0

通过对所有测试样本的验证统计总体精度约为 87.0%，Kappa 系数为 0.836，其中，林地、城市、水域、耕地精度相对较高，而裸地与草地数量较少，精度也相对较低。这里边有数据的原因，也有分类系统设计的问题，在 10m 分辨率的多光谱影像中，耕地、林地与草地的人工判读标准多是推断性的，如以地块的形状、与城市的空间关系、地形的起伏等，这也说明了本书方法在特征提取、迭代循环等环节需要进一步改进。

从精度统计过程来看，重叠区域分属两景影像，存在较多基元边缘不吻合，类别不一致等现象，导致分类精度有所降低，将三景影像按重叠区域分别统计总体精度，结果如表 7.16 所示。

表 7.16　各区域分类精度比较

区域	样本数	正确数	总体精度/%	Kappa 系数
1 未重叠	177	161	91.0	0.883
1、2 重叠	59	46	78.0	0.741
2 未重叠	107	97	90.7	0.878
2、3 重叠	72	45	62.5	0.577
3 未重叠	146	139	95.2	0.938

可以明显发现重叠区域的分类精度相对较低，如果撤销精度统计中的逻辑"与"操作（即不考虑重叠区域影像），对三景影像的单独精度统计结果如表 7.17 所示。

表 7.17　各景分类精度比较

景号	样本数	正确数	总体精度/%	Kappa 系数
1	236	213	90.3	0.875
2	238	207	87.0	0.843
3	218	200	91.7	0.889

单景影像的分类结果都达到了较高的精度水平，这并不仅仅是单个算法的作用，而是整个系统流程化迭代计算的结果。针对重叠区问题后期将采用主动融合的方法加以改进，即在重叠区对两景影像部分融合然后进行分割与分类，不但能减少运算量，而且能使精度保持相对稳定。

7.4 知识迁移的分类信息更新

经过多年研究，遥感影像分类技术已逐渐成熟，但对其信息的快速更新技术还不够成熟。我们知道，过往的分类专题图能为基于新影像的分类信息更新提供丰富的先验知识，但如何利用计算机实现辅助知识的时空迁移，以及分类信息的自动更新，现有的算法没能很好地考虑。鉴于此，本节将在遥感特征分析的基础上综合应用多源知识，发展两种基于知识迁移的遥感影像分类信息更新方法。

7.4.1 协同变化检测与迁移学习的分类信息更新

1. 技术研究目标

受大气吸收与散射、传感器标定、太阳高度角、方位角、物候时相、数据处理过程等多种因素的影响，卫星传感器的成像光谱会随着时间的变化而变化，这使得前期影像上采集的训练样本属性和当前新影像数据的特征并不能服从相同的概率统计分布，也就是不能满足传统机器学习理论要求的同分布假设，导致难以直接利用这些过期样本进行新影像的分类。面对新的分类任务，如果重新标注大量新的样本以满足新影像分类任务的训练需求，就会耗费大量的时间、人力及物力，影响遥感影像分类信息的快速更新。所以，对于分类信息的更新而言，样本的选择是其中最为关键的瓶颈问题。

如 7.3 节所述，前期的历史土地覆盖或土地利用专题图含有大量先验信息与知识，从中挖掘大量过期样本及其空间位置信息有助于当前目标影像分类。所以，如何有效迁移这些历史知识，获得适合于当前影像分类的训练样本，是分类信息自动化更新的切入点。鉴于此，本节拟利用研究区变化检测结果和已有解译知识的迁移，实现样本的自动选择，以及对目标影像的快速分类，最终实现分类信息的更新。

2. 方法与关键技术

本节方法的实现思路是将前期解译的分类专题图作为背景先验知识，在遥感多尺度分割和图谱特征定量化表达的基础上，通过变化检测将不变地物空间"位置"信息标示在新的目标影像上，并将过去解译的地物类别知识迁移至新的影像上，从而通过地理位置的空间图匹配指导当前目标影像对象级训练样本的选取，最后依据采集的样本建立新的特征与地物关系，从而完成历史专题数据辅助下目标影像的自动化对象级分类与更新。具体的算法流程如图 7.10 所示。该流程除了设定感兴趣区域、分类需求及预处理外，计算机将全自动完成影像分割、"图谱"特征计算、对象级分类样本选择、特征提取与优选，以及影像分类等一系列过程。下面我们就其中的四个关键技术实现加以具体说明。

1）多尺度分割与"图谱"特征计算

算法首先需要通过多尺度分割和矢量化完成目标影像同质对象的提取。考虑到遥感影像分割方法的稳健性和适用性，仍采用基于均值漂移的影像分割算法，并计算对象的"图谱"特征，构建特征专题层。首先，鉴于光谱特征是遥感影像的本质特征，设计并

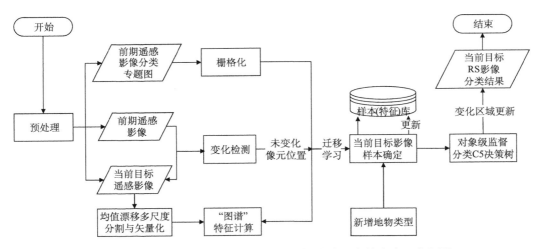

图 7.10　协同变化检测与迁移学习的遥感信息更新技术实现流程图

计算了对象所对应遥感影像各波段均值、标准差等光谱统计特征。其次，形状特征能反映对象图斑的几何特征，对于人工地物和条带状地物，形状特征是地物类型识别的重要特征，可以辅助解决许多"同谱异物"现象；因此，在多尺度分割的基础上也计算了对象的矩形主方向、长宽比、形状指数等形状特征参数来定量评价对象的形状特征。再次，纹理是中高分辨率遥感影像的重要信息，特别是高分遥感影像，一般波段数较少，而纹理等空间结构信息却非常丰富。细小地物在影像上有规律地重复出现，它反映了色调变化的频率，纹理形式很多，包括点、斑、格、垄、栅等。每种类型的地物在影像上都有本身的纹理图案，可以从影像的这一特征识别地物。因此，通过大量对比试验确定了对象基于灰度共生矩阵的纹理特征描述算法，包括纹理测度的选择，以及窗口大小的确定等。另外，我们还收集了该区域的 SRTM 高程数据，从中提取了坡度、坡向等特征，对影像区域所在的地形知识加以利用，作为地类识别的一个有效依据。综上，本节的算法我们综合关于对象的光谱、形状、纹理、地形四大类特征，生成了 20 多维对象特征。

2）变化检测与不变地物像元确定

方法的第二个关键步骤是借助新旧时相遥感影像的变化检测确定不变地物的像元位置，并将其标识在新的目标影像上用于类别标签知识的迁移。采用了基于像元级直接比较的变化检测方法，如比值法、差值法、主成分变换法（principle component analysis，PCA）、变换向量分析法（change vector analysis，CVA）等。这些方法有各自的特点和适用范围，针对不同的数据源和应用需求，需选择合适的变化检测算法（王琰，2012）。在实验中是以 PCA 作为主要方法实现新旧两期影像的像元级变化检测，确定不变地物及其像元空间位置，并将其标识到新的目标影像上。

3）知识迁移与对象级样本自动选择

样本的自动选择是实现分类信息更新的关键。基于迁移学习的对象级训练样本自动选取方法是整个算法流程的重点。具体实现流程如图 7.11 所示：首先将当前目标遥感影像与前期辅助遥感影像进行像素级直接比较变化检测，提取出前后两时相影像中未发生属性变化的像元，并记录它们的空间地理"位置"坐标，以此作为新旧时相的关联信息进行地理位置匹配和知识的迁移，即将不变像元在前期解译专题图中的类别标签知识迁移至当前目标影像中，获得新影像在不变像元位置处的类别标注。在此基础上，针对提取的基元对象，采用图 7.11 中所示的阈值筛选规则（包括对象尺寸的大小、对象中包含已标注像元所占比例及对象中标注为同类的像元所占比例等）获得易被判定且可信度较高的"高纯度"对象，并对其进行自动标注，标签即为对象中所占比例最高的未变化像元所属类别，从而实现对象级训练样本的自动标注。

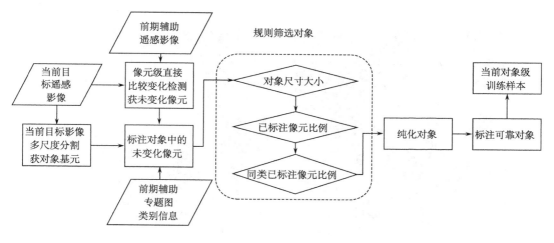

图 7.11　历史专题图辅助下的对象级样本自动确定方法

通过上述对象样本自动选择方法，一方面将当前遥感影像数据与历史解译辅助数据有机结合起来，实现地学知识的形式化与时空迁移；另一方面将监督分类、更新与变化检测的过程有机结合起来，通过变化检测和地理空间匹配建立历史数据与当前数据间的互作用关联关系，进而充分发掘历史积累的解译经验知识，并将不变地物的类别标签迁移至目标新影像中实现先验知识的时空拓展，经过样本自动筛选和纯化确定适用于当前影像分类的对象级样本，克服了前后时相样本光谱数据不一致的问题，也使先验知识的重复运用找到合适的切入点。后续试验证明，这种通过变化检测及辅助知识时空迁移指导而生成的对象级样本不仅准确可靠且具有较广泛的代表性，有助于大规模遥感信息更新的有效开展。

4）对象级分类与更新

在自动采集了与当前目标影像分类相适应的对象级样本后，依据对象已计算的"图谱"特征，选择最佳的特征组合和分类模型进行监督分类。目前有关特征优选与分类模型的方法也较多，典型代表为支撑向量机与决策树，前者训练及分类速度较慢，但分类精度相对较高，后者速度快，精度也有一定保证（Bishop，2006）。考虑到应用效率问题，本节采用 C5.0 决策树算法完成特征的优选及对象级分类模型的训练（Barros et al.，2012），从而对影像重新分类，形成新的分类专题图，完成对影像分类信息的更新。

3. 实验与结果分析

1）实验 1

实验 1 采用东莞市某区域 2006 年 4 月 13 日与 2007 年 7 月 15 日的两景 SPOT5 多光

谱遥感影像（图 7.12），空间分辨率为 10m，影像尺寸为 1000×1000。该区域包含的地类主要有耕地、园林地、草地、建设用地、水域、荒地六大类，每种地类均有较好的影像特征，目视易分辨解译，适合对分类算法进行全面客观的测试和评价。以 2006 年的影像（图 7.12（a））作为前期辅助遥感影像，2007 年的影像（图 7.12（b））作为待分类目标新影像。两幅实验影像由于物候差异有一定的辐射不一致，因而两者光谱值必然服从不同的统计分布，难以直接使用图 7.12（a）上的过期训练样本完成图 7.12（b）的分类任务。

(a) 旧时相影像 (2006年)

(b) 新时相影像 (2007年)

图 7.12 旧时相和新时相 SPOT5 遥感影像（3/2/1 波段）

依据影像数据的地物特点，设定均值漂移多尺度分割的空间尺度参数、光谱尺度参数、最小区域合并尺度参数分别为 h_s=7，h_r=6.5，M=150。在此设置下获得目标新影像的分割结果如图 7.13（a）所示。同时，在该区域 2006 年土地覆盖专题图（图 7.14（a））的辅助下，利用变化检测、迁移学习，以及图 7.11 所示的对象级样本筛选规则（对象尺寸大小不小于 50 个像元，对象中已标注的像元不少于 95%且同类像元占已标注像元的比例不小于 90%），获得与当前影像分类任务相适应的对象级训练样本，见图 7.13（a）。最后利用 C5.0 决策树对上述对象级样本的"图谱"特征进行优选和学习，并构建规则对图 7.13（a）所示的分割对象进行分类，最终获得如图 7.14（b）所示的新一期分类结果。

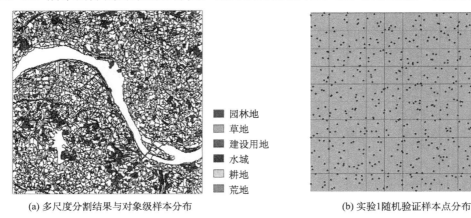

园林地
草地
建设用地
水域
耕地
荒地

(a) 多尺度分割结果与对象级样本分布　　　　　　　(b) 实验1随机验证样本点分布

图 7.13 SPOT5 影像多尺度分割结果、对象级样本及随机验证样本点分布

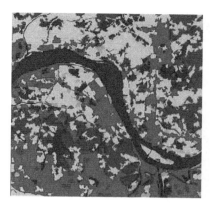
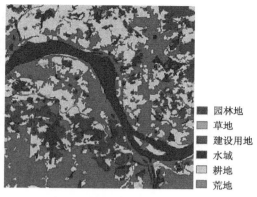

园林地
草地
建设用地
水域
耕地
荒地

(a) 旧时相影像分类 (辅助) 数据　　　　　　(b) 新时相目标影像分类结果

图 7.14　旧时相影像分类数据与新时相目标 SPOT5 影像分类结果

本节通过生成均匀分布的随机验证点对分类结果进行精度评估。检验方法步骤如下：如图 7.13（b）所示，首先，生成与实验区影像等大的 10×10 规则网格，以保证验证样本点的均匀分布。在每个网格中随机生成 5 个随机点，以保证验证点采集的随机性、客观性，以此共采集了 484 个有效验证样本点（排除 16 个在区域外的无效点）；其次，通过人工目视解译，记录影像上每个验证点的土地覆盖类型；最后，基于分类结果，获取每个验证点对应的分类结果；最后通过叠加对比得到分类精度混淆矩阵表 7.18 及各分项精度统计图（表 7.19）。

观察表 7.18、表 7.19 可以看到，虽然草地、建设用地、水域及荒地的分类精度不高，分别只有 68.91%、59.09%、69.23% 和 53.33%，但由于没有识别率特别低的地类且园林地与耕地分类准确率较高，分别为 92.61% 与 89.60%，使得总体精度达到 80.57%，Kappa系数为 0.7379。因此，方法的分类结果总体准确率较高，与实际地类情况基本吻合。另外，通过检查分类错误的样本点后，我们发现相当一部分分类错误的样本点可以归纳为以下两种情况：①验证点处在两个不同地类的交界处，人工目视也不能判定具体属于哪

表 7.18　SPOT5 影像分类精度混淆矩阵

分类样本数量	人工解译样本数量						分类总数	生产者精度/%
	耕地	园林地	草地	建设用地	水域	荒地		
耕地	112	2	7	23	2	10	156	71.79
园林地	6	163	16	1	0	0	186	87.63
草地	6	10	51	1	1	0	69	73.91
建设用地	1	1	0	39	1	4	46	84.78
水域	0	0	0	2	9	0	11	81.81
荒地	0	0	0	0	0	16	16	100
实测总数	125	176	74	66	13	30	484	—
用户精度/%	89.60	92.61	68.91	59.09	69.23	53.33	—	—
总体指标	总体精度：80.57%				Kappa 系数：0.7379			

表 7.19 SPOT5 影像分类各地类分项精度统计表

类型	人工解译样本数量	分类正确样本数量	准确率/%	主要错分类型备注
耕地	125	112	89.60	园林地、草地
园林地	176	163	92.61	草地
草地	74	51	68.91	园林地
建设用地	66	39	59.09	耕地
水域	13	9	69.23	耕地
荒地	30	16	53.33	耕地
合计	484	390	80.57	—

一个类别，多发生在水域与植被的模糊交界处，导致人工解译和方法分类的结果不相同；②验证点处在人工目视解译容易混淆的地类中，如耕地与草地、园林地与耕地、耕地与荒地易混淆并发生误分。因此，一部分的分类错误实为人工解译结果错误导致，若能在完全排除人工解译所导致错误的条件下，或者以整体影像的准确分类数据为检验标准的条件下，检验所得到的准确率理论上应大于前述的分类准确率。

2）实验 2

为进一步验证本节所提出的方法，实验 2 采用安徽省淮南市某区域 2012 年 11 月 5 日与 2013 年 3 月 8 日的两景资源三号（ZY-3）卫星融合遥感影像（图 7.15），影像空间分辨率为 2.1m，尺寸均为 5035×6338。试验以 2012 年的影像（图 7.15（a））作为前期辅助遥感影像，2013 年的影像（图 7.15（b））作为待分类的目标新影像。两幅影像同样由于存在较大的物候差异而使得地类的光谱值服从不同的统计分布。

(a) 旧时相影像 (2012年)　　　　　　　　(b) 新时相影像 (2013年)

图 7.15 旧时相和新时相 ZY-3 遥感影像（4/3/2 波段合成）

图 7.17（a）则为图 7.15（a）对应的分类图，用于辅助目标影像分类样本的自动选择。依据影像数据的地物特点，设定最小区域合并尺度参数为 500，其他使用与实验 1 相同的参数设置和分类体系。生成目标影像图 7.15（b）的分割矢量图与自动选择的对象样本如图 7.16 所示，进而通过监督学习后获得图 7.15（b）相应的新一期分类结果见图 7.17（b）。

图 7.16　ZY-3 影像多尺度分割结果、对象级样本分布

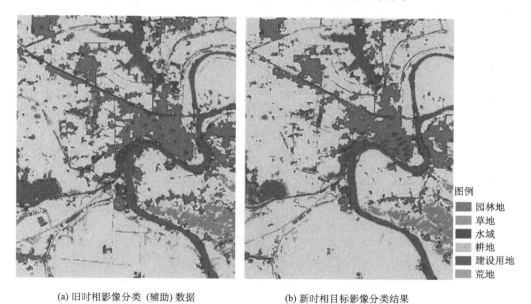

(a) 旧时相影像分类（辅助）数据　　　　(b) 新时相目标影像分类结果

图 7.17　旧时相影像分类数据与新时相目标影像分类结果

运用实验 1 相同的精度验证方法采集了 550 个验证点，计算得到本实验的分类精度混淆矩阵（表 7.20）及各分项精度统计表（表 7.21）。可以看到，目标影像的分类总体精

度能达到89.27%，对应的 Kappa 系数为0.8521。可见方法基于本书的自动选择样本有较准确的影像分类结果，特别是对于园林地、水域及建设用地的提取精度较高，分别能达到 93.8%、98.0% 和 92.7%。通过检查分类错误验证点，同样发现，若能在完全排除人工解译导致的错误，检验所得到的准确率理论上应更优。因此，使用本书方法自动采集对象级样本大大降低了人工采集的繁琐性，且自动获取的样本具有较高的可靠性，能有效地用于分类信息的快速更新。

表 7.20　ZY-3 影像分类精度混淆矩阵

类型	人工解译样本数量						生产者精度/%
	耕地	园林地	草地	水域	建设用地	荒地	
耕地	89	6	5	0	0	0	89.00
园林地	9	91	0	0	0	0	91.00
草地	3	0	35	2	0	0	87.50
水域	0	0	0	100	0	0	100.00
建设用地	1	0	0	0	89	10	89.00
荒地	1	0	5	0	7	87	87.00
用户精度/%	86.41	93.81	63.63	98.04	92.71	89.69	——
总体指标	总体精度/%: 89.27			Kappa 系数: 0.8521			

表 7.21　ZY-3 影像分类不同土地覆盖类型的各分项精度统计表

类型	人工解译样本数量	分类正确样本数量	准确率/%	主要错分类型备注
耕地	103	89	86.41	园林地、草地
园林地	97	91	93.81	耕地
草地	55	35	63.63	耕地
水域	102	100	98.04	草地
建设用地	96	89	92.71	荒地
荒地	97	87	89.69	建设用地
合计	550	491	89.27	——

7.4.2　谱特征约束下的遥感影像分类信息更新

1. 技术研究目标

上一节我们借助历史解译专题图开展了目标影像解译信息的更新，利用遥感地物在时空上的相对稳定性，并以地物空间分布知识为参考，开展了样本的自动选择。该实验得以顺利开展的前提是：一方面，遥感与历史解译数据的地理匹配，而且辅助解译数据需包含较准确的解译知识，假定前期土地覆盖数据是对过去地表状况情况较全面的描述，与遥感数据匹配后即可准确指示特定位置的地物类别；另一方面，需要利用变化检测手段及时地发现变化区域，剔除历史解译数据中的伪知识，避免负迁移，而变化检测实施的前提有同区域、季相相近、传感器参数相近的参考影像和目标影像，而当所在区域与历史解译数据相匹配的参考影像因成本、途径等原因不能获取时，则只能另辟蹊径采用其他手段来剔除历史解译数据中的伪知识。鉴于此，本节希望在历史参考影像不可获得时考虑人工采集少量训练样本，在其光谱特征约束下从历史解译成果中自动匹配并迁移符合光谱特征约束条件的地类标签，进而实现采集大量样本并更新解译成果的目标。

2. 算法实现流程

谱特征约束下的遥感影像分类信息更新算法，需组合利用影像分割、特征计算、样本采集及监督分类等技术环节最终实现历史解译成果的更新。具体流程如图 7.18 所示：首先，在分类之前，对其进行目标影像数据预处理，经大气校正、正射校正、云影检测和有效数据差补、影像镶嵌等步骤，最终获得用于信息更新的完整影像，以此作为输入并经影像分割、特征计算、样本采集和监督分类等技术组合，实现分类信息的更新。

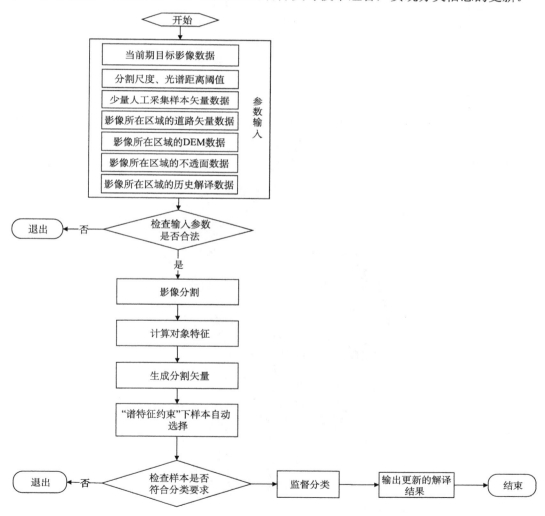

图 7.18 "谱特征约束"下的遥感影像分类信息更新技术流程图

该流程中，当遥感数据与历史解译数据图匹配后，可根据前期资料初步了解当前期目标影像中的地物类型、分布等情况，实现样本的初步选择。但由于历史解译专题图与目标影像间时相差异造成的地物变化影响，通过历史解译数据开展空间图匹配后直接迁移采集的样本中必然混有一定量的错误样本，需进一步纯化。本节我们考虑未能获得历史解译数据对应的基期同类型参考影像来实施变化检测，此时要求从当前期的目标影像中主动采集少量样本（人工成本可控），并以其光谱特征作为"谱特征约束"（样本光谱间的欧氏距离小于给定的阈值）：

$$\sqrt{\sum_{l=1}^{L}\left|\mu_l^{\text{Selected}}-\mu_l^{\text{Reference}}\right|^2}<\text{Threshold} \tag{7.1}$$

式中，L 为波段数；μ_l^{Selected} 为待选择的满足空间匹配的对象块在 l 波段的像元光谱均值；$\mu_l^{\text{Reference}}$ 为供参考的人工采集样本块在 l 波段的像元光谱均值；Threshold 为光谱距离差阈值（取为 $2^{\text{bit}}\times5\%$，bit 为影像深度），从而可从历史解译成果经图匹配生成的待选择样本中进一步筛选出了一部分符合"光谱特征约束"条件的对象作为最终的监督分类训练样本，剔除由于地物变化和尺度差异生成的伪样本，进而实现大量对象级训练样本的自动采集，并完成整个研究区域影像的自动分类与信息更新。

3. 实验与结果分析

本节实验将以土地覆盖类型中的一级类为主要目标，采用高分一号宽视场数据进行遥感地表覆盖信息的更新实验。根据数据实际覆盖情况，选择了 11 景 2014 年 10 月的高分辨率 GF-1 宽视场数据（图 7.19），辅助的历史解译数据是 2010 年的 GlobeLand30 数据集。

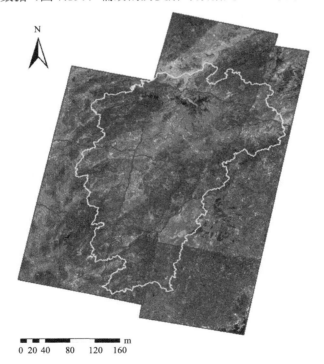

图 7.19　江西省 GF-1 宽视场影像（4/3/2 波段合成）

最终的分类信息更新结果如图 7.20 所示，主要含有耕地、林地、草地、水体、湿地、人造覆盖（包括道路）、裸地等大类，其中道路是经该地区的道路导航数据直接迁移而得，而湿地是经由历史解译参考的 GlobeLand30 数据集直接迁移而得，而其他地类制图则是应用本节方法更新而来。图 7.21 展示了该产品的局部细节。

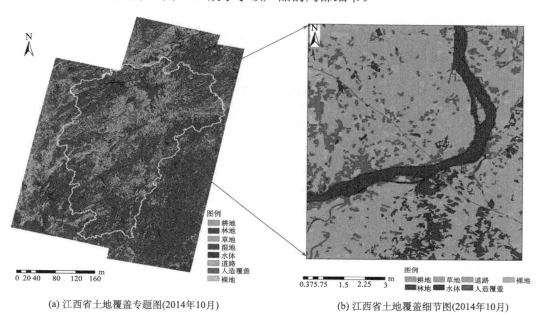

(a) 江西省土地覆盖专题图(2014年10月)　　　　　(b) 江西省土地覆盖细节图(2014年10月)

图 7.20　基于 GF-1 影像的江西省土地覆盖分类更新图

(a) 局部细节图1

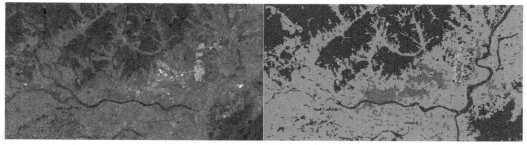

(b) 局部细节图2

图 7.21　更新后的江西省土地覆盖分类图局部细节图

图例与图 7.20 一致

精度评价所选定量指标仍是基于混淆矩阵的方式。采用分块随机方法从多景 GF-1 影像中选择了 600 个测试样本验证并建立混淆矩阵，统计精度如表 7.22 所示。由此可见，该信息产品的精细程度较高，且整体来看，总体精度=83.50%，Kappa =0.7694，较 GlobeLand30 的成果（总体精度=78.67%，Kappa=0.7410）精度提升约 5%；具体来看，水体一般能取得较高的分类精度，林地面积较大且种类较单一，精度相对较高，草地的面积较小，精度相对较低，而山区耕地、人造覆盖等地物构成较复杂，使得其容易误分为其他类别，因此导致生产制图精度较低而用户精度较高。

表 7.22　江西省 GF-1-WFV 土地覆盖分类信息更新精度统计

地类	耕地	林地	草地	水体	湿地	人造覆盖	裸地	制图精度/%
耕地	89	1	7	0	3	9	6	77.39
林地	2	102	9	2	0	2	1	86.44
草地	3	0	6	0	1	4	0	42.86
水体	0	0	0	106	2	0	0	98.15
湿地	1	0	1	2	37	0	0	90.24
人造覆盖	3	0	1	11	0	78	23	73.58
裸地	2	0	0	0	0	3	83	94.32
用户精度/%	89.00	99.03	25.00	87.60	86.05	81.25	73.45	OA=83.5

7.4.3　方法小结

围绕遥感影像分类信息更新的目标，本节在历史解译数据的辅助下，提出了协同变化检测和谱特征约束下的对象级样本自动选择方法，分别利用不变地物空间"位置"信息和谱特征约束条件迁移历史解译知识，并以此构建了两套自动化程度较高的分类信息更新流程，以适应大规模高分遥感影像信息产品更新的需求。实验结果显示，两类方法在辅助知识的迁移指导下，均能有效地大批量自动选择适用于新影像分类的可靠样本，获得了较好的信息提取效果，提高了信息更新的效率。

从实际应用情况上来看，上述技术也存在精度不稳定的现象，制约的因素主要有两方面：一是辅助的历史解译数据难以与遥感数据在时相、位置上完全对应，从而导致这些先验知识存在部分错误形成的误导未能完全避免；二是历史解译数据与待分类目标影像的分类体系仍存在部分偏差。从前期试验来看，由于任务目标及使用数据的不同，上述方法的适用性也不尽相同，如可获得参考影像，且有影像对应的高质量历史解译数据时（如图斑属性、边界套合较准确，前后时相变化不大，分类体系与影像尺度较一致时，图谱知识纯度和含金量较高）则更适用协同变化检测与迁移学习的遥感信息更新方法，但当没有参考影像或历史解译数据可靠性较低（如图斑属性、边界套合误差较多，前后时相变化较大，分类体系与影像尺度差别较大时，图谱知识纯度和含金量较高）则可采用谱特征约束下的分类信息更新方法，需对历史知识进行自适应调整后再做迁移运用。

7.5 本 章 小 结

本章介绍了基于知识迁移的遥感影像分类及其信息更新技术。一方面,针对自动化、高精度的分类目标设计了基于多源知识的遥感影像分类方法,通过对多源知识在影像分类中应用方法的梳理确立了两个算法——样本自动选择和迭代集成分类算法,前者试图解决妨碍自动化流程的样本选择问题,后者希望结合遥感领域知识和机器学习方法提高分类精度,并通过土地覆盖分类综合实验检验了算法,从实验效果来看,无论自动化程度、结果精度都基本达到了设计要求,可以初步满足实际应用需求;另一方面,在上述研究基础上,进一步针对自动化的遥感影像分类信息更新目标设计了"协同变化检测"和"谱特征约束下"的两类地物类别标签知识迁移方法,以此实现了辅助知识支持下的分类信息自动更新过程。

"知识迁移"作为遥感图谱认知过程中的重要手段,是对多源数据的综合应用,又是对前述技术的检验总结,体现和追求的是遥感信息提取的自动化和智能化。本章主要是通过多个实验检验了基于知识迁移的影像分类与信息更新方法。从实验效果来看,无论自动化程度、结果精度都基本达到了设计要求,可以初步满足实际应用对遥感影像认知的需求。但尽管如此,从遥感图谱认知的要求来看,本章技术还远未达到自动化和智能化的最终目标,但至少从中我们看到了实现遥感认知高度自动化和智能化的可能。

参 考 文 献

曹宝龙. 2009. 学习与迁移. 杭州: 浙江大学出版社.

陈百明, 周小萍. 2007. 《土地利用现状分类》国家标准的解读. 自然资源学报, 22(6): 994-1003.

刘纪远, 刘明亮, 庄大方, 等. 2002. 中国近期土地利用变化的空间格局分析. 中国科学(D 辑), 32(12): 1031-1040.

骆剑承, 杨艳. 2000. 遥感地学分析的智能化研究. 遥感技术与应用, 15(3): 199-204.

覃姜维. 2011. 迁移学习方法研究及其在跨领域数据分类中的应用. 广州: 华南理工大学博士学位论文.

汤隆慧. 2011. 基于跨领域的迁移学习算法研究. 长沙: 湖南大学硕士学位论文.

王珏, 袁小红, 石纯一, 等. 1995. 关于知识表示的讨论. 计算机学报, 18(3): 212-224.

王卫红, 夏列钢, 骆剑承, 等. 2011. 面向对象的遥感影像多层次迭代分类方法研究. 武汉大学学报(信息科学版), 36(10): 1154-1158.

王琰. 2012. 基于像斑统计分析的高分辨率遥感影像土地利用/覆盖变化检测方法研究. 武汉: 武汉大学博士学位论文.

夏列钢. 2014. 遥感信息图谱支持下影像自动解译方法研究. 北京: 中国科学院遥感与数字地球研究所博士学位论文.

谢元澄. 2009. 分类器集成研究. 南京: 南京理工大学博士学位论文.

张清华, 幸禹可, 周玉兰. 2011. 基于粒计算的增量式知识获取方法. 电子与信息学报, 33(2): 435-441.

Anderson J R, Hardy E E, Roach J T, et al. 1976. A Land Use and Land Cover Classification System for Use with Remote Sensor Data. Washington: US Government Printing Office.

Barros, Rodrigo C, Basgalupp M P, et al. 2012. A survey of evolutionary algorithms for decision-tree induction. IEEE Transactions on Systems, Man and Cybernetics, Part C: Applications and Reviews,

42(3): 291-312.

Bishop C M. 2006. Pattern Recognition and Machine Learning. New York: Springer-Verlag Inc.

Chan J C, Paelinckx D. 2008. Evaluation of random forest and adaboost tree-based ensemble classification and spectral band selection for ecotope mapping using airborne hyperspectral imagery. Remote Sensing of Environment, 112(6): 2999-3011.

Cohen Y, Shoshany M. 2005. Analysis of convergent evidence in an evidential reasoning knowledge-based classification. Remote Sensing of Environment, 96(4): 518-528.

Demir B, Minello L, Bruzzone L. 2014. Definition of effective training sets for supervised classification of remote sensing images by a novel cost-sensitive active learning method. IEEE Transactions on Geoscience and Remote Sensing, 52(2): 1272-1284.

Dos Santos J A, Gosselin P, Philipp-Foliguet S, et al. 2013. Interactive multiscale classification of high-resolution remote sensing images. IEEE Journal of Selected Topics in Applied Earth Observations and Remote Sensing, 6(4): 2020-2034.

Fernandez-Prieto D. 2002. An iterative approach to partially supervised classification problems. International Journal of Remote Sensing, 23(18): 3887-3892.

Foody G M. 2002. Status of land cover classification accuracy assessment. Remote Sensing of Environment, 80(1): 185-201.

Gong P, Wang J, Yu L, et al. 2013. Finer resolution observation and monitoring of global land cover: First mapping results with Landsat TM and ETM+ data. International Journal of Remote Sensing, 34(7): 2607-2654.

Homer C, Gallant A. 2001. Partitioning the conterminous United States into mapping zones for Landsat TM land cover mapping. Unpublished Us Geologic Survey Report, 1 August 2008. http: //landcover. usgs. gov/pdf/ homer. Pdf. 2012-10-5.

Huth J, Kuenzer C, Wehrmann T, et al. 2012. Land cover and land use classification with TWOPAC: Towards automated processing for pixel- and object-based image classification. Remote Sensing, 4(9): 2530-2553.

Kavzoglu T, Colkesen I. 2011. Entropic distance based K-Star algorithm for remote sensing image classification. Fresenius Environmental Bulletin, 20(5): 1200-1207.

Keuchel J, Naumann S, Heiler M, et al. 2003. Automatic land cover analysis for Tenerife by supervised classification using remotely sensed data. Remote Sensing of Environment, 86(4): 530-541.

Khorram S, Yuan H, Van Der Wiele C F. 2011. Development of a modified neural network-based land cover classification system using automated data selector and multiresolution remotely sensed data. Geocarto International, 26(6): 435-457.

Leung Y. 2009. Knowledge Discovery in Spatial Data (Advances in Spatial Science). Berlin: Springer Verlag Berlin and Heidelberg GmbH & Co. K.

Liu Y L, Li X. 2014. Domain adaptation for land use classification: A spatio-temporal knowledge reusing method. ISPRS Journal of Photogrammetry and Remote Sensing, 98: 133-144.

Lu D, Weng Q. 2007. A survey of image classification methods and techniques for improving classification performance. International Journal of Remote Sensing, 28(5): 823-870.

Mantero P, Moser G, Serpico S B. 2005. Partially supervised classification of remote sensing images through SVM-based probability density estimation. IEEE Transactions on Geoscience and Remote Sensing, 43(3): 559-570.

Pal M. 2005. Random forest classifier for remote sensing classification. International Journal of Remote Sensing, 26(1): 217-222.

Pan S J, Yang Q. 2010. A survey on transfer learning. IEEE Transactions on Knowledge and Data Engineering, 22(10): 1345-1359.

Sesnie S E, Finegan B, Gessler P E, et al. 2010. The multispectral separability of Costa Rican rainforest types with support vector machines and Random Forest decision trees. International Journal of Remote Sensing, 31(11): 2885-2909.

Silver D L. 2011. Machine lifelong learning: Challenges and benefits for artificial general intelligence. In Proceedings of 4th International Conference of Artificial General Intelligence (AGI 2011), Mountain View, CA, USA, August 3-6, 2011.

Tuia D, Mu Oz-Mar J, Gomeez-Chova L, et al. 2013. Graph matching for adaptation in remote sensing. IEEE Transactions on Geoscience and Remote Sensing, 51(1): 329-341.

Tuia D, Pasolli E, Emery W J. 2011. Using active learning to adapt remote sensing image classifiers. Remote Sensing of Environment, 115(9): 2232-2242.

Wang S, Mathew A, Chen Y, et al. 2009. Empirical analysis of support vector machine ensemble classifiers. Expert Systems with Applications, 36(3): 6466-6476.

Wickham J D, Stehman S V, Fry J A, et al. 2010. Thematic accuracy of the NLCD 2001 land cover for the conterminous United States. Remote Sensing of Environment, 114(6): 1286-1296.

第8章 空间知识支持下的复杂信息提取

复杂专题信息提取是在对遥感大数据结构认知和简单属性识别的基础上实现领域应用服务的关键步骤，是数据经由信息转化为知识的现实需求。借由传感网等数据采集技术的逐步完善，以及认知经验的不断积累，突破以往专题信息获取以单一的遥感数据为底层驱动所造成的时空信息获取能力不足的问题，充分利用外部多源知识的辅助和指导，有望实现以遥感大数据为基础的复杂专题信息提取，为用户提供精准信息服务。

在遥感数字影像上，空间分布特征是相对于地物光谱特征的另一类重要信息源，主要包括地物在遥感图像中的空间位置、大小、形状、纹理、结构，以及地物之间、地物与环境间的相互关系、时空分布规律等。因此，如何应用好空间分布特征与格局信息是提高遥感信息提取精度和完成复杂目标体（或目标组团/场景）识别的重要蹊径（为表达方便性，本章使用"目标"这一词语表示与前几章"地块"相一致的概念）。基于以上认知，本章将全面分析地物的空间特征，探讨如何通过空间关系、空间格局等知识的运用实现复杂专题信息的提取，这是属于"认图知谱"阶段的内容，旨在发展空间知识支持下的高分遥感复杂地物目标识别方法，一定程度上克服遥感底层特征到空间高层语义之间的鸿沟。

8.1 空间信息认知模型及空间格局知识的应用

自然界中的地物都具有空间属性，并与周围的地物和环境存在着纷繁复杂的联系，形成了密集的空间关系网络。空间特征信息在遥感图像自动解译方面具有重要的理论与方法意义，但在遥感发展的几十年里，基于遥感电磁波谱特征发展的影像光谱信息处理和分析思路一直占据着主导地位。然而，由于光谱特征的复杂性和不唯一性（"同物异谱"和"异物同谱"），此类方法已经成为高分辨遥感复杂信息提取的桎梏。因此，我们提出了图特征与谱特征相结合的图谱认知理论，这其中应用好空间知识是提高遥感信息提取精度和完成复杂目标体识别的重要途径。为此，我们将研究如何有效地理解和分析繁多的空间信息，并将其构建成系统的知识模型以供遥感影像理解应用。

8.1.1 空间信息认知模型

空间信息的认知模型同光谱信息认知一样存在着层次、知识和技术三方面内容，如图 8.1 所示。在理解层次上，视觉认知中的"初期整体知觉理论"认为视觉认知是由大范围性质开始到局部性质，而"初期特征分析理论"则认为由局部性质开始到大范围性质。由此可见，空间知识的分析与光谱信息分析的层次相反，遵循"像元－目标－目标组团/场景"的逐步提升的过程，扩展而来就是"像元－目标－目标组团/场景－格局"的分析体系。

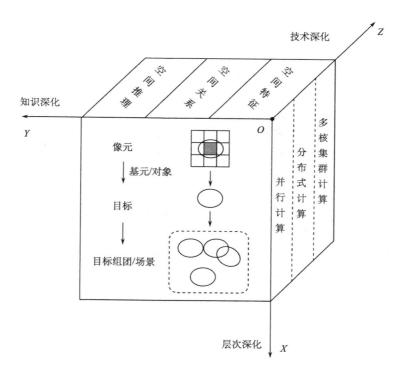

图 8.1 遥感空间信息认知立方体

相应地，不同的分析层次上也蕴含了不同空间知识的应用，从而形成了"空间特征-空间关系-空间推理"的空间知识系统架构（图 8.2），空间知识的层次也随着范围的扩大而升高，这与光谱信息的分析正好相反。

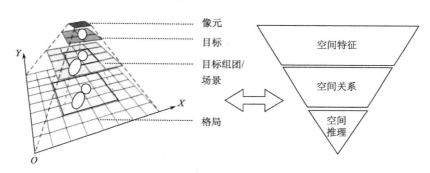

图 8.2 遥感空间信息认知层次图

在上述模型中，涵盖了不同层次的空间知识与分析手段：

（1）空间特征属性，主要包括像素层面的结构算子、边缘等特征，以及对象层面的形状信息（如长、宽、周长、面积、形状指数等）和纹理信息（熵、对比度、同质性、异质性等），这也是目前应用最为普遍的空间（图）特征。

（2）空间关系格局，主要分为度量关系、方位关系和拓扑关系三类。其中度量关系即为距离关系，应用也很广泛；方位关系是目标间的位置分布约束关系，较为直观但通常采用模糊描述，精确表达的方位关系计算较为复杂；拓扑关系描述了目标间的邻接、关联和包含关系，是遥感应用中最为欠缺的一种空间关系。因此，拓扑关系为遥感空间关系研究需要突破的重点和难点，其中的空间邻接关系和空间包含关系是遥感中较常用的两种。

（3）空间知识推理，空间推理是在空间关系基础上融入区域背景知识的综合应用。在识别复杂组合关系地物时常常需要不同空间关系的综合推理应用，以及环境背景知识的区域限定等。此外，空间知识与时间结合应用，构成时空信息综合推理，可以对遥感中的地物识别提供重要的证据支持（本书第 6 章的方法遵循了这一思路）。

依据空间知识层次的不同，相应的作用于不同的遥感影像处理与分析阶段。空间特征主要用于影像处理初期的特征表达，为影像分割和分类提供基础属性信息；空间关系作用于初始地物分类的基础上，依据地物之间存在的固有的邻接、附属关系等，进一步修正初始分类结果，以获得更切合实际并且准确的分类结果；空间推理是在获得正确分类结果的基础上，根据地块或场景间的组合作用关系并融入各类专家知识，对地物宏观的景观格局进行功能演化、变化检测等分析（图 8.3）。

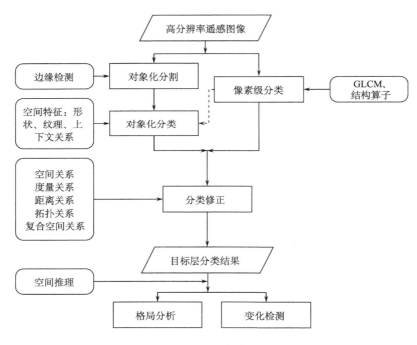

图 8.3　空间信息应用流程

8.1.2　空间格局知识应用

通过空间信息与光谱信息的结合，既体现地物本身的光谱属性，也能体现地物与环境的相互关系。因此，将地物目标的图特征和谱特征结合起来，可以在一定程度上弥补仅使用光谱信息的不足。目前，空间知识在遥感中的应用集中在两个方面：空间特征知识（即视觉上的空间形状、结构、纹理等图知识）的应用和空间关系/格局知识的应用。

按照信息表达的层次，空间特征知识为直观的表象特征，处于较低的层次，而空间关系/格局知识为地物之间内在的深层机制，需要一定的挖掘过程才能有效表达。从作用效果上看，空间特征知识的处理模式较为统一，对地物普遍较为适用，但主要作为判别的参数之一起辅助作用；而空间关系/格局知识的处理需要依据地物特性的差异发展多样化的处理模式，但在复杂的地物高层认知上却可以起到决定性的作用。纵观当前的研究，对空间特征知识的研究较为普遍，而空间关系/格局的应用仍较为稀少，应重点在空间关系/格局知识的充分挖掘与应用方面深入展开。

为此，本章将基于空间关系/格局认知理论初步实现以下三个技术方法与应用：①空间关系辅助下的湖泊水生植被信息提取；②基于区域景观格局分析的干旱区湿地分层分类；③融入空间环境知识的滨海城市高分辨率遥感认知。

8.2　空间关系辅助下的湖泊水生植被信息提取

湖泊水生植物指生理上依附于湖泊水环境、生殖周期发生在水中或水表面的植物类群（周婕和曾诚，2008），主要是由湖泊浅水区和湖泊周围滩地上的植物群落组成，包括浮叶植物群落、漂浮植物群落、湿生植物群落、挺水植物群落等。按照对水生植物的分类，主要可分为沉水植物、浮水植物、挺水植物和湿生植物四大类。在中高分辨率遥感影像上，我们主要可以识别出浮水植被群落、挺水植被群落和湿生植被群落。湖泊水生植被同陆生植被一样具有重要的生态价值，可以净化水质，美化环境，维护生态系统平衡（Horppila and Nurminen, 2001; Van Donk and Van de Bund, 2002; 刘永等，2006; 陈灿等，2006）。然而，近年来由于湖泊环境污染，大量的湖泊富营养化使得湖泊水生植被发生巨大变化，严重影响了湖泊生态系统的价值（陈灿等，2006）。湖泊水生植被研究受到越来越多的关注，监测湖泊水生植被的动态变化，对于研究湖泊生态环境具有非常重要的指示意义。

为此，本节以湖泊水生植被遥感监测为例，综合分析湖泊水生植被与湖泊在空间分布上的依赖关系和格局特征，初步实现了基于模糊空间表达分类体系下多种空间知识综合作用的地物识别，完成湖泊水生植被的自动提取与遥感制图。

8.2.1　湖泊水生植被景观格局分析

邻近湖泊的水生植被圈层中主要存在三种不同类别的植被：浮水植物（floating vegetation）、挺水植物（emergent vegetation）和湿草甸（wet meadow）。由于沉水植物在遥感影像上难以监测到，所以主要提取其余三大类主要水生植物所形成的湿地圈层。实验区的原始航空遥感影像（全色航拍影像，大小为 350×675 像元，空间分辨率为 1m）及典型目标地物如图 8.4 所示。

浮水植物由于漂浮在水面上，在影像上表现为水域范围内或邻近的暗色平缓区域。挺水植物的根、地茎生长在水底泥中，而茎、叶挺出水面，通常植株高大，在影像上表现为沿水的较为粗糙的植被区域。湿生植物生长在近水的湿润土壤中，植株较挺水植物而言相对矮小，通常为湿草甸，在湿地圈层中表现为挺水植物圈层外较亮的植被区域。由这三种主要水生植物构成的湿地圈层通常贴合湖泊的形状呈缓冲带式的规则分布，如

图 8.4 实验区中右侧的湖泊湿地圈层。然而，湖泊自身干涸状态及长期变迁所导致的区域变化作用，使得有些区域的湿地圈层分布并不沿湖泊规则分布，而是长期变迁积累下来的结果，如图 8.4 实验区中左侧的湖泊湿地圈层分布。

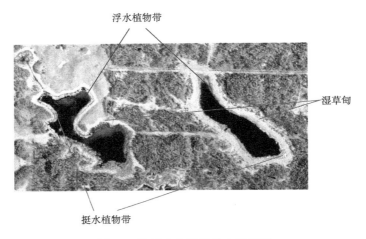

浮水植物带

湿草甸

挺水植物带

图 8.4　湖泊水生植被分布格局图

在遥感水生植物识别时，除了具有与水体的相邻相关作用机制以外，在遥感影像的光谱及空间特征上与陆生植物并没有显著的差异，在分类中往往会产生较多的混淆。因此在这三种主要水生植物所形成的湖泊湿地圈层的提取过程中，与湖泊水体的空间内在关系驱动的圈层分布格局成为识别和区分它们的主要特征依据。

8.2.2　基于空间格局的水生植被模糊提取规则集

按照各类植被随湖泊的空间分布规律，结合它们各自的图谱特征，制定相应提取规则集和流程图见图 8.5。可以看出，这是一个多层次知识逐步融入的提取过程，首先对作为基准地物的湖泊这一开放水体进行提取，然后依照与湖泊相邻距离的由近及远依次提取浮水植物带、挺水植物带和湿草甸，最后再把几类地物提取结果进行综合的判断，通过一些后处理来进一步保障提取结果和空间分布的合理性。

1. 湖泊开放水域识别

开放水体在遥感影像上表现较为明显，通常为均质暗色区域，可据此特征对其进行提取。开放水体的提取规则主要有以下三个方面：首先，选取影像斑块的光谱均值为标准，采用非线性的小于隶属度函数进行模糊化转换，即越小的值代表与开放水体的隶属度越高。但是，仅凭暗光谱值并不能完全保证开放水体提取的准确性，还会存在阴影等的干扰，因此，采用暗光谱值所获取的为包含开放水体的暗目标区域，需要进一步确认。由于水体的表面较为平坦，内部成分较为均质，因此其灰度共生矩阵中的同质性也较高，采用非线性的大于隶属度函数对其进行模糊化转换，即同质性越高的对开放水体的隶属度越高。最后，进一步消除阴影，采用面积阈值的方法将斑块较小的阴影暗区域消除掉。该部分的规则集如图 8.5 中开放水体提取部分所示，所得开放水体提取结果如图8.6（b）所示。

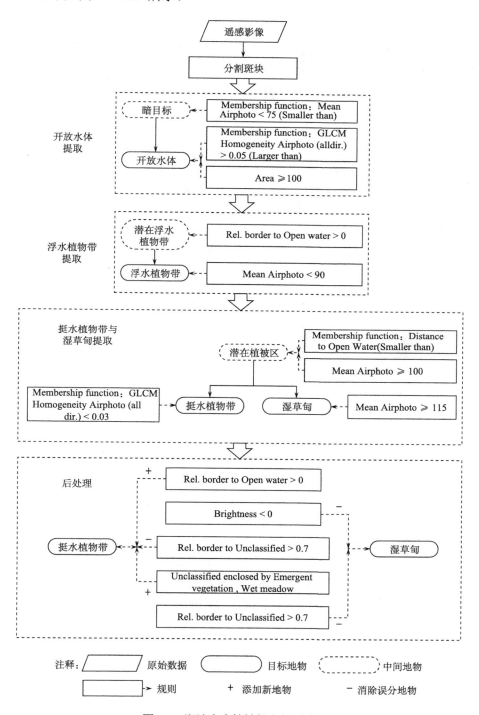

图8.5　湖泊水生植被提取规则流程图

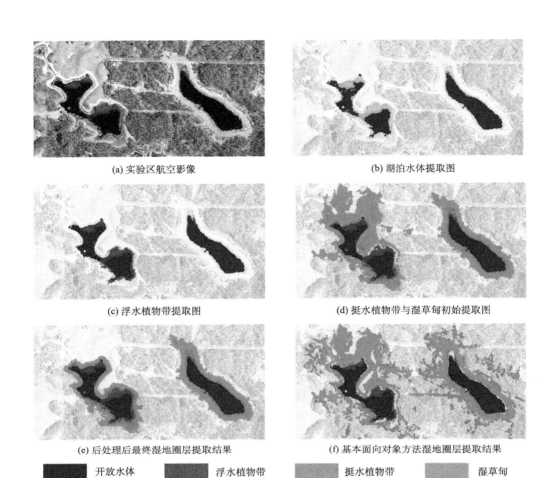

(a) 实验区航空影像   (b) 湖泊水体提取图

(c) 浮水植物带提取图   (d) 挺水植物带与湿草甸初始提取图

(e) 后处理后最终湿地圈层提取结果   (f) 基本面向对象方法湿地圈层提取结果

■ 开放水体   ■ 浮水植物带   ■ 挺水植物带   ■ 湿草甸

图 8.6 模糊空间知识辅助的湖泊水生植被提取结果图

2. 浮水植物群落提取

提取出开放水体以后，根据浮水植物群落（分布带）与水体的直接相邻特性，将其搜索限定在与水体具有相关边界的区域中（由于浮水植被带的特性较为均一，在此其内部不存在分散在内部的不与水相邻的斑块）。与水体具有相关边界的植被类型在此主要有两类，即浮水植被和挺水植被，而这两类地物在光谱的表现上差异较为明显，便可采用光谱均值的差异将二者分离开来。该提取过程的规则集如图 8.5 中浮水植物带提取相应部分所示，所得浮水植物带提取结果如图 8.6（c）所示。

3. 挺水植物群落和湿草甸提取

挺水植物群落分布斑块有可能与水体直接相邻也可能不直接相邻，对于湿草甸而言也是如此。虽然湿草甸大都存在于挺水植被带的外层，但并不排除在某一方向上没有挺水植物而湿草甸直接与水体相邻的情况。因此，对于此二者的提取难以采取空间分布顺次进行，但它们都是围绕湖泊呈圈层分布，都分布在湖泊周围的一定的近距离内。因此，首先利用与开放水体的距离限定植被的潜在区，采用非线性的小于隶属度函数将其模糊化，即距离越近的为潜在植被区的隶属度越高；此外，相对于周围的水体、浮水植物，以及其他陆生植物而言，这两种水生植物的光谱值较高，在遥感影像上表现为较亮的颜色，从而可以采用光谱较高值来对这两种植被类型进一步限定。

在潜在植被区内，进一步对挺水植物和湿草甸进行细分：前者由于植株较大，从而同质性上较低，而后者则相对较为均质；并且，湿草甸的光谱反射值更高，在影像上表现为比挺水植物更亮的均质区域。进而，采用小于隶属度函数对同质性进行模糊化，即越小的同质性代表潜在植被区内对挺水植物的隶属度越高。该提取过程的规则集如图 8.5 中挺水植物带和湿草甸提取相应部分所示，所得挺水植物带和湿草甸提取结果如图 8.6（d）所示。

4. 分类后处理

从挺水植被带与湿草甸的提取结果中可以看到提取结果并不十分准确，尤其是该区域左侧的湖泊湿地圈层提取中，湖泊本身的不对称性，以及该区域的湖泊水体的多次变迁导致的沿湖湿地圈层的不规则性，使得前述准则作用效力及准确性下降，因此仍需要后处理对其进一步地修正。首先，对与湖泊水体直接相邻的未分类斑块，由于与开放水体直接相邻的斑块受水体作用机制显著，不应为背景地物，同时，由于对浮水植物带的判定已较为显著，因而将其归为挺水植物带。其次，由于影像的边界背景区域往往较暗，容易被误分为湿草甸类别，从而采用光谱值的判定将其剔除。然后，为了排除在湖泊湿地圈层分布之外混淆的挺水植物带，可采用其周围相邻的未分类地物的比例作为判据，若斑块周围大部为未分类地物，则该斑块很可能位于湿地圈层之外。类似地，对于在湿地圈层内被挺水植被带和湿草甸所包围的未分类斑块，则通常为挺水植物带。最后，对于处于湿地圈层之外混淆的湿草甸，也采用相邻未分类地物的比例来判定其类别归属。该修正过程的规则集如图 8.5 中后处理相应部分所示，所得修正后的湖泊湿地圈层提取结果如图 8.6（e）所示。

8.2.3 实验与结果分析

为了验证空间关系作用下的湖泊湿地圈层提取效果，采用只使用空间图特征的分类方法进行对比实验验证，所得提取结果如图 8.6（f）所示。可以明显看出，若不采用湿地圈层与湖泊开放水体的空间分布关系进行制约，则水生植物与陆生植物有着较多的混淆。从两种方法的精度评价表（表 8.1）中也可定量地看出，空间关系知识在湿地圈层提取中的作用效果显著，总体精度提高近 10%。特别地，对于易于与其他植被混淆的挺水植物带和湿草甸，精度提高近 15%。

表 8.1　湖泊水生植被自动提取精度评价表

类别	空间关系知识作用后	只使用空间图特征
开放性水域/%	96.5	95.8
浮水植物群落/%	95.9	91.4
挺水植物群落/%	94.7	80.6

类别	空间关系知识作用后	只使用空间图特征
湿生草甸/%	93.1	83.3
其他/%	94.3	85.1
总精度/%	94.6	85.2
Kappa 系数	0.921	0.827

8.2.4 方法小结

本节湖泊水生植被的提取实验中，对于模糊隶属度函数的非线性大于函数，其阈值设为 0.2，非线性小于函数的阈值设为 0.7。该阈值的选取与函数定义时的关键作用参数选取及取值范围的设定具有相关性，一般需要对典型参数设定一定的阈值缓冲范围，而非硬性的布尔型判断。在模糊叠加分析方面，本节实例中主要采用了模糊"与"判断，即对于不同的规则集都需要满足，不同应用案例中视需要也会用到模糊"或"判断。

本节中规则的设定及参数的选取提供了一种可供参考的典型性圈层结构目标提取示例，具体规则和参数可以依据具体应用需求做相应的调整。另外，值得提出的是，这个实验中除了采用单一的空间图特征和空间关系外，主要表现出了空间格局分析在地物识别中的宏观判决作用。湖泊水生植被的圈层分布格局成为该提取中的核心空间知识作用准则，其中涉及的空间图特征和空间关系为空间格局判断奠定了基础，体现了"自顶向下知识迁移"的认知步骤，完成的是空间知识辅助下从"目标－目标组团/场景"的空间尺度递进分析，也是知识迁移学习的应用。

8.3 基于区域景观格局分析的干旱区
湿地分层分类

根据 Ramsar《湿地公约》的定义，湿地包含所有天然或人工、长久或暂时性的沼泽地、泥潭地，以及水域地带，不论该水域是静止的或者流动的，是淡水或者咸水，包括低潮时不超过 6m 的浅海区域（Ramsar, 1971）。按照这个定义，湿地包括沼泽、泥潭地、湿草甸、湖泊、河流、滞蓄洪区、河口三角洲、滩涂、水库、池塘、水稻田，以及低潮时水深不超过 6m 的海域地带等。由此可见，湿地不是单一地物类型，而是空间上有关联、属性上相近的一系列地物的总称，在景观格局上是地物目标体的组团（朱长明等，2014，2013）。它具有类型多样性、边界模糊性和光谱不确定性及多变性等特征（朱长明等，2014，2015）。这决定了仅利用光谱信息不可能准确有效地自动提取出完整的湿地信息。

如何从遥感数据中有效地识别湿地信息是准确掌握湿地状况变化，进行湿地遥感调查和客观评价首要解决的关键问题（衣伟宏等，2004）。纵观现有的湿地遥感监测研究，主要集中在湿地资源遥感调查与制图和湿地遥感分类与变化检测两大方面。Augusteijn和 Warrender（1998）将神经网络算法应用到湿地自动提取；Lunetta 和 Balogh（1999）运用基于规则的湿地分类；Phillips 等（2005）基于 ETM+和 SPOT5 影像，采用决策树法提取了湿地；黎夏等（2006）利用专家系统方法对珠江口红树林湿地的变化等情况进行了监测。但是，目前大部分湿地信息提取多是从像元特征提取角度进行方法设计，能够描述与提取的特征信息和参与认知的空间知识非常有限。

为此，本节在全面分析研究区湿地的空间分布特征的基础上，提出了基于区域景观格局分析的干旱区湿地分层分类提取方法，具体步骤是：首先通过多尺度分割，实现光谱相似像元的聚合；然后分析湿地景观格局依存关系，根据不同类型湿地提取的难易程度，确定提取的先后顺序；再挖掘不同类型湿地的地物光谱、空间形态、空间分布和空间关系等多种图谱特征；最后通过分层分类，由易到难构建规则集，逐层融入空间知识，实现高分辨率遥感影像湿地信息提取。

8.3.1 干旱区湿地空间分布格局分析

干旱区有水的地方就有绿洲，水是影响绿洲的决定性因素，绿洲的变迁始终因水而动，水是绿洲（主要表现为干旱区湿地生态系统）一切生命活动的根源（刘志辉和谢永琴，1999）。干旱区湖泊（河流）、湿地、绿洲、耕地、沙漠、高山，景观格局以水体为中心呈现圈层结构和一定的带状特点。在干旱区"水体-绿洲-荒漠"生态系统在空间分布格局上呈现一个渐变过程。干旱区湿地在分布上呈明显的不连续性，面积相对不大，与荒漠机制有着密切的生态过程联系（刘玉安等，2005）。在沿河滩地及绿洲地下水露头处有零星分布的湖泊和沼泽湿地（李静等，2003）。水体的分布同湿地的分布在空间上存在空间相近、空间相邻、空间包含关系，并且湿地与水体和荒漠机制有着密切的空间关系和生态系统联系，利用这些空间知识可以有效地辅助干旱区湿地自动提取。

1. 干旱区河流湿地空间分布特征

河流湿地是在河流流水作用下发育形成的、位于天然河岸两侧或人工堤之间的湿地，包括长年被水淹没的河槽和季节性被洪水淹没的河心滩与河边滩。干旱区河流湿地主要是有水的河道、沿河道两岸分布的沼泽，以及断流的河床和故河道，如图 8.7 所示。从遥感影像上可以看出，干旱区河流湿地典型的沿岸分布，与现有河道空间上存在着相交、邻近、相近等空间关系，其景观分布同样满足"河流-沼泽-绿洲-荒漠-高山"的层次结构。所以干旱区河流湿地的遥感自动提取，可以先通过专题信息提取线性水体。提取河流水体一方面因为它本身就是河流湿地的一种类型（永久性河道），另一方面也为河流泛洪湿地的遥感信息提取提供空间支持和感兴趣区的目标定位。

2. 干旱区湖泊湿地空间分布特征

湖泊湿地是干旱区的主要湿地类型，主要包括湖泊（永久性淡水湖泊、永久性咸水湖泊）和内陆沼泽（季节性咸水湖泊、季节性淡水湖泊、盐沼、芦苇沼泽）。按水源的补给情况，湖泊类型可分为高山封闭湖、平原开流湖、平原尾闾湖和一些受地下水补给的沙漠湖泊。从遥感影像上可以看出，干旱区湖泊湿地的分布属于典型的"圈层"地理景观分异结构"湖泊-沼泽-绿洲-荒漠-高山"（图 8.8）。内陆芦苇沼泽邻水分布、畔湖而生，同永久性湖泊存在着难以割舍的空间关系。因此，干旱区湖泊湿地的遥感自动提取可以先通过专题信息提取永久性湖泊水体。湖泊水体的精确提取可以为其他类型湖泊湿地的遥感信息提取提供空间关系支持和感兴趣区定位。

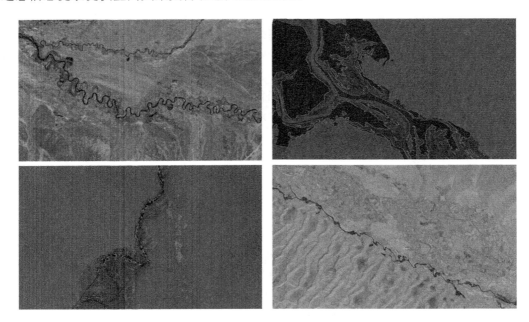

图 8.7 干旱区河流湿地景观空间分布图

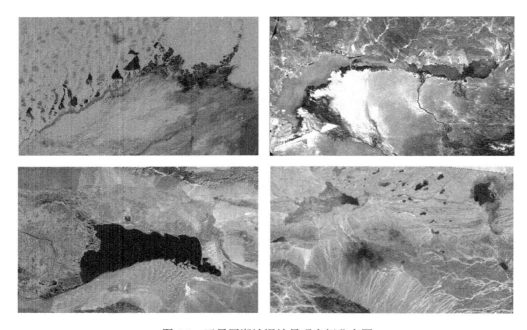

图 8.8 干旱区湖泊湿地景观空间分布图

3. 干旱区沼泽湿地空间分布特征

沼泽湿地是干旱区一种比较稀少的湿地类型，分布的区域位置基本固定，生境环境具有明显的地理特征约束。其类型主要就是高山草原沼泽（高山冰雪融水沼泽，见图 8.9）。

从干旱区沼泽湿地的影像空间分布可以看出，高山沼泽分布着海拔较高的河流凹谷，地势四周高中间低，地形平坦，土壤湿润。分布范围内有源源不断的河流水源补给，沼泽区有很多开放水域（小湖泊），通常情况下，沼泽区的开放性水域面积较小，够不上湖泊定义。地表景观类型主要是水体和草原植被的混合体。

图 8.9   干旱区高山草原沼泽湿地景观空间分布图

4. 空间关系与景观格局综合分析

在干旱区，流域水体（湖泊、河流）、沼泽、绿洲（草地）、沙漠、高山等地表景观，以水体为中心，景观格局呈现"圈层"结构，形成干旱区特有的景观依存格局和分异规律（图 8.10）。水体的分布同湿地的分布在空间上必定存在空间相近、空间相邻、空间包含关系。按总体结构特征对每一层次定义一定的空间尺度，通过空间关系、空间格局等知识归纳，设计相应的分类决策规则，克服底层特征到高层语义之间的语义鸿沟，实现对影像中的地物单元从粗到细的逐层判别和复杂目标的分类提取。

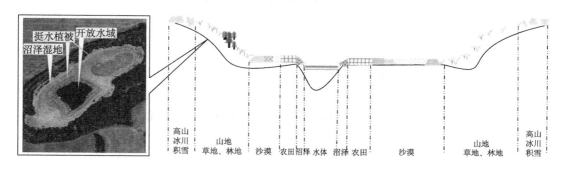

图 8.10   流域地表景观格局概念图

8.3.2   实验区与数据

1. 研究区概况

实验选择玛纳斯国家湿地公园区，该区域地处新疆腹地，位于玛纳斯县中部（85°50′~

86°30′E，43°50′~44°50′N），以夹河子水库、大海子水库、新户平水库三大水库为主，包括周边地区，如大湾子水库、下桥子三村水库等小型水库和玛纳斯河故道部分区域，见图 8.11。规划区面积为 81.6km²，其中湿地面积 68.38km²。地势南高北低，天山冰川雪水从自南向北奔腾而下，水量丰富，水域辽阔，滩涂广袤，池塘众多，湿地资源丰富，是中亚到印度半岛的候鸟迁徙交通要道。根据国际《湿地公约》的定义，该区域内湿地类型主要有水库、坑塘（鱼塘）、芦苇沼泽、河道水系及人工沟渠 5 个亚类。

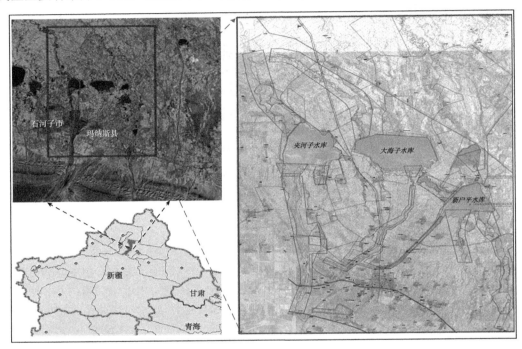

图 8.11　玛纳斯国家湿地公园研究区位置

2. 数据选择及预处理

实验使用的影像数据是快鸟（QuickBird）高分辨率卫星影像，高程数据为 30m 的 ASTER DEM，辅助数据有研究区 1∶10 万土地利用现状图。其中 QuickBird 影像的空间分辨率全色波段星下点最高达到 0.61m，多光谱为 2.44m，多光谱光谱波段设置有蓝、绿、红和近红外。在此卫星遥感影像上，各种类型的湿地可目视识别，空间纹理清晰，是湿地信息遥感监测的有效数据源。由于 QuickBird 影像已经具有地理坐标信息，经辐射校正，只需要统一空间坐标系统。另外，考虑到提取结果的面积统计计算，我们将空间参考统一转换到 Albert 等面积圆锥投影。

8.3.3　算法实现流程

结合研究区实际情况，在空间知识融入的分层提取过程中，首先提取开放性水域，然后提取邻水的沼泽，再提取离水沼泽，最后根据空间形状、大小等特征，将水库、坑塘和河道等分开。整个流程如图 8.12 所示，包括了数据处理、影像分割、特征计算、空间关系分析与特征表达、规则集构建、分类、类型合并、结果输出等步骤，其中影像分割、对象空间关系分析和规则构建是核心部分。

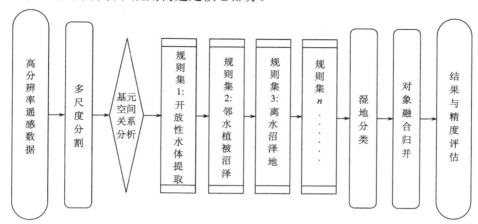

图 8.12　干旱区湿地提取总体流程图

1. 影像多尺度分割

通过多尺度分割，将空间分布上相同和相似的像元，聚类成为一个对象，实现影像像元向特征基元的转换。分割过程需要人工选择最佳尺度和最优分割参数。由于地理实体的格局普遍存在尺度依赖性，所以针对特定的地物，选择一个最优分割尺度，才能正确地反映其空间分布结构特性，这是遥感影像多尺度分割的关键。由于研究区存在多种地物目标，我们通过多次试验，最终决定了 50 和 30 两个尺度。分割的参数光谱紧致度选择为 0.7，形状指数选择为 0.3，这样的分割参数设置偏重对光谱的依赖，对于线性目标河道分割效果最好。在 50 尺度上，主要提取的地物湖泊和水库，而在 30 的尺度上提取沼泽和河道等细小的目标。在以上参数下设置下分割后的对象内部同质性较高，边界轮廓较为清晰，具有较好的可分离性与代表性，见图 8.13。

(a) 尺度50　　　　　　　　　　　　　　　(b) 尺度30

图 8.13　湿度遥感影像多尺度分割效果

2. 分层分类规则集构建

根据区域景观格局分异的模式，对湿地景观总体结构进行逐级分层次分析。并在以上景观格局依存规律指导下，设计了湿地分层提取方法。通过逐层构建规则集，融入空间特征和专家知识，实现流域湿地景观监测，具体技术流程见图8.14。

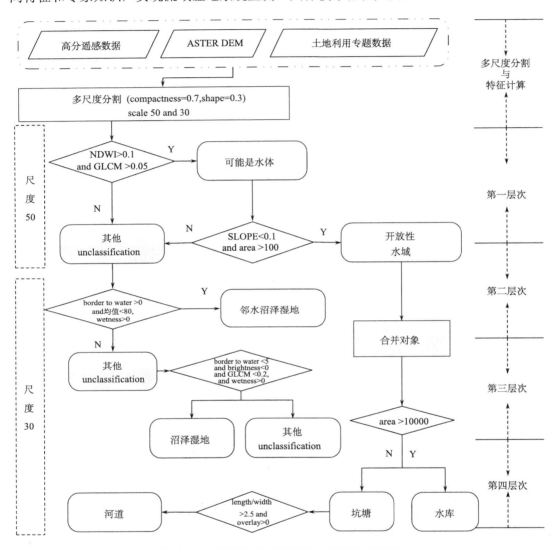

图 8.14　干旱区湿地信息提取分层分类流程图

首先，在选择紧致度为0.7（compactness=0.7），形状指数为0.3（shape=0.3）的基础上，分别在50和30的尺度上，完成影像的多尺度分割，实现像元到基元的转换，并计算相关空间和属性特征；然后，构建归一化水体指数（NDWI）和灰度共生矩阵（GLCM），通过 NDWI>0.1 和 GLCM>0.05，提取出可能是水的基元；进一步根据坡度 SLOPE<0.1 & 面积 area>100，判断出开放性水域，通过基元合并，实现水体提取；第三，在邻水沼泽层，以开放性水体为重要的参考地物，通过地表湿度因子反演和空间关系分析，具体判别规则为距离水边的距离（border to water<0、光谱均值 mean<80 和湿度指数 wetness>0），实现河流和湖泊沼泽的识别；第四，对于一些独立单元的沼泽，根据纹理（GLCM<0.2）、湿度（wetness>0）、光谱指数（亮度较暗 brightness<0），以及空间关系特征（border to water<5），识别出可能存在的沼泽地；第五，在水体层，通过对象合并，根据水域面积的大小，可分为水库和坑塘；而对于一些小的水域，依据对象的长宽比（length/width>2.5），和已有的土地利用图中的河道空间位置信息叠加分析（overlay>0），以及以上提出的河流、湖泊（坑塘）提取属性特征和空间形态知识，实现坑塘和河流的提取；最后，相同类别对象合并，导出分类结果，至此完成了流域水库、坑塘、河道、沼泽等类型湿地的提取。

8.3.4 实验与结果分析

实验结果见图 8.15，其中，图 8.15（a）为研究区的真彩色遥感影像镶嵌图，图 8.15（b）为湿地遥感监测的结果图。通过遥感分类结果图和真彩色遥感影像对比可以看出，区域湿地分层提取基本上实现了流域范围内的水库、河道、湖泊坑塘，以及沼泽等湿地类型的识别。

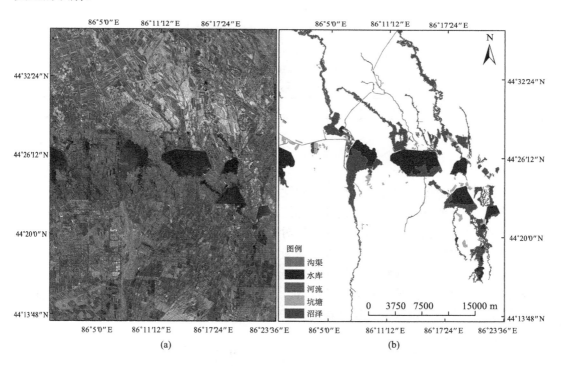

图 8.15 湿地提取结果

精度评价采用误差矩阵分析，评价的依据标准主要来自前期的分类图或者随机样本点。由于没有前期的专题图，为此我们通过选取随机样本点和目视解译相结合的方法，在实验区通过遥感详细目视解译，获取研究区的湿地景观遥感分类图。通过在每个类别中随机设置 100 个随机点，结合分类影像，统计误差混淆矩阵、总体精度和生产者精度，见表 8.2。

从误差混淆矩阵可以看出，基于区域景观格局分析的分层湿地信息提取算法，对于玛纳斯湿地公园区的遥感监测取得了非常理想效果，用户精度和制图精度（生产者精度）最低都达到了 80%以上。尤其是对于水库和坑塘的识别，用户精度分别为 98.97%、89.36%，制图精度为 96%、87%，总体分类精度达到了 87.5%，Kappa 系数为 0.833。这个精度基本可以满足应用要求。在制图精度上，精度最高的是水库，其次是坑塘，然后是沼泽，最低的是河道。沼泽的生产者精度主要是受到离水沼泽影响，判断的精度有所降低；而和水域相邻的沼泽区域基本可以精确提取。河道制图精度较低，是由于一方面宽度较窄，另一方面一些河道被误判为坑塘和沼泽，影响了精度。总之，通过分层提取和空间关系的融入，区域湿地信息的遥感提取获得了较为满意的结果。

表 8.2 干旱区湿地自动分类精度评价表

分类图像	人工解译参考图像				总计	用户精度/%
	水库	河流	沼泽	坑塘		
水库	96	0	0	1	97	98.97
河流	2	82	9	9	102	80.39
沼泽	2	7	85	3	97	87.62
坑塘	0	11	6	87	104	89.36
总计	100	100	100	100	400	83.65
生产者精度/%	96.00	82.00	85.00	87.00		
总体分类精度=87.5%					Kappa 系数=0.833	

8.3.5 方法小结

针对湿地类型多样和光谱特征不确定性，在高分辨遥感影像上可人工目视解译，却难以对这类复杂地物进行自动化判读。为此，本节我们提出了基于区域景观格局分析的干旱区湿地分层分类方法，其核心在于针对不同的地物和研究区，应用空间关系知识，构建科学合理的特征规则集。我们以玛纳斯国家湿地公园区为实验区，分析不同类型湿地对象之间的空间关系和特征属性，采用分层分类，由易到难逐层构建了规则集，实现了高分辨率遥感影像湿地信息的自动提取，为探讨和研究如何通过空间关系、空间格局等知识归纳使用实现复杂地物识别奠定了基础，也在一定程度上克服底层特征到高层语义之间的语义鸿沟。

本节中的方法在图谱特征和空间知识的综合应用上还处于初步阶段。如何发现更多有效的特征和规则集，融入更多的空间知识，真正跨越底层特征到高层语义之间的语义鸿沟，才能实现复杂地物目标的精准识别，有待于继续深入研究。

8.4　融入空间环境知识的滨海城市高分遥感认知

城市区域中地物分布密集且类型表现多样，存在着丰富的空间相互作用关系；但城市中的地物空间作用关系受到较多周围环境的干扰，较难发展普适、鲁棒的通用算法模型，这也成为城市遥感认知研究的难点问题。本节我们将以海岸带城市信息提取为例，提出一类融入空间环境知识的城市遥感信息提取方法。

8.4.1　总体技术流程

由于海岸带区域中存在着海水、沙滩及植被等自然地物，首先对自然要素采用自适应提取方法进行精确提取，进而将其作为基准参考地物对城市中的人工要素（尤其是建筑物）进行判断识别，然后通过空间环境知识在城市中的系统性应用，完成后续地物分类。总体流程如图 8.16 所示。

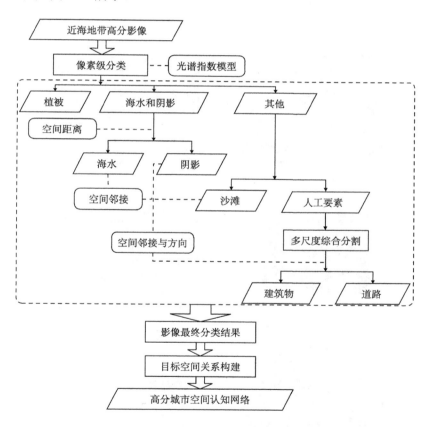

图 8.16　融入空间环境知识的滨海城市高分遥感认知流程图

在初始分类结果基础上，仍存在着许多易于混淆的地物，而单纯采用光谱信息难以将它们区分开，如水体与阴影、沙滩与城建区、建筑物与道路等。因此，空间环境知识便在地物进一步精确提取中占据了主导地位：①采用方向关系与 SNR 或空间距离的不同分离海水与阴影；②采用海水与沙滩之间的邻接关系将沙滩与城建区分离；③采用方向与邻接关系分离建筑物与道路。对于主要由建筑物和道路构成的城建区，由于其空间特征较为显著，因而采用多尺度分割驱动的对象化处理方法更为合理。城市区域中在空间环境知识牵引下获得地物的准确分类结果基础上，便可依据地物类别或者区域特性进行精细定位与区域环境构建，如在建筑物分布区域进行准确定位的前提下，对建筑物轮廓的准确而全面搜索与提取，构建出具有精准谱信息和完备图信息的城市地物环境遥感综合认知模型。

8.4.2　实验区与数据

实验采用的数据为 2009 年夏季青岛市沿海部分区域的 QuickBird 影像，影像大小为 800×600 像素，为与全色波段融合后的多光谱数据，分辨率为 2.4 m。该区域中存在着水体、沙滩、植被、道路、建筑物，以及阴影等地物，范围涵盖自然要素和人工地物（图 8.17（a））。由于自然要素和人工地物的表现特征有所不同，因此需要采用不同的处理方法。另外，该地区还存在着诸多易于混淆的地物：①自然要素与人工地物存在的混淆，如沙滩与城建区的混淆；②自然要素中的混淆，如水体与阴影的混淆；③人工地物中的

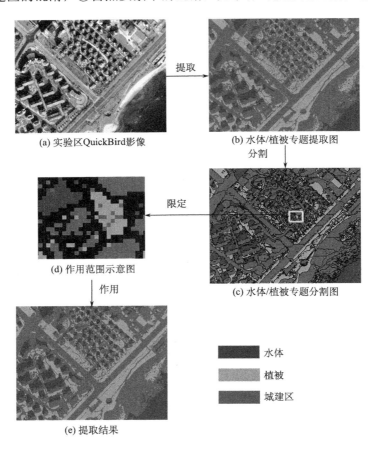

图 8.17　水体/植被提取结果

混淆，如建筑物和道路的混淆。同时，该近海城区也表现出了一些典型的地物空间分布关系，如沙滩与海水、建筑物与阴影的邻接关系等。从而选取该区域作为空间关系的实验区，用以证明空间关系应用的效果。

8.4.3 城市环境中自然要素提取

自然要素作为空间邻接关系中的参考地物，对辅助后续地物的判断有着决定性作用。由于自然要素与人工地物的表征差异较大，并且自然要素的提取相对也较为容易，因此首先要提取自然要素（图8.17）。

1. 水体与植被提取

城市区域的水体和植被与自然界中的水体和植被相比而言，受城市格局的影响，它们具有相对更为规整的形状区域。在获取像元级的提取结果基础上，可进一步对其进行多尺度分割，以对其空间区域信息进行限制从而获取较为规整的斑块区域。首先对水体和植被这两类自然地物进行像元级的精细化提取，所得提取结果如图8.17（b）所示。然后在像元级提取结果基础上进行对象化分割，对自然地物的聚集区域进行斑块分割（图8.17（c）），以获取它们的聚集斑块结果，并对离散的点状小区域噪声进行消除。具体的斑块空间限制作用机制如图8.17（d）中所示，对于其中右侧区域斑块内植被要素居多的对象（植被要素比例大于80%），将整个斑块归为植被斑块；对于其中左侧斑块内植被要素占少的对象（植被要素比例小于20%），则将整个斑块归为主地类（在此为城建区）。一般地，影像中根据提取结果进行分割，所得分类区域大致为前述两种主要类型，或以自然要素为主，或以背景地物为主。从而依据该空间作用机制所得水体和植被自然要素的图谱综合作用提取结果如图8.17（e）所示，其中消除了一些自然要素的琐碎细斑。

2. 阴影提取

经过城区水体和植被提取之后，并对城建区（包括建筑物和道路）和沙滩进行初步分类得到的结果如图8.18（b）所示。由于水体与阴影在光谱与影像上表现近似，易于混淆，在初始的水体提取中，将阴影一并归入水体中，并采用第5章的迭代提取方法将其精确的分布范围分离出来。然而，针对本实验区域，由于海水与城区阴影在空间分布上的差异，可采用与海水的空间距离将其分离开来。在此，具有最大水域面积的水体为海水，根据距海水的远近将海水周边的细小水体与城区阴影分离开，由此所得的海水与阴影分离结果如图8.18（c）所示。

3. 沙滩提取

受到近海波浪的影响，有些浪花与城区人工地物近似而导致误分为城建区。该研究区的沙滩为自然沙滩，不存在显著与海相邻的人工地物，而沙滩与海水为直接邻接关系，否则邻接的混淆地物会对沙滩与海水邻接关系的搜索造成干扰。因此，对于误分为城建区的浪花将其修正为海水，以完善海水作为参考地物的准确分布（图8.18（d））。至此，海水与沙滩的直接相邻关系便在初始分类结果上建立起来，可以采用最大空间相邻关系进行辅助类别判断，找寻最大邻接的沙滩范围作为沙滩的确定分布范围。由于该区域为自然沙滩，不存在显著的人工地物，可根据空间拓扑关系中的空间包含关系算法将沙滩中包含的城建区误分修正为沙滩（图 8.18（e））。在沙滩的分布范围确定以后，其余误分为沙滩的区域便可修正为城建区，从而有效地将大量的沙滩与城建区的干扰区分开来，最终城建区修正后的该区域粗类别分类结果如图 8.18（f）所示。

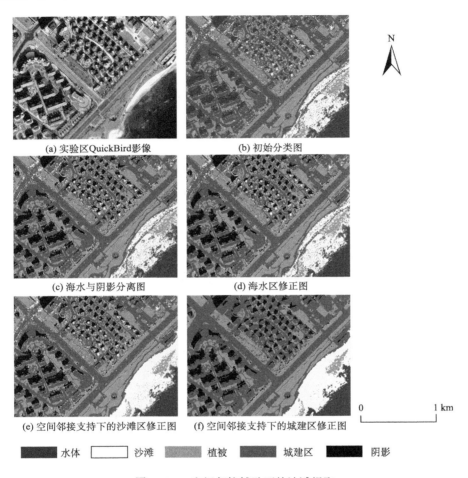

(a) 实验区QuickBird影像　　　　(b) 初始分类图

(c) 海水与阴影分离图　　　　(d) 海水区修正图

(e) 空间邻接支持下的沙滩区修正图　　(f) 空间邻接支持下的城建区修正图

水体　　沙滩　　植被　　城建区　　阴影

图 8.18　空间邻接辅助下的沙滩提取

8.4.4　城市环境中人工地物提取

城市中的主要人工地物为建筑物和道路，它们随着城市的建设发生着快速的变化。随着高分辨率遥感的发展，对建筑物和道路的监测成为城市遥感中的一项重要内容。

1. 建筑物提取

在建筑物提取方面，目前已积累了较多算法：①利用建筑物角点/边缘线检测的半自动提取方法，如张祖勋和胡翔云（2001）发展了基于物方空间几何约束最小二乘匹配的建筑物半自动提取；②在对象化分割基础上的建筑物提取，如张煜和张祖勋（2000）利用几何约束与影像分割相结合的方式对航空影像半自动房屋提取进行改进，刘正军等

（2007）采用分类与形态综合的高分辨率影像建筑物提取；③近来发展的融合雷达数据的方法，如苏娟等（2010）发展了 SAR 图像与可见光图像融合的建筑物提取，任自珍等（2010）发展了 LiDAR 数据中建筑物提取的 Fc-S 方法；④阴影辅助的建筑物提取方法，如何国金和陈刚（2001）等利用 SPOT 图像阴影提取城市建筑物高度及其分布信息。这些方法主要利用了建筑物的光谱、几何特征，并未考虑存在阴影的情况。而影像上存在阴影干扰是较为普遍的现象，但是阴影与建筑物是相互邻接的，这可以为建筑物的提取提供相应的空间关系支持。已有的阴影与建筑物的研究往往采用实际方向角的计算来表述，从而算法较为复杂且繁琐，并且对不同情况的建筑物与阴影的位置关系需要采用不同模型计算。鉴于此，本节中采用方向性邻接支持下的阴影辅助建筑物认知，在对城建用地对象化分割的基础上，将阴影与建筑物的定向邻接关系转化到垂向，从而对不同的方位关系都可转化为垂向查找与阴影相邻的建筑物斑块，从而可以更为通用、快速并准确地获得形状规整、分布准确的建筑物提取结果。

鉴于上节中对城区自然要素的提取，可将它们采用掩膜操作进行屏蔽（图 8.19（a）），以针对性地对城区人工地物进行识别。由于建筑物的斑块特性十分明显，其形状和纹理特性等空间特征（图信息）超越了光谱特征（谱信息）的作用，因而可作为主导建筑物识别的首要特征。所以，基于环境知识和空间特征方法是建筑物提取的主要依据。

分析该实验区的建筑物可以看出，该区的建筑物在大小、形状和纹理上有着较大的差别，采用单一的分割尺度难以贴切地把各种建筑物都分割出来。若采用较大的分割尺度，则容易把较小的房屋和周围道路区域分割到一起；若采用较小的分割尺度，则容易将较大范围并且在格局上有隔断的建筑物分离开来，导致在应用邻接搜索时只能找到局部的建筑物区域。因此，考虑采用多尺度综合分割方法对城建区区域进行由大尺度到小尺度逐步细化的多层次分割。选用尺度递进准则的主要参数为表示建筑物形态参数的形状指数、线性指数等，所得的城建多尺度综合分割结果如图 8.19（b）所示。

在城建区多尺度综合分割结果的基础之上，将在 8.4.3 节中自然要素中与海水分类后的阴影与城建区叠加，得到阴影和城建区的合成图像，并且将影像整体旋转至使阴影主方向位于垂直方向。依据影像的头文件中的太阳方位角信息，可以得到该影像的旋转角 $\alpha=+22°$，旋转后的影像如图 8.19（c）所示。旋转后，阴影与建筑物的定向邻接关系转换为垂直方向上的邻接关系，二者之间的邻接边的确定也转换为阴影区域在垂向上底边的查找。然后，根据邻接边确定的长度范围，在旋转影像上垂直向下搜索得城建区的分割斑块，即为所要提取的建筑物。最后，将提取的建筑物影像再逆向旋转 α 角，即 $-22°$，以与原始影像保持一致。此外，由于分割斑块的形态通常较为参差不齐，而建筑物本身的结构较为规整，因此需要采用形态学的闭运算，以消除琐碎空洞、平滑提取斑块边缘，最终得到的修整后的建筑物提取结果如图 8.19（d）所示。

通常，对于建筑物与阴影的关系可根据太阳方位角的方向构建特定的方向性分析模型，如 Ren 等（2009）中提出的方法。现从计算速度上将方向性模型与空间关系辅助的模型的效率进行定量对比分析。采用 8 核 CPU 的计算机进行算法执行，空间关系辅助的算法需耗时 6s，而方向性模型需耗时 10s。而在提取精度上，二者相差不大。因此，可以认为我们提出的方法无论在贴合地物的实际分布状况方面还是计算效率方面，都优于单纯的方向性模型。

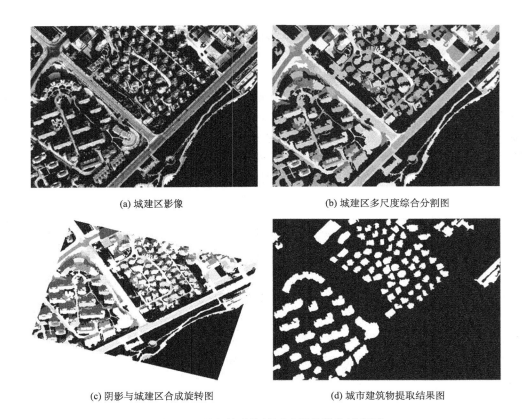

(a) 城建区影像　　　　　　　　　　　　(b) 城建区多尺度综合分割图

(c) 阴影与城建区合成旋转图　　　　　　(d) 城市建筑物提取结果图

图 8.19　阴影辅助的城区建筑物提取过程图

2. 道路网优化

从影像出发进行初始路段提取的过程，我们只能以光谱特征、局部路段几何结构特征出发，但有了初始道路网之后，初始路网本身包含的空间分布特性、各个节点拓扑连接特性可以让我们能够从整体性视角来分析每个节点，每条路段，我们可以通过利用这种全局性、整体性信息在一定程度上克服影像局部信息的遮挡、缺失，从而帮助我们完成路网的优化。因此，本节从初始路网出发，综合利用空间特征与光谱特征，发现漏追踪道路路段；通过对每个节点、路段进行拓扑特征分析，发现、剔除错误路段。

最简单的空间特征就是路网最短距离，对图像上每一个像元，我们可以计算它到初始路网的最短距离，这也就是图像处理中常用的距离变换，通常我们采用与实际距离相一致的欧氏距离变换。除了基础的距离变换，本节设计了一种光谱差异累积势能特征，从构成初始道路网的所有像元点一起出发，不断行进（生长），直到填满整个影像，而行进过程中每个点的能量消耗是当前点与初始出发点的光谱差异大小。利用距离图像与累积势能图像之间差异来发现由于各种原因导致的遗漏道路路段。

道路网作为一种有明确功能的连通网络，其中的节点和边即具有普通网络通用的拓扑特征，也具有一些与自身结构相关的特殊拓扑特征，这些特征往往反映的是节点在整个网络中的作用或重要性，通过计算分析道路网的拓扑特征，可以从整个路网角度来考虑节点的取舍问题，也就是利用全局信息来弥补局部信息的缺失。

在空间特征、拓扑特征分析的基础上，针对路网追踪过程中路段遗漏和错误追踪的具体情况，本节分别设计了遗漏路段拾取（图 8.20）、悬挂路段连接（图 8.21）和错误路段剔除策略。

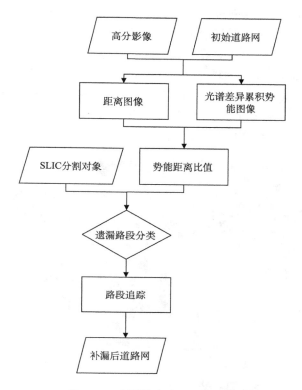

图 8.20　遗漏道路路段拾取策略

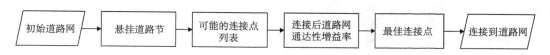

图 8.21　悬挂路段连接策略

在初始路网中，主要的错误追踪路段往往是以曲折枝杈的形式从主道路延伸到了建筑区，同时在主干路上形成一个错误的交叉点。这种路段一般有以下特点：从交叉处出发，延伸的长度较短（只包含几个道路基元）；方向多变；路段的通达性增益率较小。我们将这种路段称之为曲折枝杈路段，通过遍历搜索路网中所有的交叉点的各条枝杈，我们可以很容易地通过以上特征确定这些错误追踪的枝杈路段，将其去除。具体而言，我们将满足以下条件的路段标记为枝杈路段进行剔除：①从交叉口出发只有 1 个或 2 个路段基元；②从交叉口出发，有 3 个或 4 个路段基元，但延伸方向变化超过 20°。通过反复迭代剪枝可以剔除大部分错误追踪的枝杈路段。当然，也有部分短小的枝杈路段是由于较长的正确道路被阻断残留的部分，但在这里为了剔除错误路段，也只能一并删掉。

8.4.5 实验与结果分析

选取高斯马尔可夫随机场（GMRF）和面向对象分类方法与本节方法进行对比验证。GMRF 采用模板计算像元区域的空间纹理结构，用以在谱特征分析的基础上进一步分析空间图特征；而面向对象方法是通过分割获取地物的对象，进而获取地物对象的光谱、形态、纹理等图谱特征进行分析。在本实验的面向对象分析中，选取参与分类的图特征有长宽比（length/width ratio）、形状指数（shape index）、紧致度（compactness）、GLCM 同质性（GLCM homogeneity）、GLCM 对比度（GLCM contrast）、GLCM 熵（GLCM entropy）。在后处理中，都执行了分类后的小斑过滤等形态学处理，以保持地类斑块的规整。三种方法的综合分类结果如图 8.22 所示。

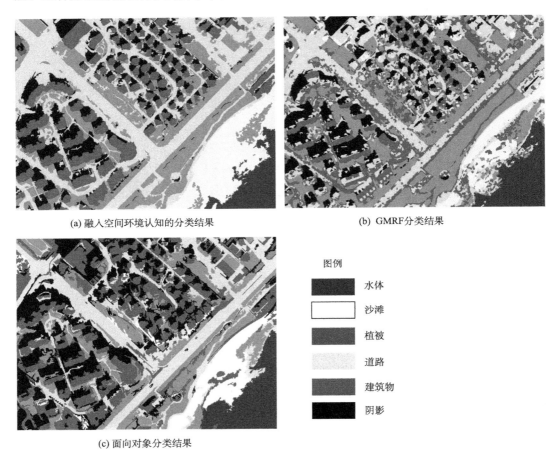

(a) 融入空间环境认知的分类结果　　　　　　　(b) GMRF 分类结果

图例

- 水体
- 沙滩
- 植被
- 道路
- 建筑物
- 阴影

(c) 面向对象分类结果

图 8.22　三种分类结果对比图

从图 8.22 中的分类结果可以看出，融合空间环境知识的分类方法无论在地物提取定位的准确度还是地物符合自然分布的合理性方面，都有着明显的优势（图 8.22（a）），而其余两种分类方法在分类结果上仍然较为差强人意。这是因为，虽然 GMRF 方法能够利用像元局部的空间域特征，但整体区域上的地类混淆仍然较为严重（图 8.22（b））；而面向对象分类方法主要采用地物对象的空间形态和纹理，分割斑块可以在一定程度上保障地物结构的完整性，据此可辅助判别一些形态显著地物的识别，但基本的空间形态也难以保障地物分布规律的正确性，因此仍然存在着较多的混淆（图 8.22（c））。

表 8.3 给出了三种方法中不同地类的用户精度，以及每种方法的总体精度和 Kappa 系数。由于该实验区中各地类的区域范围分布并不均衡，因此在精度评价时随机点的选择服从按比例分布的原则，以使精度评价不失偏颇。可以看出，使用空间环境知识辅助的分类方法在城市地物识别的精度达到 95.8%，比其余两种方法高出了 7%~13%。由于初始分类中将阴影合并到水体中去，从而在分类体系上与其他方法不一致，难以进行比较。因此，将经过分离后的水体和阴影作为修正后的初始分类进行精度分析，而修正后的水体和阴影的精度均在 90%以上。对于空间关系提取的重点地物，建筑物和道路的精度经过空间关系修正以后，同初始分类精度相比提高了约 13%，沙滩的修正精度提高了17.2%；与此同时，这三类目标地物的修正精度也高于 GMRF 和传统的对象级分类方法。这说明，即便是采用了一定空间图信息的 GMRF 和面向对象分类方法，也需要利用空间关系知识进一步修正，才可获得较为贴切的认知结果。

表 8.3 不同方法城市地物分类精度评价表

类别	修正后的初分类	空间环境知识	GMRF	面向对象分类
水体/%	96.1	96.1	83.5	87.7
沙滩/%	78.8	95.4	80.4	84.2
植被/%	95.2	95.2	86.3	92.6
道路/%	80.7	93.8	82.6	86.4
建筑物/%	76.3	92.5	79.2	84.5
阴影/%	93.0	93.0	85.4	90.1
总精度/%	85.2	95.3	82.9	87.8
Kappa 系数	0.828	0.927	0.801	0.849

8.5 本 章 小 结

空间知识不仅在卫星数字图像自动解译方面具有重要的理论与方法意义，而且对更深层次的遥感认知和空间数据挖掘同样具有重要的价值（Qin and Clausi, 2010; Rundquist et al., 1987; 周成虎和骆剑承, 2009）。随着遥感影像分辨率的不断提高和对象级分类技术的发展，空间知识辅助下的遥感认知方法逐渐成为一种有效的技术。因此，将地物的空间信息更为准确、清晰地表现出来，使得空间格局认知在高分遥感复杂目标信息提取中发挥作用，被认为是遥感认知跨越底层特征到高层语义之间鸿沟的重要途径。这块研究虽然目前尚处在起步阶段，但是发展潜力较大，也必将成为遥感影像处理、分析和应用的热点。本章中有关于空间格局知识的应用也均处在初步的理论探讨、算法模型研究阶段，对于空间格局知识的使用算法还有待于进一步改进和提高。

参 考 文 献

陈灿, 王国祥, 朱增银, 尹大强. 2006. 城市人工湖泊水生植被生态恢复技术. 湖泊科学, 18(5), 523-527.

何国金, 陈刚. 2001. 利用 SPOT 图象阴影提取城市建筑物高度及其分布信息. 中国图象图形学报(A 辑), 6(5): 425-428.

黎夏, 刘凯, 王树功. 2006. 珠江口红树林湿地演变的遥感分析. 地理学报, 61(1): 26-34.

李静, 孙虎, 邢东兴, 王香鸽. 2003. 西北干旱半干旱区湿地特征与保护. 中国沙漠, 23(6): 670-674.

刘永, 郭怀成, 周丰, 王真, 黄凯. 2006. 湖泊水位变动对水生植被的影响机理及其调控方法. 生态学报, 26(9): 3117-3126.

刘玉安, 沈涛, 张玉虎. 2005. 基于"3S"技术的于田绿洲湿地动态变化研究. 中国沙漠, 25(5): 706-710.

刘正军, 张继贤, 孟亚宾, 等. 2007. 基于分类与形态综合的高分辨率影像建筑物提取方法研究. 测绘科学, 32(3): 38-39, 46.

刘志辉, 谢永琴. 1999. 和田河流域水资源与生态环境变化及其对策研究. 干旱区地理, 22(3): 51-56.

莫利江, 曹宇, 胡远满, 刘淼, 夏栋. 2012. 面向对象的湿地景观遥感分类——以杭州湾南岸地区为例. 湿地科学, 10(2): 206-213.

任自珍, 岑敏仪, 张同刚, 周国清. 2010. LiDAR 数据中建筑物提取的新方法——Fc-S 法. 测绘科学, 35(6): 134-136.

苏娟, 鲜勇, 宋建社. 2010. SAR 图像与可见光图像融合的建筑物提取算法. 兵工学报, 31(11): 1448-1454.

孙永军, 童庆禧, 秦其明. 2008. 利用面向对象方法提取湿地信息. 国土资源遥感, 1(75): 79-81.

谢静, 王宗明, 毛德华, 任春颖, 韩佶兴. 2012. 基于面向对象方法和多时相 HJ-1 影像的湿地遥感分类——以完达山以北三江平原为例. 湿地科学, 10(4): 429-438.

衣伟宏, 杨柳, 张正祥. 2004. 基于 ETM+影像的扎龙湿地遥感分类研究. 湿地科学, 2(3): 208-212.

张煜, 张祖勋. 2000. 几何约束与影像分割相结合的快速半自动房屋提取. 武汉测绘科技大学学报, 25(3): 238-242.

张祖勋, 胡翔云. 2001. 基于物方空间几何约束最小二乘匹配的建筑物半自动提取方法. 武汉大学学报(信息科学版), 26(4): 290-295.

郑利娟, 李小娟, 胡德勇, 周德民. 2009. 基于对象和 DEM 的湿地信息提取——以洪河沼泽湿地为例. 24(3): 346-351.

周成虎, 骆剑承. 2009. 高分辨率卫星遥感影像地学计算. 北京: 科学出版社.

周成虎, 骆剑承, 杨晓梅, 等. 1999. 遥感影像地学理解与分析. 北京: 科学出版社.

周婕, 曾诚. 2008. 水生植物对湖泊生态系统的影响. 人民长江, 39(6), 88-91.

朱长明, 李均力, 张新, 骆剑承. 2014. 面向对象的高分辨率遥感影像湿地信息分层提取. 测绘通报, 10: 23-28.

朱长明, 李均力, 张新, 骆剑承. 2015. 近 40 年来博斯腾湖水资源遥感动态监测与特征分析. 自然资源学报, 30(1): 106-114.

朱长明, 李均力, 张新, 骆剑承, 沈占锋. 2013. 新疆博斯腾流域湿地遥感监测及时空变化过程. 吉林大学学报(地球科学版), 43(3): 954-961.

Alexe B, Deselaers T, Ferrari V. 2010. What is an object. In Proc of 2010 IEEE Conference on Computer Vision and Pattern Recognition (CVPR2010), San Francisco, California, USA, June 13-18, 2010: 73-80.

Anderson J R, Hardy E E, Roach J T, et al. 1976. A Land Use and Land Cover Classification System for Use with Remote Sensor Data. Washington: US Government Printing Office.

Arbelaez P, Maire M, Fowlkes C, et al. 2009. From contours to regions: An empirical evaluation. In Proc. of 2009 IEEE Conference on Computer Vision and Pattern Recognition (CVPR 2009), Miami Beach, Florida, USA, June 20-25: 2294-2301.

Arbelaez P, Maire M, Fowlkes C, et al. 2011. Contour detection and hierarchical image segmentation. IEEE Transactions on Pattern Analysis and Machine Intelligence, 33(5): 898-916.

Augusteijn M F, Warrender C E. 1998. Wetland classification using optical and radar data and neural network classification. International Journal of Remote Sensing, 19(8): 1545-1560.

Benz U C, Hofmann P, Willhauck G, Lingenfelder I, Heynen M. 2004. Multi-resolution, object-oriented fuzzy analysis of remote sensing data for GIS-ready information. ISPRS Journal of Photogrammetry and Remote Sensing, 58(3): 239-258.

Blaschke T, Hay G J. 2001. Object-oriented image analysis and scale-space: Theory and methods for modeling and evaluating multiscale landscape structure. International Archives of Photogrammetry and Remote Sensing, 34(4): 22-29.

Blaschke T, Lang S, Lorup E, Strobl J, Zeil P. 2000. Object-oriented image processing in an integrated GIS/remote sensing environment and perspectives for environmental applications. Environmental Information for Planning, Politics and the Public, 2: 555-570.

Horppila J, Nurminen L. 2001. The effect of an emergent macrophyte (Typha angustifolia) on sediment resuspension in a shallow north temperate lake. Freshwater Biology, 46(11): 1447-1455.

Lunetta R S, Balogh M E. 1999. Application of multi-temporal Landsat 5 TM imagery for wetland identification. Photogrammetric Engineering and Remote Sensing, 65(11): 1303-1310.

Phillips R L, Beeri O, DeKeyser E S. 2005. Remote wetland assessment for Missouri Coteau prairie glacial basins. Wetlands, 25(2): 335-349.

Qin A, Clausi D. 2010. Multivariate image segmentation using semantic region growing with adaptive edge penalty. IEEE Transactions on Image Processing, 19(8): 2157-2170.

Ramsar I. 1971. Convention on Wetlands of International Importance, Especially as Waterfowl Habitat. UN Treaty Series. Ramsar

Ren K, Sun H, Jia Q, Shi J. 2009. Building recognition from aerial images combining segmentation and shadow. IEEE International Conference on Intelligent Computing and Intelligent Systems, ICIS, 4: 578-582.

Rundquist D C, Lawson M P, Queen L P, Cerveny R S. 1987. The relationship between summer-season rainfall events and lake-surface area1. Journal of the American Water Resources Association, 23(3): 493-508.

Shackelford A K, Davis C H. 2003. A hierarchical fuzzy classification approach for high-resolution multispectral data over urban areas. IEEE Transactions on Geoscience and Remote Sensing, 41(9):1920-1932.

Van Donk E, Van de Bund W J. 2002. Impact of submerged macrophytes including charophytes on phyto-and zooplankton communities: Allelopathy versus other mechanisms. Aquatic Botany, 72(3): 261-274.